高等学校电子信息类研究生系列教材

D2D通信关键技术与应用

王义君　姚广宇　陈桂芬　编著

例证算法讲解

西安电子科技大学出版社

内容简介

本书较为全面地阐述了D2D(Device to Device)通信的基本原理、基本技术及其未来发展方向。全书共8章。第1章主要介绍了D2D通信技术概况，归纳了D2D通信分类及其技术优势，总结了D2D通信架构及协议标准、D2D通信关键技术及评价指标。第2章主要介绍了D2D通信的信道模型。第3章主要介绍了D2D资源分配技术，包括资源管理、干扰管理及资源分配。第4章主要介绍了D2D中继选择技术，包括中继转发及拓扑结构、中继选择策略及中继选择中的功率控制。第5章主要介绍了D2D同步技术，包括LTE同步与D2D同步、分布式同步策略。第6章主要介绍了D2D缓存与卸载，包括相关技术的典型分类与算法分析。第7章主要介绍了D2D安全传输技术，包括安全传输的条件和方法。第8章对D2D技术进行了展望，包括D2D与6G、认知物联网和智慧交通的技术融合。

本书突出D2D技术的前沿性和应用性，内容丰富，既可作为高等学校电子信息类专业及相关专业的研究生教材，也可供相关专业工程技术人员参考。

图书在版编目(CIP)数据

D2D通信关键技术与应用 / 王义君，姚广宇，陈桂芬编著. --西安：西安电子科技大学出版社，2024.5
ISBN 978-7-5606-7208-3

Ⅰ.①D… Ⅱ.①王… ②姚… ③陈… Ⅲ.①无线电通信—通信网 Ⅳ.①TN92

中国国家版本馆CIP数据核字(2024)第051560号

策　　划　吴祯娥
责任编辑　吴祯娥
出版发行　西安电子科技大学出版社(西安市太白南路2号)
电　　话　(029)88202421　88201467　　邮　　编　710071
网　　址　www.xduph.com　　电子邮箱　xdupfxb001@163.com
经　　销　新华书店
印刷单位　陕西日报印务有限公司
版　　次　2024年5月第1版　2024年5月第1次印刷
开　　本　787毫米×1092毫米　1/16　印张　12
字　　数　280千字
定　　价　51.00元
ISBN 978-7-5606-7208-3/TN
XDUP 7510001-1

前　言

超密集网络(Ultra-Dense Networks，UDN)是5G(5th Generation Mobile Communication Technology)，乃至未来6G(6th Generation Mobile Communication Technology)移动通信场景下的重要网络形式及技术应用手段。UDN不仅可以扩大用户群和缩短通信链路，还可以扩展拓扑结构和提高频谱效率，从而通过流量卸载提高网络容量。随着UDN的出现和传统宏基站作用的减弱，彼此接近的无线通信终端可以通过D2D(Device to Device)技术直接进行通信链接，进而提高数据传输速率、减少系统能量消耗、降低终端时间延迟、提高网络覆盖面积，实现优化资源、频谱共享的效果。

D2D是指设备(用户)之间的直接通信，也称为终端直通技术。D2D无须通过任何基础设施节点或核心网络即可进行数据传输。D2D通信通常对蜂窝网络是不透明的，它可以发生在蜂窝移动通信频段或未经许可的频段上。在传统的蜂窝网络中，即使通信双方在基于邻近性的D2D通信范围内，终端设备间都必须通过基站来实现信息传输。然而，当今蜂窝网络中的移动用户绝大多数需要高数据速率服务(如视频共享、游戏、邻近感知的社交网络等)。在这些服务中，D2D通信在频谱效率、网络吞吐量和公平性等方面具有绝对优势，因此，该技术已被广泛认为是未来通信系统中提高系统性能和支持未来新服务的重要基石。

从技术发展的趋势来看，通信类及其相关专业的学生掌握D2D技术相关知识的必要性日益突出，但目前相关的教材却不多见。编者综合考量并面向新工科创新人才培养的需求，编写了本书。本书主要特色如下：

(1) 内容前沿。本书体现了D2D通信关键技术优化方案中的创新研究成果，包括利用群智能优化算法和深度学习算法解决D2D通信技术目前存在的问题与挑战。

(2) 技术分析全面。本书对D2D信道、资源分配、中继选择、同步技术、缓存与卸载以及安全传输等各项技术进行了较为详细的分析，使学生能够更为全面地学习D2D通信技术的核心内容。

(3) 师生使用方便。本书以学生易学、教师易教为目标，师生均可通过线上教学资源巩固所教所学内容，引发学生学习兴趣及深入思考。

同时，本书提供了完整的PPT，相关资源可在出版社官网下载。

本书由王义君、姚广宇、陈桂芬编著。本书第1～4章由王义君负责撰写，第5～6章由姚广宇负责撰写，第7～8章由陈桂芬负责撰写。在本书的编写过程中，吉林大学钱志鸿教授给予了关怀和鼓励，长春理工大学刘云清教授提供了支持和帮助，研究生王海瑞、夏永强、唐路平、乔世霞、郑铠金、李新洲等人参与了图表绘制和习题整理工作。本书的出版得到了长春理工大学教材建设项目的资助和支持，在此特表示感谢！

由于编者才疏学浅，书中难免有疏漏之处，恳请读者提出宝贵意见，以帮助本书再版时进一步修改完善。

编　者

2023 年 12 月

目　录

第1章　绪　　论

D2D(Device to Device)通信技术是指通信网络中邻近设备之间直接交换信息的技术。运用D2D通信技术建立通信链路后，数据传输无需核心设备或中间设备干预，降低了通信系统核心网络的数据压力，提升了频谱利用率和吞吐量，扩大了网络容量，保证了通信网络能更灵活、智能、高效地运行。本章简述了D2D通信技术的基本概况，归纳了该技术的主要特点及评价指标，分析了D2D通信技术标准，最后对D2D通信的关键技术及评价指标进行了总结。

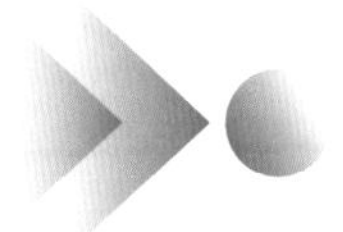

1.1　D2D通信技术概况

超密集网络(Ultra-Dense Networks，UDN)是5G(5th Generation Mobile Communication Technology)、6G(6th Generation Mobile Communication Technology)移动通信场景下的重要网络形式及技术应用手段[1]。UDN不仅可以扩大用户群和缩短通信链路，还可以扩展拓扑结构和提高频谱效率，从而通过流量卸载来提高网络容量。随着UDN的出现和传统宏基站作用的减弱，彼此靠近的无线通信终端可以利用D2D通信技术直接进行通信链接，进而提高数据传输速率、减少系统能量消耗、降低终端时间延迟、提高网络覆盖面积，实现优化资源、频谱共享的效果[2]。

D2D通信是指设备(用户)之间的直接通信，也称为终端直通，其无须通过任何基础设施节点或核心网络即可进行数据传输。D2D通信通常对蜂窝网络是不透明的，它可以发生在蜂窝移动通信频段或未经许可的频段上。在传统的蜂窝网络中，即使通信双方在基于邻近性的D2D通信范围内，终端设备间都必须通过基站来实现信息传输。通过基站的通信适用于传统的低数据速率移动服务(如语音通话和短信等)，在这些服务中，用户很少采用D2D通信[3]。然而，当今蜂窝网络中的移动用户绝大多数需要高数据速率服务(如视频共享、游戏、邻近感知的社交网络等)，在这些服务中，D2D通信在提高频谱效率、网络吞吐量等方面具有绝对优势。因此，D2D通信技术已被广泛认为是未来通信系统中提高系统性能和支持未来新服务的重要基石。

D2D通信源于短距离通信，蓝牙、Zigbee和WiFi Direct等协议中的设备与设备间的通信可认为是 D2D 通信的最初形式。随着无线通信技术的发展，为了提高蜂窝通信系统的各方面性能指标，工程技术人员和科研工作者将蜂窝移动通信与短距离设备间的相互通信相结合，形成了现阶段研究较为广泛的蜂窝网络 D2D 通信技术。需要指出的是，除特别说明外，本书所阐述的 D2D 通信技术均为面向蜂窝移动通信网络的 D2D 通信技术。

D2D 通信作为 5G 移动通信系统的重要组成部分，其执行过程中允许用户将本地流量与蜂窝网络分离。通过此方式，D2D 通信不仅可以消除数据传输和相关信令对回程网络和核心网络造成的负载负担，还可以减少在中心网络节点管理流量所需的额外工作。因此，D2D 通信通过将终端设备纳入网络管理层面，扩展了分布式网络管理的理念。通过此方式，具有 D2D 能力的无线用户设备可以具有双重角色，即基础设施节点和终端用户设备。此外，由于邻近用户之间使用的是本地通信链路，D2D 通信可有效降低通信延迟，使得 5G 移动通信系统中的实时服务得到进一步保证。D2D 通信在 5G 移动通信系统中所表现出来的另一个重要特征是可靠性，即系统可以使用额外的 D2D 链路通过更大范围的分集来提高可靠性[4]。

从目前 5G 应用和研究的状况来看，D2D 通信技术得以应用的原因是采用 D2D 通信的用户的接近程度、时间和频率资源增加的空间重用以及 D2D 模式下的单链路通信模式。D2D 通信在 5G 移动通信系统中的应用场景如图 1-1 所示。

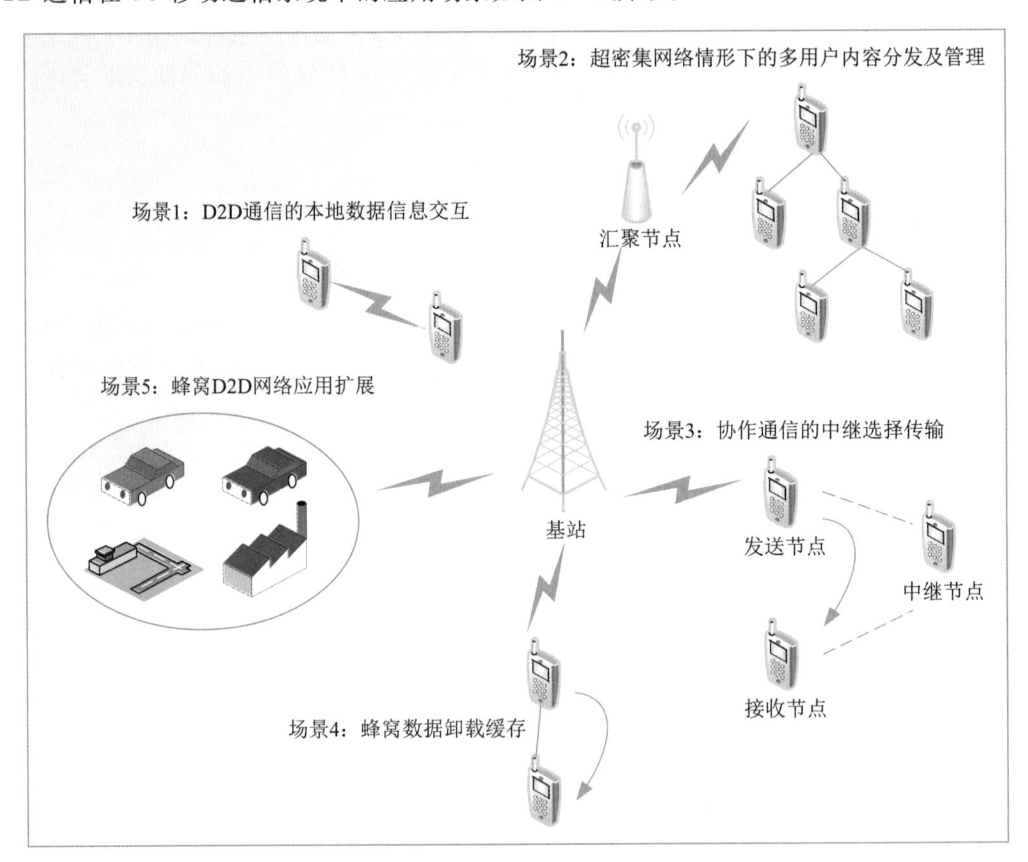

图 1-1　D2D 通信在 5G 移动通信系统中的应用场景

(1) 场景 1：D2D 通信的本地数据信息交互。当 D2D 设备间处在邻近通信范围之内时，无须通过基站通信链路即可实现本地数据的信息交换和共享。

(2) 场景2：超密集网络情形下的多用户内容分发及管理。在大型会议、演唱会或体育赛事现场等超密集网络中，通过D2D通信可以降低核心网络负担，提升网络各方面的性能指标。

(3) 场景3：协作通信的中继选择传输。源节点与目的节点间很可能存在不能一跳到达的情况，此时需要通过选择中继节点来实现不相邻节点间的数据包交换。中继选择在超密集D2D通信中起到的作用尤为关键。

(4) 场景4：蜂窝数据卸载缓存。一方面，D2D设备中的数据缓存可以与附近的其他设备实现信息共享；另一方面，D2D设备中的数据卸载可有效提升网络数据处理效率。

(5) 场景5：蜂窝D2D网络应用扩展。D2D通信可应用到车联网、物联网、无人系统平台和应急公共安全服务网络等扩展应用场景。在这种情况下，邻近设备可以建立不使用蜂窝网络基础设施的对等链路或多播链路，即可实现设备间相互发现和识别的通信过程。

2020年以来，5G已在全球实现商用。现阶段，6G新场景正为社会发展和行业升级创造新价值。D2D通信以其独特的技术优势已经成为5G乃至6G的重要研究热点和优化候选技术。

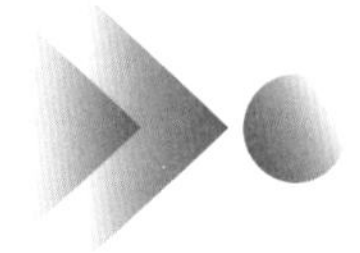

1.2　D2D通信分类及其技术优势

1.2.1　D2D通信分类

根据D2D通信过程中利用的频谱范围不同，D2D通信可分为许可频段D2D通信(D2D-Licensed band，D2D-L)和非许可频段D2D通信(D2D-Unlicensed band，D2D-U)，如图1-2所示。

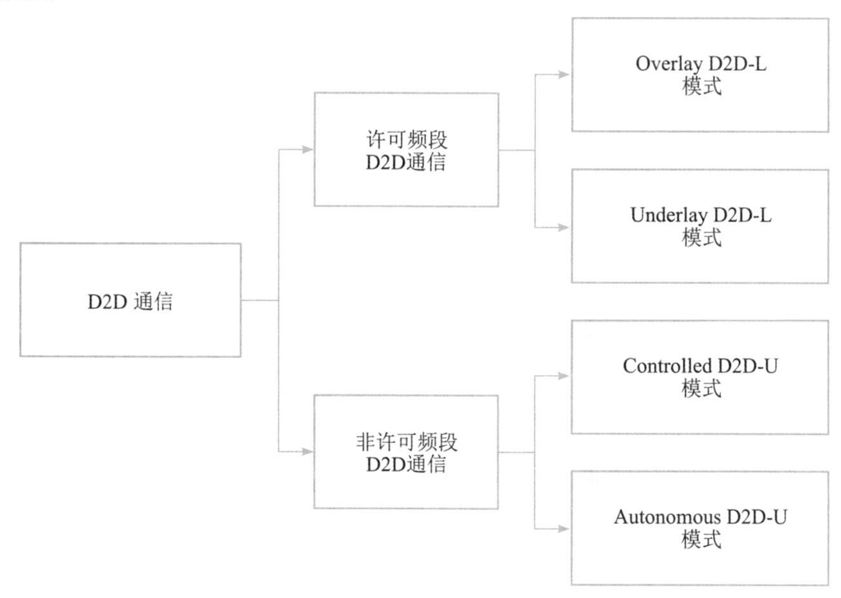

图1-2　D2D通信分类

1. D2D-L 通信

D2D-L 通信在许可频段中进行，也称为带内 D2D 通信(in-band D2D)。在 D2D-L 通信中，D2D 用户和蜂窝用户(Cellular User，CU)共享许可频段，因此 5G 移动通信系统对蜂窝频段控制能力较强。系统的服务质量(Quality of Service，QoS)由基站控制和保障，并负责处理资源分配和干扰管理等问题。

根据蜂窝网络的频谱资源复用方法不同，D2D-L 通信可进一步分为 Overlay D2D-L 模式和 Underlay D2D-L 模式。

(1) 在 Overlay D2D-L 模式中，D2D 用户被分配专用频谱资源，可降低 D2D 通信传输过程中对蜂窝网络用户的干扰，同时降低了蜂窝通信可利用的资源量。在为 D2D 通信链路分配频谱资源的过程中，通常需要基站来协调管理和统一调度，基站根据 D2D 用户之间的信息相关性对 D2D 通信传输选择的用户进行优先级排序。其中，确定具有更大信息相关性的 D2D 用户，并赋予其 Proximity Service 的优先级是 Overlay D2D-L 模式的研究重点。

(2) 在 Underlay D2D-L 模式中，D2D 用户和 CU 共享相同的频谱资源。与 Overlay D2D-L 模式相比，Underlay D2D-L 模式提高了频谱效率。然而，蜂窝网络频谱资源的复用将产生 D2D 用户对通信和 CU 之间通信的相互干扰问题。D2D 用户可能同时受到小区间和小区内干扰的影响(这取决于 D2D 通信网络的运行模式)，即上行链路通信或下行链路通信。Underlay D2D-L 模式中的干扰管理一般可分为干扰避免、干扰协调和干扰消除等，由于影响该模式下通信可靠性的主要因素是 D2D 通信链路和蜂窝网络通信链路之间的干扰，因此在 Underlay D2D-L 模式下，D2D 通信的有效干扰管理和资源分配问题是亟待解决的重中之重。

2. D2D-U 通信

D2D U 通信发生在未经许可的频段(如 Industrial Scientific Medical 频段，ISM 频段)中，也称为带外 D2D 通信。使用未经许可的频段可以减少 D2D 通信链路和蜂窝网络通信链路之间的干扰，D2D-U 与其他无线通信系统共享未经许可的频段。在未经许可的频段中，所有系统均不能独占频谱资源，这种情况要求在未经许可的频段上使用并设计的无线电接入技术必须对随机信道接入具有鲁棒性，因此 D2D-U 通信通常围绕用户设备发现和随机接入进行。

根据基站是否参与到 D2D 通信过程中，可将 D2D-U 通信分为 Controlled D2D-U 模式和 Autonomous D2D-U 模式。

(1) 在 Controlled D2D-U 模式中，基站提供控制平面信令，设备进行未授权频谱中的数据平面传输。通过蜂窝网络基站协助，可以提高 D2D-U 通信在服务、设备发现、模式选择、信道质量估计等方面的效率。Controlled D2D-U 模式通过基站管理信标信道并帮助 D2D 用户发现和接入网络，使通信系统实现节能，同时该模式下的基站辅助还可改进资源管理和系统干扰等问题。

(2) 在 Autonomous D2D-U 模式中，与 Controlled D2D-U 模式不同的是，Autonomous D2D-U 模式的基站不提供控制平面信令，控制平面信令由 D2D-U 网络设备提供。在集群通信中，控制平面信令有时也由集群簇头节点提供。由于不需要基站的干预即可实现通信，因此在 Autonomous D2D-U 模式下可实现系统通信的低延迟。值得注意的是，虽然 D2D-U 通信发生在与蜂窝频谱资源不重叠的频段内，避免了来自 CU 的干扰，但此时的 D2D 设备与其他无线系统共存，D2D 设备之间、D2D 设备与其他无线系统设备之间仍存在干扰，这导致处理干扰问题更有挑战性。

1.2.2 D2D 通信的技术优势

随着 5G 的全面应用及 6G 研究序幕的开启，未来超高清流媒体视频、基于人工智能的云端应用以及各类移动智能终端设备的接入等面向用户的移动通信场景不断增强，移动通信网络所承载的数据流量随之爆炸性增加。因此，移动数据流量的激增、海量终端设备的接入以及新兴业务的不断涌现对现有的无线通信网络的体系和架构带来了巨大影响。

新兴的 D2D 通信技术已渗透到工业、农业、军事、交通、医疗和城市建设的各个方面，形成一个智能化、个性化、大规模的通信网，产生了智慧城市 D2D、智能家居 D2D、车载 D2D 和可穿戴设备 D2D。通过与下一代移动通信技术、物联网技术相结合，D2D 通信技术可实现物理层面和网络层面的近距离、大规模通信，其技术优势主要表现在以下几个方面：

(1) 提高频谱效率。D2D 用户在通信过程中既可以利用空闲的信道频谱资源，又可以复用蜂窝用户或其他 D2D 用户的频谱资源。通过有效的管理和调度方式，D2D 通信可以提高移动通信系统的无线频谱效率和系统吞吐量。

(2) 降低用户时延。在 D2D 通信模式下，两个终端用户的数据无须通过基站的中转而可直接进行通信。尤其是在特定应用场景或条件下，D2D 通信可最大程度地降低数据传输过程中的时间延迟，保证用户的应用体验。

(3) 增强增益收益。D2D 用户之间的数据转发或传输无须经过移动通信核心网络转发，可直接实现传输，并能够减少信号传输过程中的传输损耗与衰落，因此通信链路将产生信道增益。另外，在 D2D 用户间、D2D 用户与蜂窝用户间可进行频谱资源复用，此时将产生资源复用增益。

(4) 控制干扰管理。由于 D2D 通信距离相对较短，信道质量较高，对于一些技术在增大通信距离之后会产生干扰的情况，D2D 通信可通过有效的技术手段来控制通信环境中存在的干扰问题。

(5) 保证能效优化。邻近设备可通过建立直连信道进行相互通信。由于 D2D 通信无须基站的转发或者核心网络的传输，且用户之间的通信距离相对较短，在支持网内节能的情况下，不存在频繁切换带来的高能耗问题，因此用户终端续航能力得到了提升，保证了能效的优化。

(6) 扩展覆盖范围。通信设备是通信网络顺利运行的关键，核心网或接入网设备损坏都有可能导致整个通信网络系统瘫痪。D2D 通信可以实现两个相邻移动终端之间的直接通信，因此 D2D 通信还可以在一跳或多跳之后与无线网络覆盖区域中的用户建立连接。当通信设施发生故障或者存在边缘用户无法覆盖的情况时，用户可以借助 D2D 通信的多跳方式建立端到端的邻近通信，从而解决通信故障问题，并保障边缘用户的服务质量，扩展网络的覆盖范围。

1.2.3 D2D 通信的技术挑战

虽然 D2D 通信具有上述技术优势，但随着爆炸式增长的智能接入终端和数据与紧缺的频谱资源之间的矛盾日益显现，也给 D2D 通信带来了一系列新的挑战，具体如下。

1. 技术实现方面的挑战

技术实现方面的挑战主要有以下几个方面：

(1) 对等发现。对等发现过程中需要快速发现和建立 D2D 链路，其对于确保系统内的最佳吞吐量、效率和资源分配至关重要。对等发现完成后会进行会话建立，当通信双方处于移动状态或由于其他原因而导致通信条件发生变化时，需考虑 D2D 通信与蜂窝通信之间的切换。同时，D2D 设备发现和会话建立需要考虑相邻基站的合作，这对于 D2D 通信技术来说是一项挑战。

(2) 资源分配。会话建立后，资源分配通过各种资源调度为蜂窝用户和 D2D 用户分配合适的频谱资源，以提高频谱效率。D2D 通信中的资源分配技术可以是集中式的，也可以是分布式的。集中式技术可在大型网络中使用；而分布式技术可降低设备的复杂性，提高 D2D 链路的可伸缩性。因此，在多种技术融合条件下，实现 D2D 通信过程中的高效资源分配是面向未来 6G 通信不可回避的研究方向。

(3) 功率控制。功率控制是抑制同频干扰、降低系统能耗的有效方法。由于远近效应和同信道干扰，有效的功率控制技术显得至关重要，尤其体现在上行链路传输的情况下。如果 D2D 用户功率分配过高，则蜂窝用户的 QoS 将在网络中难以保证。所以，研究不同技术要求下的功率控制方法可有效减缓 D2D 用户与蜂窝用户间的相互干扰。

(4) 干扰管理。在蜂窝网络中，启用 D2D 链路会对网络中的蜂窝链路造成一定程度的干扰。D2D 链路会导致蜂窝用户和 D2D 用户之间的干扰，从而导致区域内干扰的增加。如何利用模式选择、最佳资源分配、功率控制等技术最大限度地缓解干扰，并进行干扰管理，还存在诸多问题亟待解决。

(5) 缓存卸载。随着物联网及 5G 的进一步应用，大量用户希望在短时间内访问各种服务，此时的底层网络基础设施的数据流负担激增。通过 D2D 通信链路进行数据缓存卸载，可保证针对终端用户和服务提供商的不同应用程序的服务质量和体验质量，进而缓解核心网所承载的传输压力。

2. 用户体验方面的挑战

用户体验方面的挑战主要有以下两个方面：

(1) 安全性。安全性是 D2D 网络需要解决的重要问题，尤其是当 D2D 通信通过中继节点交换信息时，必须确保网络安全。在 D2D 用户与蜂窝用户共存的移动通信网络中，传输信道会受到许多安全攻击，如窃听、消息修改和节点模拟等。为了最大程度地保证传输的安全性，可使用加密解决方案在信息传输前对其进行加密处理。如果 D2D 用户在蜂窝网覆盖范围内，则移动运营商提供的安全方案可供其使用，但在蜂窝网覆盖范围之外的 D2D 用户将无法得到保护。在这种情况下，由于中继节点极易受到恶意攻击，设计可靠的 D2D 通信安全方案是解决用户体验是否能够得到满足的基本要求。

(2) 同步性。在典型的蜂窝网络中，用户设备使用来自基站的周期性广播以实现时间和频率同步。D2D 通信中的用户设备也可以采用类似的广播同步，但前提是它们需属于同一个基站控制范围。当 D2D 通信中的用户设备属于不同的基站，或者部分 D2D 通信中的用户设备在网络覆盖范围内，而部分 D2D 通信中的用户设备在网络覆盖范围外，亦或所有 D2D 设备都在网络覆盖范围外等复杂情况时，如何实现设备间相互同步以有助于其使用正确的时隙和频率来对等发现和节能通信是目前研究的一项技术难题。

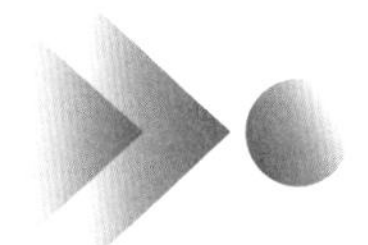

1.3 D2D 通信架构及协议标准

D2D 通信可以为 5G 提供一种高频谱效率优化的解决方案，可以在没有节点 gNB (generation NodeB) 支持的情况下建立终端间的直通链路。D2D 通信架构和 D2D 通信协议标准在此过程中扮演了重要角色。本节将对 D2D-U 背景下的通信架构和 D2D-L 背景下的通信协议标准进行详细分析。

1.3.1 D2D-U 通信架构

由于 D2D-U 通信存在网络异构性，因此协议标准具有面向应用的特点。当 D2D-U 用户发起 D2D 通信时，无论采用何种无线网络通信方式，用户端通过应用服务器提供的服务内容开始链接，并且当该内容链接与具有 D2D 功能的用户终端关联时，D2D 通信可以执行，该过程可以参见图 1-3 所示的 D2D-U 通信架构的过程示意图[5]。

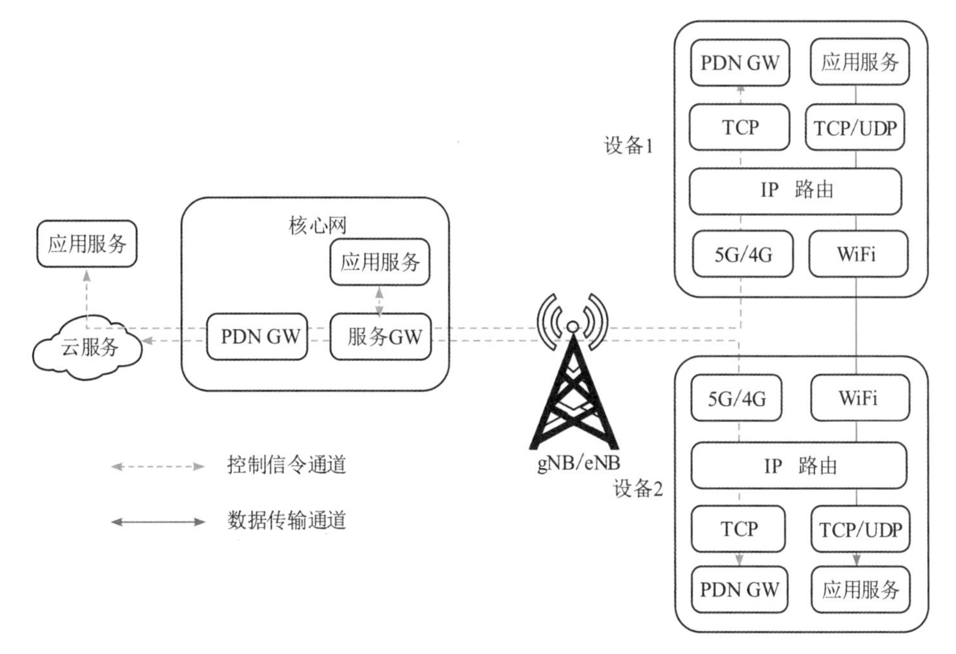

图 1-3 D2D-U 通信架构的过程示意图

图 1-3 描述了通过 gNB 或 eNB(evolved NodeB) 的控制信令和直通 D2D 链路的数据

流的路由过程。设备1表示用户对内容的请求，并且该请求通过IP路由、gNB/eNB和核心网经互联网发送到应用服务器。可以在第三代合作伙伴计划(3rd Generation Partnership Project，3GPP)网络的核心网中部署D2D服务器，以协助建立D2D链接并进行流量卸载。D2D服务器协助设备建立D2D链接，并通过蜂窝网络或直通D2D网络的数据路径进行P2P(Peer to Peer)的信息传输。借助网络辅助的D2D，用户在进入D2D设备附近时可以高效地接收信息，并将P2P会话从基础设施转移到D2D链路中。

类似地，当用户(图1-3中的设备1)请求向附近的用户(图1-3中的设备2)发送一条信息时，该请求通过基础设施发出。如果目的用户在附近，则D2D服务器协助设备建立直通D2D链接，以进行P2P信息传递。直通D2D链路可以调用设备中的WiFi模块进行D2D-U传输，也可以调用5G/4G(4th Generation Mobile Communication Technology)模块进行D2D-L传输。

1.3.2 D2D-L通信协议标准

D2D-L通信协议标准目前较为规范，具体包括ProSe协议和D2D-SIDELINK传输两个方面。

1. ProSe协议

3GPP组织定义的D2D-L标准化协议为长期演进(Long Term Evolution，LTE)终端直通近距离服务(Proximity Service，ProSe)协议，ProSe协议架构模型如图1-4所示。ProSe用于网络相关动作的逻辑功能表述，为用户设备(User Equipment，UE)提供公共陆地移动网(Public Land Mobile Network，PLMN)特定的参数，允许UE在特定的PLMN中使用ProSe[6]。同时，ProSe的功能还包括生成和维护受限的ProSe用户身份(Identification，ID)，并分配和处理用于直接发现的应用程序ID和应用程序代码的映射。应用服务器保存用户数据、功能ID、UE ID、元数据、应用层用户ID与核心分组网演进(Evolved Packet Core，EPC)ProSe用户ID的映射关系。

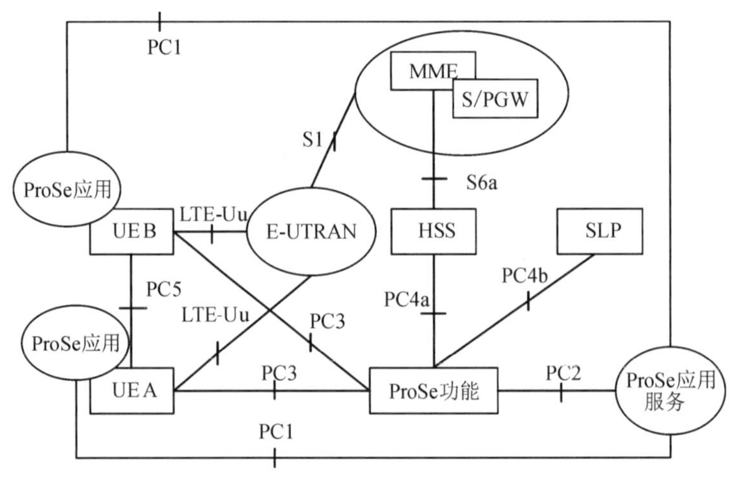

图1-4 ProSe协议架构模型

相较于一般的LTE网络架构，ProSe体系结构增设了若干服务于D2D通信的接口连接。其中，PC4a接口用于连接ProSe Function和归属用户服务器(Home Subscriber Server，HSS)，实现从HSS获取UE在PLMN中的邻近发现和邻近通信的签约信息；PC4b接口连接ProSe Function和服务定位协议(Service Location Protocol，SLP)，实现位置信息交互；PC2接口连接ProSe Function与应用服务器，实现应用层的相关配置；终端之间信息交互通过PC5接口实现。ProSe业务包括以下两个方面：

(1) D2D发现：终端检测和识别邻近的另一个终端的过程。

(2) D2D通信：保留并使用来自蜂窝网络的LTE资源直连通信。

2. D2D-SIDELINK 传输

在传统蜂窝通信中，gNB或eNB通过上行链路(Uplink，UL)和下行链路(Downlink，DL)与UE进行通信，传输信息包括信令和数据，这一概念在ProSe通信中通过引入侧行链路(Sidelink，SL)得到了扩展，如图1-5所示。

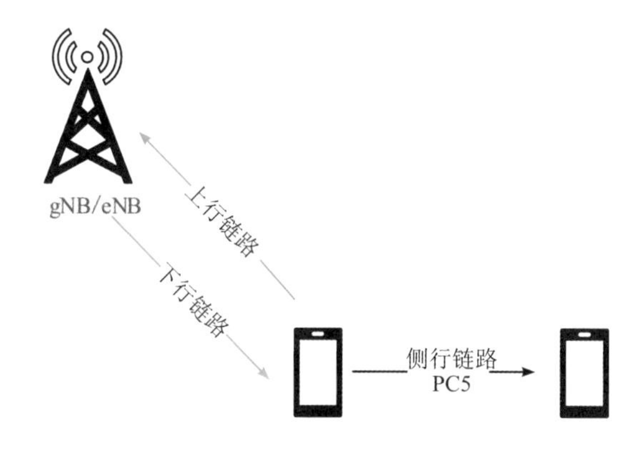

图1-5 SL控制和数据通信链路

SL对应于图1-4中描述的PC5接口。分配给SL的资源来自UL，即来自频分双工(Frequency Division Duplexing，FDD)中UL频率上的子帧或来自时分双工(Time Division Duplexing，TDD)中分配给UL的子帧。选择此种方式有如下两个原因：

(1) UL的子帧通常比DL的子帧占用较少的数据空间。

(2) 大多数DL子帧并不为空，除非它们为多播单频网络(Multicast Broadcast Single Frequency Network，MBSFN)子帧，否则至少有小区的特定参考信号被传输。

值得注意的是ProSe和SL之间的区别：ProSe描述的是端到端的应用，即设备与设备之间的通信；而SL描述的是信道结构，即逻辑信道、传输信道和物理信道，它们被用于空中接口以实现ProSe应用。还有一类用于ProSe应用的SL，即ProSe直接发现。

D2D-SIDELINK传输协议主要包括SL通信和SL直接发现两个方面。

1) SL通信

有两个定义的SL逻辑信道用于通信，即SL流量信道(SL Traffic Channel，STCH)和SL广播控制信道(SL Broadcast Control Channel，SBCCH)。空中接口通信信道如图1-6所示，其中虚线代表的是数据路径，实线代表的是控制信号路径。

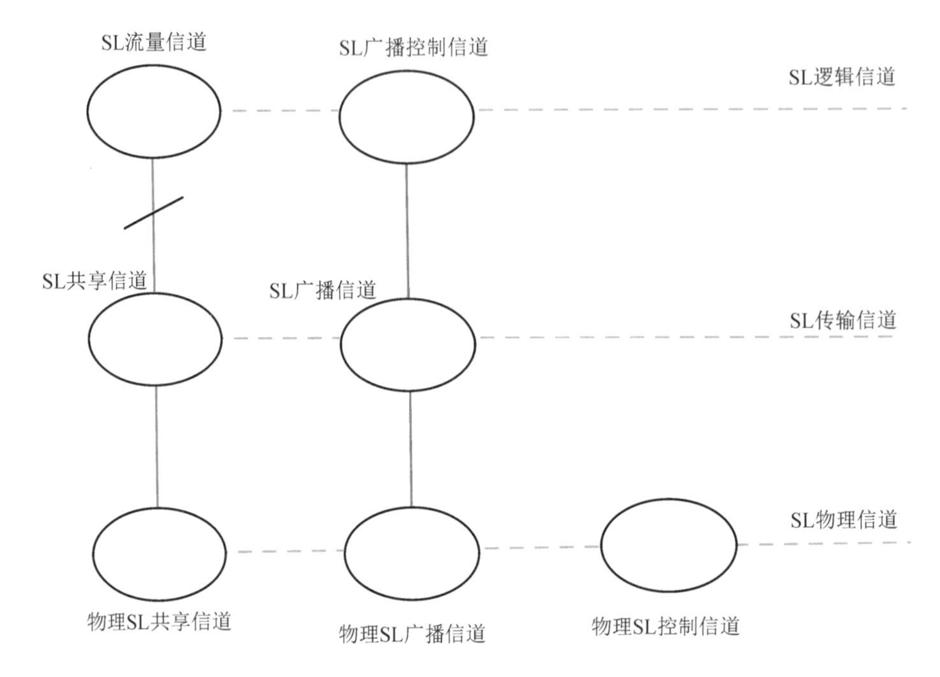

图 1-6　空中接口通信信道

STCH 用于承载 ProSe 应用用户信息的数据传输，它是一种一点对多点的信道，反映了 ProSe 通信的组呼特性。当 STCH 与 SL 共享信道(SL Shared Channel，SL-SCH)连接时，STCH 为传输信道，根据 gNB 或 eNB 的资源分配，可能承担碰撞风险。当 STCH 与物理 SL 共享信道(Physical SL Shared Channel，PSSCH)连接时，可实现空口数据传输。

SBCCH 携带信令信息，用于覆盖范围外或部分覆盖场景下的同步，或用于位于不同小区的 UE 之间的同步，其与 SL 广播信道(SL Broadcast Channel，SL-BCH)连接，是一种具有预定义传输格式的传输信道，这是因为来自 SBCCH 的资源块具有相同的大小。SL-BCH 接口对应于物理 SL 广播信道(Physical SL Broadcast Channel，PSBCH)接口。物理 SL 控制信道(Physical SL Control Channel，PSCCH)相当于用户设备(User Equipment，UE)接口蜂窝通信业务中的物理下行控制信道(Physical Downlink Control Channel，PDCCH)，它包含侧行链路控制信息(Sidelink Control Information，SCI)，其携带接收 UE 所需的必要信息，以便能够解调 PSSCH。因此，SCI 总是提前发送至 STCH 资源块的。

SL 传输和接收的核心概念是资源池(Resouce Pools，RP)。资源池是分配给 SL 操作的一组资源，它由子帧和其中的资源块组成。图 1-7 显示了用于 SL 通信的资源，其在子帧位图中指示子帧是否可用于 SL。经过一个可配置的周期(即 SL 控制周期)之后，整个模式将重复执行。

在图 1-7 所示的子帧内，用于 SL 的资源位于两个频带中，由占用的物理资源块(Physical Resource Blocks，PRB)标识。一个频带在 PRB-Start 开始；另一个频带在 PRB-End 结束，每个频带都具有 PRB-Num 资源块的宽度。这种结构允许在一个子帧内嵌套多个资源池，并将剩余的资源块用于其他 UE 的蜂窝通信。值得注意的是，一个 UE 可以将给定载波中的子帧用于蜂窝业务或旁路链路，但不能同时用于两者。

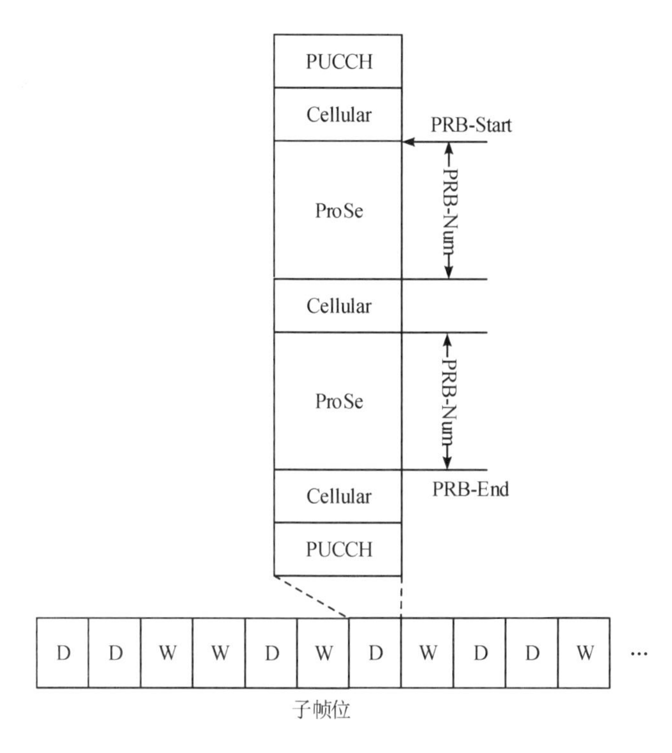

图 1-7 SL 通信资源池

2）SL 直接发现

（1）协议栈。图 1-8 显示了 PC3 接口的 UE ProSe 功能控制平面。

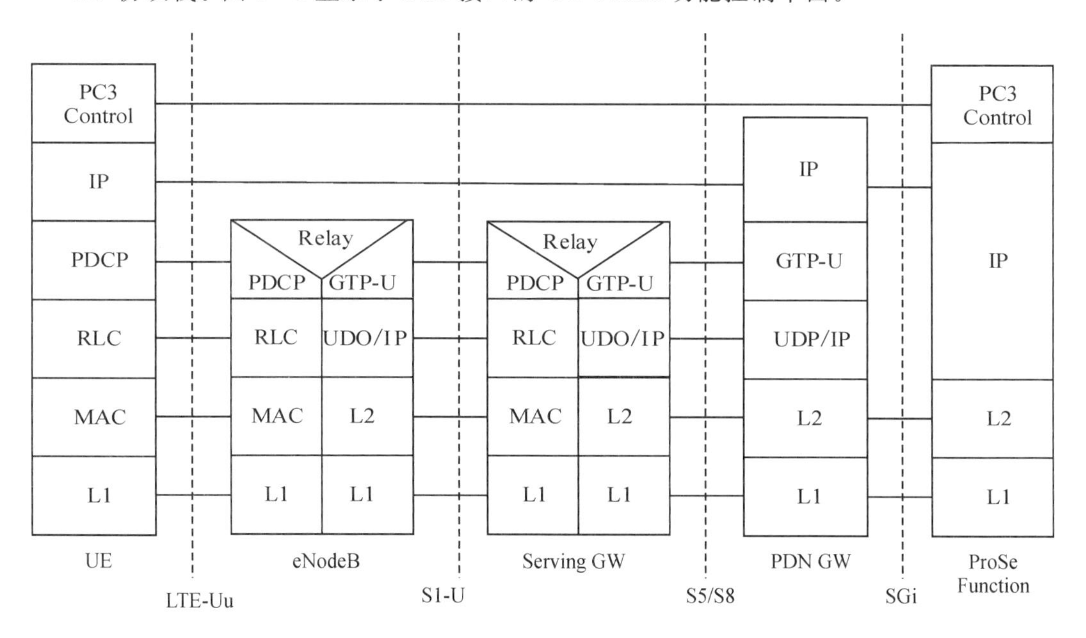

图 1-8 PC3 接口的 UE ProSe 功能控制平面

控制平面堆栈包括用于控制和支持 UE 平面功能的协议，具体如下：

① 控制启用 ProSe 的 UE 配置。

② 控制 ProSe 直接发现终端。

③ 控制远程 UE 和 ProSe UE 到网络中继之间的连接。

④ 控制已建立的网络接入连接属性。

图 1－9 给出了 D2D 直接发现的协议栈。在上层中实行 ProSe UE 和 ProSe 应用标识的分配/重新分配，并且通过接入层透明传输。接入层传输的是大小为 224 位的多址接入信道协议数据单元(Protocol Data Unit，PDU)，并分配在 2 个连续的资源块中。

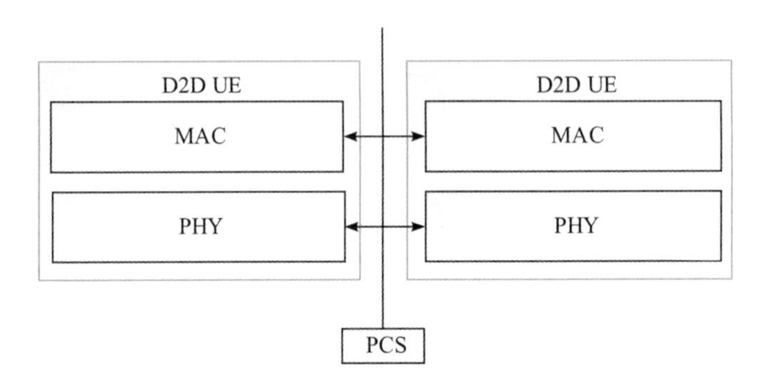

图 1－9　D2D 直接发现的协议栈

(2) 发现的类型。发现具有以下两种类型：

• 类型 1：在非 UE 指定的基础上分配用于发现信号传输的资源。

• 类型 2：按 UE 指定基础分配资源。具体为：为发现信号的每个特定传输实例分配资源；资源半持久分配用于发现信号传输。

当用于发现过程的 UE 中各层之间信息进行交换时，接入层执行以下功能：

① 功能实现。

• 与上层接口通信：MAC 层接收来自上层(应用层或网络层)的发现信息，网络层不用于传输发现信息，对接入层是透明的。

• 调度：MAC 层决定用于发送发现信息的无线电资源。

• 发现 PDU(ProSe Discovery UE)生成：MAC 层构建包含发现信息的 MAC PDU，并将 MAC PDU 发送到 PHY 层进行传输。

② 在 UE 中，RRC 将资源池信息通知给 MAC 层。

③ 无须 MAC 帧头。

④ MAC 接收器将所有接收到的发现消息转发到上层。

⑤ 仅转发正确接收的消息，并且指示发现消息是否已被正确接收。

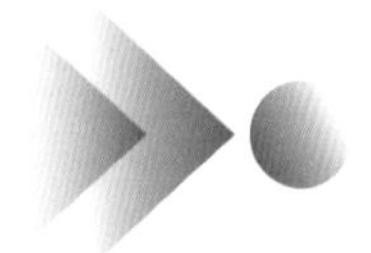

1.4　D2D 通信关键技术及评价指标

1.4.1　D2D 通信关键技术

D2D 通信关键技术包括以下方面[7]。

1. 资源分配

资源分配是保证蜂窝用户和D2D用户通信以及D2D用户之间通信公平、可靠和频谱共享的关键因素。合理的资源分配方案能够减小用户之间的信号干扰，提高网络通信效率，进而保证每个用户的通信质量。D2D通信的资源一方面是用户之间共享的，另一方面是用户专用的。大多数情况下，蜂窝用户具有专用的信道资源，因为此类用户是蜂窝小区中的主用户，而D2D用户则占用剩余的信道资源或复用蜂窝用户占用的信道资源。干扰主要是用户在复用上行资源和下行资源时产生的，干扰分为干扰避免、干扰消除和干扰协调。

D2D资源分配可以分为集中式和分布式两种方式。集中式资源分配是指D2D用户受基站控制管理资源分配和干扰协调，由一个中心控制实体为各条链路分配资源。集中式资源分配的优点是算法精确，管理方便，可以进行全局优化，获得最优的性能。但集中式资源分配的缺点也是显而易见的，完成集中式资源分配需要许多相关信息(如各条链路的信道增益、各个接收端受到的干扰情况、各个发射端的业务负荷等)，所以会增大基站的信令开销。分布式资源分配是指D2D用户通过本地设备完成资源分配，每个D2D用户所占用的资源由D2D用户自己决定。虽然采用该方式时用户的自由度高，具有较小的信令开销，但该方式的算法比较复杂。因此，解决算法复杂度是分布式资源分配当前面临的重要问题。

2. 中继选择

D2D中继选择可提高网络覆盖范围内通信系统的性能和传输能力。未来，通信系统对小区平均吞吐量和小区边缘用户的数据速率提出了更高要求，中继技术的引入在优化系统的同时，可提升用户的应用体验。根据传输数据需求背景的不同，需要选择不同的通信指标来进行中继节点的选择。D2D中继选择策略可分为随机中继选择策略、基于链路信干比最大化的中继选择策略、基于位置信息的中继选择策略、基于系统能耗最小化的中继选择。

D2D中继选择技术不仅可解决小区覆盖范围过小的问题，还可解决复杂环境下的信号质量问题。例如，在大型建筑物中设立固定的中继节点，可有效解决由于无线电信号频段较高所造成的穿透能力差的问题，有效保障了用户的通信质量。另外，当蜂窝用户本身作为移动中继节点时，不仅很大程度上降低了网络构架成本，还在应对突发通信、临时通信、应急通信等方面提供了有效的解决方案。

3. 缓存与卸载

D2D通信使用户之间可以直接连接，而无须与回程通信进行任何联系。D2D技术可将用户设备视为内容共享的数据枢纽。为了减轻核心网的压力，在用户设备上进行缓存和卸载，通过D2D技术进行内容共享成为必然。

D2D缓存是指用户设备不直接使用基站(Base Station，BS)数据。与本地缓存、微基站缓存和宏基站缓存不同的是，D2D缓存是通过直连链路的形式向附近UE请求已经缓存好的内容，而自身也会缓存相关数据以满足本地设备的数据请求，或者满足邻近用户的数据请求。当边缘节点缓存内容时，为了更好地适应不同的场景和性能要求，学者们提出了不同的缓存策略。根据不同的缓存特性，现有的缓存策略划可分为编码缓存、非编码缓存、合作缓存、主动缓存、被动缓存和概率缓存。

D2D卸载可有效提高边缘节点的计算能力，缓解边缘节点计算和通信能力与任务负载不匹配的情况。通常，根据卸载对象的不同，卸载技术可分为设备与基础设施(如基站)之间的卸载以及D2D设备的卸载两种。其中，设备与基础设施之间的卸载是指计算能力弱或计算资源短缺的设备将部分或全部计算任务卸载到与其距离较近的基础设施(如BS)处进行处理。D2D设备的卸载是指计算能力较弱或计算资源短缺的设备利用D2D通信等技术，将部分计算任务卸载到与其邻近的计算能力强或空闲的设备上进行处理。

4. 功率控制

将D2D通信引入蜂窝网络中时，如果不进行合理的功率控制，可能会使系统的整体性能下降，因此需要根据用户的通信质量要求对用户设备进行有效的功率控制。而D2D通信模式不同，其发送功率的控制方法也不同。如果D2D链路工作在专用模式下，则D2D链路与蜂窝通信链路之间没有影响，此时无须考虑D2D通信用户与蜂窝用户之间的干扰，两者都可以用较大的功率来提高传输速率。如果D2D链路工作在复用模式下，则D2D链路与蜂窝链路会产生共信道干扰，此时需要对两者进行合理的功率控制，保证系统既能满足用户通信要求，又能提高通信性能。

D2D用户的功率控制可分为静态功率设置与动态功率设置。静态功率设置是指根据当下D2D设备的位置，计算出D2D链路的最大功率值，该值为不影响蜂窝系统正常运行的最大功率。当D2D设备之间相距较远时，需提高D2D设备的发射功率以满足设备的最低传输速率，但是发射功率不能大于预先设置的最大功率阈值。因此，静态功率设置方式比较固定，不能随着信道变化、位置变化作出调整。动态功率设置会根据当下的信道信息以及D2D设备的地理位置改变而作出特定的功率设置。当制定动态功率设置方案时，一方面要考虑预先设置的D2D通信范围的门限值会改变D2D设备的发送功率，进而使D2D用户对上行频段的干扰不会影响基站正常工作；另一方面对于下行频段，还需使D2D设备干扰范围不涉及与其复用相同资源的蜂窝用户。

5. 同步技术

D2D通信需实现可靠的低延迟通信和低成本同步，因此同步是5G中分布式D2D通信的一个基本问题。目前，D2D同步可分为基站覆盖同步和异构网络同步。从实现方法上看，D2D通信中有两种主要的定时同步方法，即集中式同步和分布式同步。

传统计算机网络中的同步是指在特定精度和稳定性范围内向网络中的节点提供公共参考时钟。与基于全局参考时钟的传统蜂窝通信不同的是，D2D通信没有任何全局参考时钟。因此D2D通信系统中的同步过程比传统蜂窝网络中的更复杂，同步对于识别帧/子帧边界和调整时钟漂移以解码和传输D2D控制数据和业务数据(精细同步)至关重要。D2D同步以LTE同步技术为基础，沿用了LTE的帧结构、同步信号生成规则、收发规则等技术。不同的是，D2D同步需对同步信号进行改造，以适应D2D通信中的应用场景。

6. 安全传输

由于数据跨通信网络分布的性质，D2D通信网络安全引起了学术界的广泛关注。D2D通信可以分发与识别与个人详细信息相关的敏感数据，而这些数据从通信的角度看必须是安全的，并防止黑客出于非法目的进行冒充、窃听、IP欺骗、拒绝服务和恶意软件攻击等。因此，在D2D网络中开发网络安全协议，使用户信息不被泄露是至关重要的。此外，由于移动性引起的D2D用户动态调整是建立安全D2D通信网络的重要问题。新老D2D用户可能加入或离开小区，这需要D2D通信安全的自适应机制。

安全和隐私是D2D通信的两个基本且相互关联的方面，其对于利用和部署D2D实现通信是至关重要的。缺少诸如接入点或基站之类的中心控制实体是D2D通信与传统基于基础设施的通信之间的明显区别。除此之外，D2D通信主要依靠设备来发现并监测通信对象，该过程通过无线信道的消息广播来完成，这使得攻击者能够定位和跟踪D2D用户，从而获取其位置并侵犯相关信息隐私。同时，由于无线通信的暴露性质，D2D用户之间的信息交换也更容易受到攻击。因此，可靠的安全传输策略是D2D通信的必备要求。

1.4.2 D2D通信系统性能的评价指标

D2D通信系统性能的评价指标包括以下方面：

(1) 中断概率。在通信中，当链路容量不一定满足所要求的用户速率时，会发生中断事件，该事件呈概率分布，所以中断概率即为中断事件发生的概率。中断概率是链路容量的另一种表达方式，取决于链路的平均信噪比及其信道衰落分布模型。

(2) 系统容量。系统容量指单位时间内系统能够传输的最大信息量，是衡量通信系统和终端设备通信能力的重要标志，其与通信线路的数量、工作效率和信息通过的时间等有关[8]。

(3) 能量效率。通信中的能量效率定义为有效信息传输速率与信号发射功率的比值。

(4) 系统吞吐量。在蜂窝网络中，系统吞吐量是指单位时间内通过该网络成功传递的消息包的数量，是衡量系统性能的重要指标。

(5) 算法复杂度。算法复杂度是指将算法编写成可执行程序后，运行时所需要的系统资源，包括时间资源和空间资源。同一问题可用不同算法解决，而算法复杂度会影响系统的执行效率。

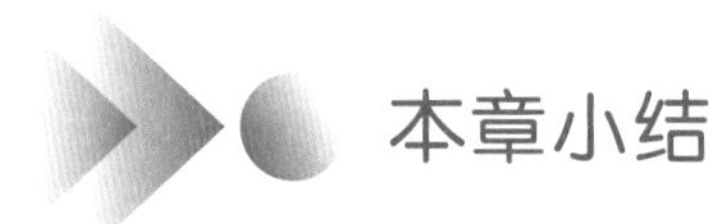

本章小结

D2D通信技术作为5G及6G移动通信网络的关键技术，可有效提升资源利用效率、丰富业务类型和降低核心网的网络负担，其技术优势可保证网络运行的可靠性。本章首先介绍了D2D通信的技术概况，并给出了D2D通信的5G应用场景。随后，本章对D2D通信的分类和技术优势等方面的相关内容进行了阐述，并提出了D2D通信面临的技术挑战。同时，本章对D2D-U背景下的通信架构和D2D-L背景下的通信协议标准进行了较为全面的介绍。最后，本章阐述了包括资源分配、中继选择、缓存与卸载、功率控制、同步技术和安全传输在内的D2D通信的关键技术，并总结了D2D通信系统性能的评价指标。

思考拓展

1. 什么是 D2D 通信？
2. 面向蜂窝网络的 D2D 通信协议主要包括哪些？
3. D2D 通信的技术优势是什么？
4. D2D 通信的关键技术包括哪些？
5. 简述可以衡量 D2D 通信系统性能的评价指标。

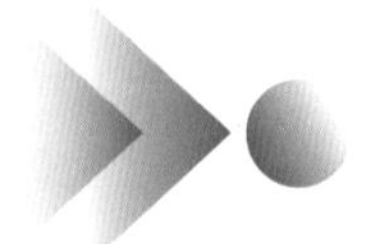

本章参考文献

[1] 钱志鸿，肖琳，王雪. 面向未来移动网络密集连接的关键技术综述[J]. 通信学报，2021，42(4)：22－43.

[2] MOHAMMED S M G，ASRUL I A，MOHD R B S，et al. Survey on Device to Device（D2D）Communication for 5G/6G Networks：Concept，Applications，Challenges，and Future Directions[J]. IEEE Access，2022，10(3)：30792－30821.

[3] PEDHADIYA M K，JHA R K，BHATT H G. Device to device communication：A survey[J]. Journal of Network and Computer Applications，2019，129(2019)：71－89.

[4] 钱志鸿，王雪. 面向 5G 通信网的 D2D 技术综述[J]. 通信学报，2016，37(7)：1－14.

[5] OZHELVACI A M. Ma-Wiley 5G Ref：The Essential 5G reference Online[M]. DOI：10.1002/9781119471509.

[6] Device to Device Communication in LTE Whitepaper，www.rohde-schwarz.com/appnote/1MA264.

[7] WAQAS M，NIU Y，LI Y，et al. A Comprehensive Survey on Mobility-Aware D2D Communications：Principles，Practice and Challenges[J]. IEEE Communications Surveys & Tutorials，2020，22(3)：1863－1886.

[8] LIU Y，CHEN W. Capacity Analysis and Sum Rate Maximization for the SCMA Cellular Network Coexisting with D2D Communications[J]. China Communications，2022，19(10)：55－68.

第 2 章　D2D 信道建模

信道建模是无线通信系统设计的基础。理想的无线通信模型应具有能够根据不同的地理特征环境或不同的人群疏密环境做出适当调整的功能。不同的环境因素决定了信道传播模型中变量的物理意义。因此，对于 D2D 通信而言，高效的移动无线信道传输模型是至关重要的。本章对 D2D 信道建模进行了全面讲述，描述了大尺度衰落模型和小尺度衰落模型，并对 D2D 通信信道模型进行了阐述。

2.1　概述

5G 允许在各种场景(如室内、城市、郊区和农村地区等)中访问和共享信息，具有低延迟和高数据速率的特性。5G 技术预期目标的实现推动了对更高通信质量的需求。与 4G 相比，5G 技术实现了 1000 倍的系统容量、100 倍的数据速率、5～15 倍的频谱效率、10 倍的连接密度以及 100 倍的成本效率等技术目标[1-2]。5G 技术最重要的应用之一是毫米波通信，其通信信道具有由高频和高时间分辨率引起的高路径损耗和多径稀疏性的特性。因此，探索精确且兼容的毫米波信道模型对于设计、优化和评估 5G 技术至关重要[3-4]。

在无线通信中，信道建模是指根据无线信道的传播特征对无线信道进行数学描述的过程。与有线信道静态且可预测的典型特点不同的是，在无线移动通信系统中，由于无线传输环境和场地复杂多变，无线信道一般是动态且难以预测的，而电磁波信号在其中传输则会经历典型的“衰落”，这就对系统设计和技术评估提出了挑战。因此，为了验证、优化和设计无线通信系统，前期需要对无线信道进行建模。毫米波通信信道模型可分为两类，即确定性毫米波信道模型和随机性毫米波信道模型[5-6]。

确定性毫米波信道模型是根据特定的场景来确定信道参数的，具有恒定信道参数的特点，这意味着每个模拟的信道特性是固定的，通过射线追踪(Ray Tracing，RT)方法或测量方法可以获得信道参数[7]。文献[8] ～文献[12]分别论述了郊区、农村、山区、海洋和校园场景下，基于 RT 的确定性毫米波信道模型。

随机性毫米波信道模型应该至少有一个随机信道参数，它是从分析或测量结果中提取分布来进行描述的。随机性毫米波信道模型相比于确定性毫米波信道模型的适用范围更广。在 D2D 通信的研究中，大多采用随机性信道模型，所以本章具体描述 3GPP 标准 TR 38.901 推荐的随机性信道模型。

5G 通信系统的 3GPP 标准化时间表如图 2-1 所示。3GPP TR 38.901 规范适用于 0.5～100 GHz 的频段，其与早期规范兼容，如三维空间信道模型(3GPP TR 36.873)和 IMT Advanced(ITU-R M.2135)。同时，标准化信道模型可用于各种场景下的链路级和系统级仿真，如宏小区、城市微小区街道、乡村宏小区、室内热点办公室和室内工厂等[13]。

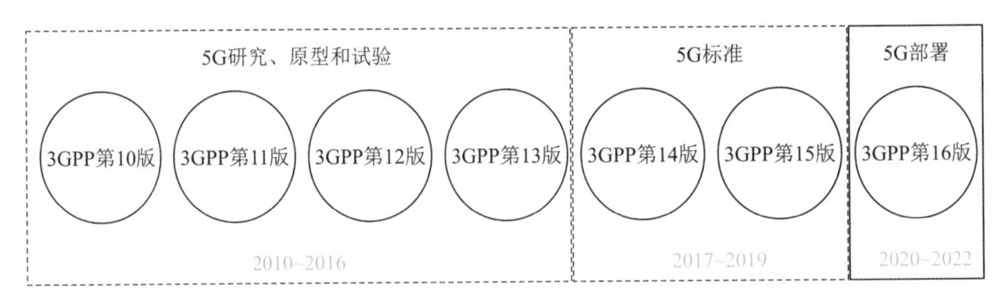

图 2-1 3GPP 标准化时间表

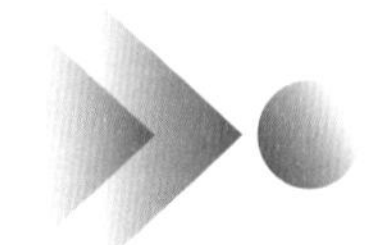

2.2 随机性信道模型

如图 2-2 所示，随机性信道模型包括大尺度衰落模型和小尺度衰落模型两部分。大尺度衰落模型涉及视距(Line of Sight，LoS)损耗、路径损耗和其他额外损耗。当电磁波信号通过一段较长的距离时，会产生大尺度衰落，一般是由信道的路径损耗(关于距离和频率的函数)和大的障碍物(如建筑物、中间地形和植被等)所形成的阴影引起的。而小尺度衰落模

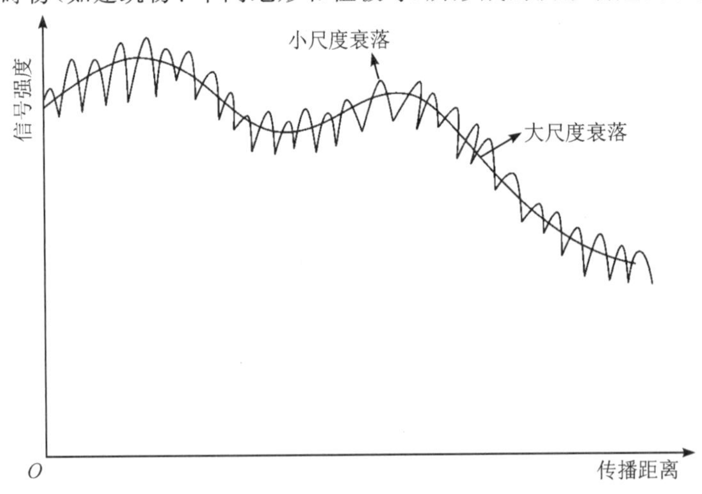

图 2-2 小尺度衰落和大尺度衰落

型关注多路径和终端移动对传播信道的影响。当电磁波信号在较小的范围内传输时，会观察到其瞬时接收场强的快速波动，这种现象一般称为小尺度衰落。需要强调的是，无线信道建模一般是指对无线通信的大尺度衰落和小尺度衰落进行数学描述的过程。

2.2.1　大尺度衰落模型

无线电波在实际的无线信道环境中传输时，一般会发生反射、绕射以及散射等物理现象，从而使无线信号在传输过程中产生衰落。信道的大尺度衰落一般表现为阴影衰落。在无线信道模型中，通常将阴影衰落模型建立为对数正态阴影衰落模型。对于大尺度衰落模型，用户首先设置应用场景、天线数量和速度参数，然后通过图 2-3 所示的流程获得信道参数[14]。下面将从典型场景介绍不同的大尺度衰落模型。

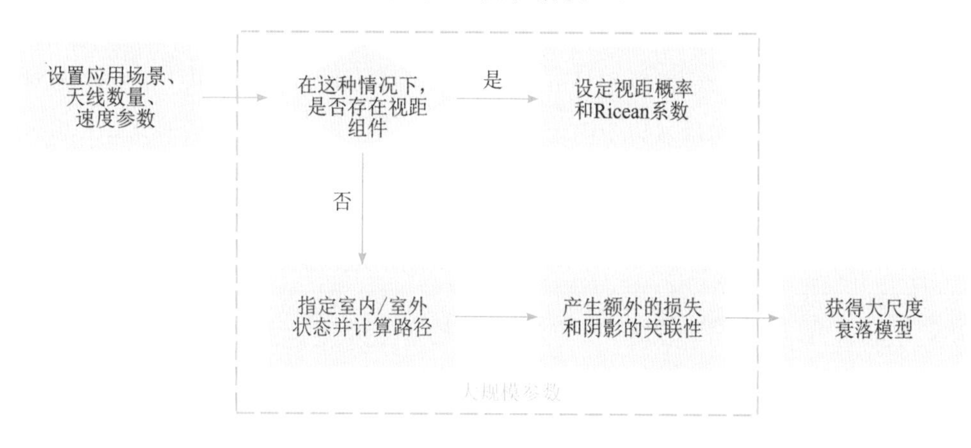

图 2-3　大尺度衰落的产生流程

1. 自由空间传播模型

自由空间传播模型用于预测接收机和发射机之间为完全无阻挡的视距路径时接收信号的场强。根据能量守恒定律，自由空间中距离配置各向异性天线的发射机 d 处天线的接收功率由弗里斯(Friis)公式给出：

$$P_r = \frac{P_t G_t G_r \lambda^2}{(4\pi)^2 d^2 L} \tag{2-1}$$

式中，P_r 为接收功率，其为发射机到接收机间隔距离 d 的函数；P_t 为发射功率；G_t 和 G_r 分别是发射天线和接收天线增益；λ 为信号波长；d 是发射端到接收端的距离；L 是与传播环境无关的系统损耗系数。系统损耗系数表示实际硬件系统中的总体衰减和损耗，包括传输线、滤波器和天线。通常，$L \geqslant 1$；如果系统硬件没有损耗，则 $L=1$。需要注意的是，信号强度在自由空间中随着距离的平方而衰减。

路径损耗用来表示信号衰减，定义为有效发射功率与接收功率之间的差值。路径损耗是大尺度衰落模型的主要组成部分，并且与距离有很强的相关性[15]。对于没有任何系统损耗($L=1$)的自由空间路径损耗，当包含天线增益时，其路径损耗为

$$\text{PL(dB)} = 10\lg\frac{P_t}{P_r} = -10\lg\left[\frac{G_t G_r \lambda^2}{(4\pi)^2 d^2}\right] \tag{2-2}$$

当不包括天线增益时，假设天线具有单位增益(即 $G_t=G_r=1$)，其路径损耗为

$$\mathrm{PL(dB)}=10\lg\frac{P_t}{P_r}=-10\lg\left[\frac{\lambda^2}{(4\pi)^2d^2}\right] \tag{2-3}$$

2. 对数距离路径损耗与对数正态阴影衰落模型

在自由空间中，观察到的距离功率关系并不适用于所有的环境。在自由空间中，信号从发送端到接收端只沿着单一的路径传播。然而，在实际的信道环境中，平均接收信号功率与自由空间的路径损耗随距离 d 呈对数方式衰减。通过引入随着环境而改变的路径损耗指数 α，可以修正自由空间的路径损耗模型，从而构造出一个更为普遍的路径损耗模型。

描述接收功率和距离之间关系的最便捷方法是规定接收功率 P_r 与发送端和接收端之间距离 d 的某个特定 α 次幂呈相关比例，称之为距离功率斜率，即

$$P_r=P_0d^{-\alpha} \tag{2-4}$$

式中，P_0 是发送端参考距离(通常为 1 m)处的接收功率。在自由空间中，$\alpha=2$。而对于室内和市区无线信道而言，距离与功率的关系将随着建筑物和街道的规划而变化，也会随着建筑物的建筑材料、密度和高度的变化而变化。不同环境下的路径损耗指数如表 2－1 所示，α 会随着环境的复杂程度而逐步变大。

表 2－1　不同环境下的路径损耗指数

环　境	路径损耗指数(α)
自由空间	2
市区蜂窝无线传播	2.7～3.5
存在阴影衰落的市区蜂窝无线传播	3～5
建筑物内的视距传播	1.6～1.8
有建筑物阻挡	4～6

为计算方便，通常对式(2－4)进行变换，以分贝的形式可表示为

$$10\lg(P_r)=10\lg(P_0)-10\alpha\lg(d) \tag{2-5}$$

式中，P_r 和 P_0 分别为在 d m 和在 1 m 处的接收信号强度。

在式(2－5)中，$10\alpha\lg(d)$表明每 10 倍距离的功率损耗为 10α dB，而每 2 倍距离的功率损耗为 3α dB。如果用 dB 定义 1 m 的路径损耗为 $L_0=10\lg(P_t)-10\lg(P_0)$，则路径损耗 L_p 为

$$L_p=L_0+10\alpha\lg(d) \tag{2-6}$$

式(2－6)为对数距离路径损耗模型，该式表示总路径损耗等于第 1 m 的路径损耗加上相对于第 1 m 的接收功率的损耗。接收功率等于发射功率减去总路径损耗 L_p，该式通常用来表示 D2D 通信中距离与功率的关系。

根据周围环境和用户位置的不同，与发送端同样距离的接收信号强度也会不同。式(2－6)给出了一个当发送端与接收端距离为 d 时，求信号强度平均值的有效方法，实际的接收信号强度值均接近于该平均值，这种因为位置不同而导致信号强度变化的现象通常称

为阴影衰落或慢衰落。之所以称为阴影衰落是因为接收信号受到建筑物(室外)、墙壁(建筑物内)和其他物体的阻碍而使得接收信号强度围绕着平均值波动。之所以称为慢衰落是因为信号强度随着距离的变化而改变，相对于多路径产生的衰落而言要慢得多。任意距离 d 处的路径损耗 L_{p} 为随机正态对数分布，即

$$L_{\mathrm{p}}=L_0+10\alpha\lg(d)+X_\sigma \tag{2-7}$$

式中，$X_\sigma\sim N(0, \sigma^2)$ 为零均值的高斯分布随机变量；σ 为标准差。

3. 其他路径损耗模型

前面分别讨论了自由空间传播模型和对数距离路径损耗与对数正态阴影衰落模型。根据蜂窝环境的不同，大尺度衰落模型还用于大蜂窝区的路径损耗模型、宏蜂窝区的路径损耗模型、微蜂窝区的路径损耗模型、室内微微蜂窝区的路径损耗模型、毫微蜂窝区的路径损耗模型等。这些模型与前面所提到的数学模型具有较为相似的理论基础，在不同场景应用的环境实验中，只需考虑不同因素并转化为模型参数进行建模，即可形成不同条件下的路径损耗模型，本节将不再赘述。

2.2.2 小尺度衰落模型

小尺度衰落是指无线电信号在短时间或短距离(若干波长)传播后其幅度、相位或多径时延的快速变化。小尺度衰落模型由信道脉冲响应(Channel Impulse Response, CIR)定义，由簇和簇间参数生成。产生小尺度衰落的过程如图2-4所示。

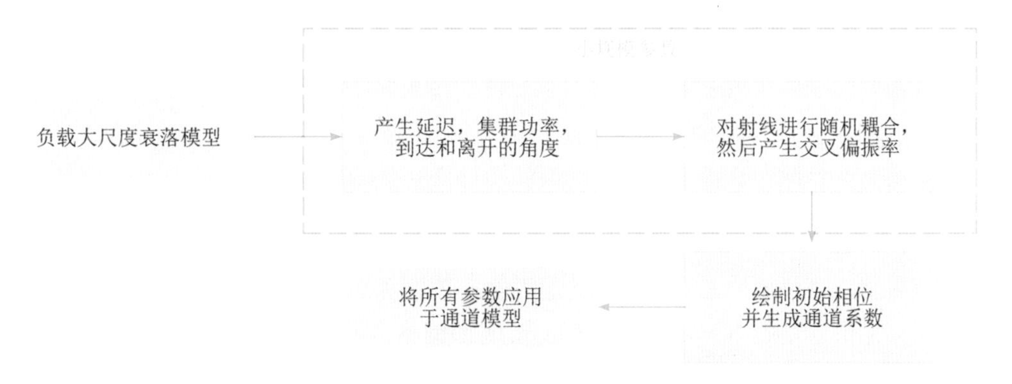

图2-4 产生小尺度衰落的过程

小尺度衰落是由于同一传输信号沿不同的路径传播，以不同时刻(或相位)到达接收机的信号互相叠加所引起的，即不同的传播路径会导致不同的延迟[16]，该情况可以从3GPP信道模型中的延迟分布中随机获得，如下式所示：

$$\tau'_n=-r_\tau\,\mathrm{DS}\ln(X_n) \tag{2-8}$$

式中，r_τ 是延迟分布比例因子；X_n 是在(0, 1)上服从均匀分布的随机变量；DS(Delay Spread)为时延扩展参数，其服从对数正态分布。按下式可进行升序排序，即

$$\tau_n=\mathrm{sort}(\tau'_n-\min(\tau'_n)) \tag{2-9}$$

在视距条件下，比例延迟为

$$\tau_n^{\mathrm{LoS}}=\frac{\tau_n}{C_\tau} \tag{2-10}$$

式中，C_τ 是与 Ricean K 因子相关的标度常数。

簇功率 P_n 可根据 3GPP 信道模型中相应延迟的单斜率指数模型计算得到[17]。根据指数延迟分布，簇功率可以通过下式计算，即

$$p_n'=\exp\left(-\tau_n\frac{r_\tau-1}{r_\tau \mathrm{DS}}\right)\cdot 10^{\frac{-Z_n}{10}} \tag{2-11}$$

式中，$Z_n \sim N(0,\xi^2)$，Z_n 表示簇阴影影响；ξ 表示每簇阴影标准差。

最后，对所有簇功率进行归一化，使所有簇功率之和等于 1，即

$$p_n=\frac{p_n'}{\sum_{n=1}^{N}p_n'} \tag{2-12}$$

式中，N 是簇的数量。

对于 LoS 条件，向第一个簇中添加额外的镜面分量，并且簇功率被标准化为

$$p_n=\frac{1}{K_R+1}\frac{p_n'}{\sum_{n=1}^{N}p_n'}+\delta(n-1)P_{1,\mathrm{LoS}} \tag{2-13}$$

式中，$P_{1,\mathrm{LoS}}$ 是单个 LoS 射线的功率；K_R 是 Ricean K 因子；$\delta(n-1)$是狄拉克 delta 函数。所有不同路径到达接收端的信号称为多径信号。接收机的信号强度取决于多径信号的强度、相对到达时延以及传输信号的带宽。除多径传播外，在实际的无线信道中，许多物理因素都会影响小尺度衰落，如移动台的移动速度、环境物体的运动速度等。

有两种效应会导致信号幅度快速波动：第一种为多径衰落，它是由于沿不同路径到达的信号相加而产生的；第二种为多普勒效应，它是由于移动终端相对于基站发送器正向或者反向运动而产生的。下面介绍两种典型的小尺度衰落模型。

1. 多径衰落模型

多径衰落会导致信号幅度波动，其原因在于不同相位的到达信号相互叠加。导致相位不同的原因是信号沿着不同的路径运行了不同的距离。由于到达信号的相位变化很快，接收信号的振幅因此快速波动，其模型通常是一种特殊分布的随机变量。用于多径衰落的常见分布是 Rayleigh 分布，因此其概率密度函数为

$$f_{\mathrm{ray}}(r)=\frac{r}{\sigma^2}\exp\left(-\frac{r^2}{2\sigma^2}\right),\ r\geqslant 0 \tag{2-14}$$

2. Rayleigh 衰落信道的多普勒频谱模型

Rayleigh 衰落信道的多普勒频谱常用于移动无线模型中，也被称为经典多普勒频谱。

在移动无线通信的典型应用中，针对 Rayleigh 衰落信道的多普勒频谱模型为

$$D(\lambda)=\frac{1}{2\pi f_m}\times\left[1-\left(\frac{\lambda}{f_m}\right)^2\right]^{-1/2},\ -f_m\leqslant\lambda\leqslant f_m \tag{2-15}$$

式中，f_m 是最大多普勒频率，它与移动终端的速度有关，其表达式为

$$f_m = \frac{v_m}{\lambda} \tag{2-16}$$

式中，v_m 是移动速度；λ 是无线信号的波长。

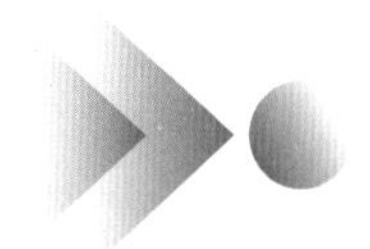

2.3　D2D 通信信道模型

与传统的蜂窝网基站通信链路相比，D2D 通信链路信道具备很多物理特征[18]，具体如下。

(1) 低天线高度。一般来说，D2D 通信的终端设备都是便携式设备，因此，D2D 通信链路中的两个终端的天线高度均应低于人体的自然高度。考虑到人体的差异性以及其他 D2D 通信的终端可能的应用场景，D2D 通信的终端的天线高度可能在 1.0～2.5 m 的范围内变化。与传统蜂窝网基站高度相比，D2D 通信的终端的天线高度要低得多，因此无线信道的传播环境更加复杂多变。

(2) 短距离通信。受限于设备发射功率，D2D 通信的距离很短，一般在数十米的量级。当发射端和接收端的距离很近时，两者的传播环境可能具有高度的相似性，使得信道的统计特征具有更加集中的特征(如多路径时延扩展可能会极小)，这与传统的蜂窝网通信大不相同。

(3) 终端移动性。传统蜂窝网中的基站一般是固定的，终端则是静止或移动的。而在 D2D 通信中，对终端的移动性并无明显限制，两个终端可以是静止的，也可以是移动的。此外，D2D 通信的终端移动速度通常是步行速度，移动性对于信道的影响可能并不明显。

(4) 通信频率。将 D2D 通信引入 LTE/LTE-A 系统后，通信频率将应用于现有以及未来可能分配给 LTE/LTE-A 系统的通信频段中。一般来说，频率的变化必然会影响无线电波的传播损耗，因此，有必要研究不同频带的 D2D 通信的无线信道的传播特性。

为了保证 D2D 研究的标准化，3GPP 在第 73 次 3GPP TSG RAN WGI 会议上，给出了 D2D 评估方法和信道模型标准，如表 2-2 所示[19]。

表 2-2　3GPP D2D 信道模型

应用场景	室外-室外	室外-室内	室内-室内
路径损耗	WINNER Ⅱ B1 场景加上 10 dB 偏移	双带模型；WINNER B4 场景加上 10 dB 偏移	双带模型、ITU-R InH 模型添加 ITU-R UMi 场景的视距概率
阴影衰落	8 dB 标准差的对数正态分布，假设为独立同分布，即未进行相关性建模		
快速衰落	对称的角度(离开角、到达角)扩展分布，修正 ITU-R UMi 和 InH 场景的小尺度衰落信道模型以适应收发端的双移性		

关于路径损耗，3GPP 建议室外情况采用加入 10 dB 偏移的 WINNER Ⅱ信道模型 B1

场景的路径损耗模型。对于室外到室内情况，采用双带模型或加上 10 dB 偏移的 WINNER Ⅱ信道模型 B4 场景的非视距模型。对于室内情况，则采用双带模型或采用加入 ITU-R UMi 场景视距概率的室内热点场景路径损耗模型。关于阴影衰落，定义为 7 dB 标准差的对数正态分布，并假设阴影衰落为独立同分布。而对于快速衰落，采用对称的角度扩展分布，修正 ITU-R 室内热点和 UMi 场景的小尺度衰落信道模型。ITU-R UMi 场景视距概率的室内热点场景路径损耗模型被认为是 3GPP 认可的统一的 D2D 仿真评估模型。然而，其仅是通过修正现有的传统蜂窝网的信道模型而实现的，并非基于实际的信道测量数据建立的，其有效性仍需要进一步通过实际的信道测量进行验证。

近年来，国内外学者对 D2D 通信的各项技术进行了有效的研究。但研究的先决条件是对 D2D 通信信道进行建模。长期以来，信道建模是无线通信系统设计的基础。本节将讨论 D2D 通信信道建模以及传播信道的相关特点，并表述相应的真实信道模型，突出具有物理意义且易于使用的方法，用以模拟 D2D 信道的重要性。为了全面阐述当前的 D2D 信道建模，提到的 D2D 通信模型通用的 D2D 概念涉及任何的 D2D 通信场景，如人对人通信、车

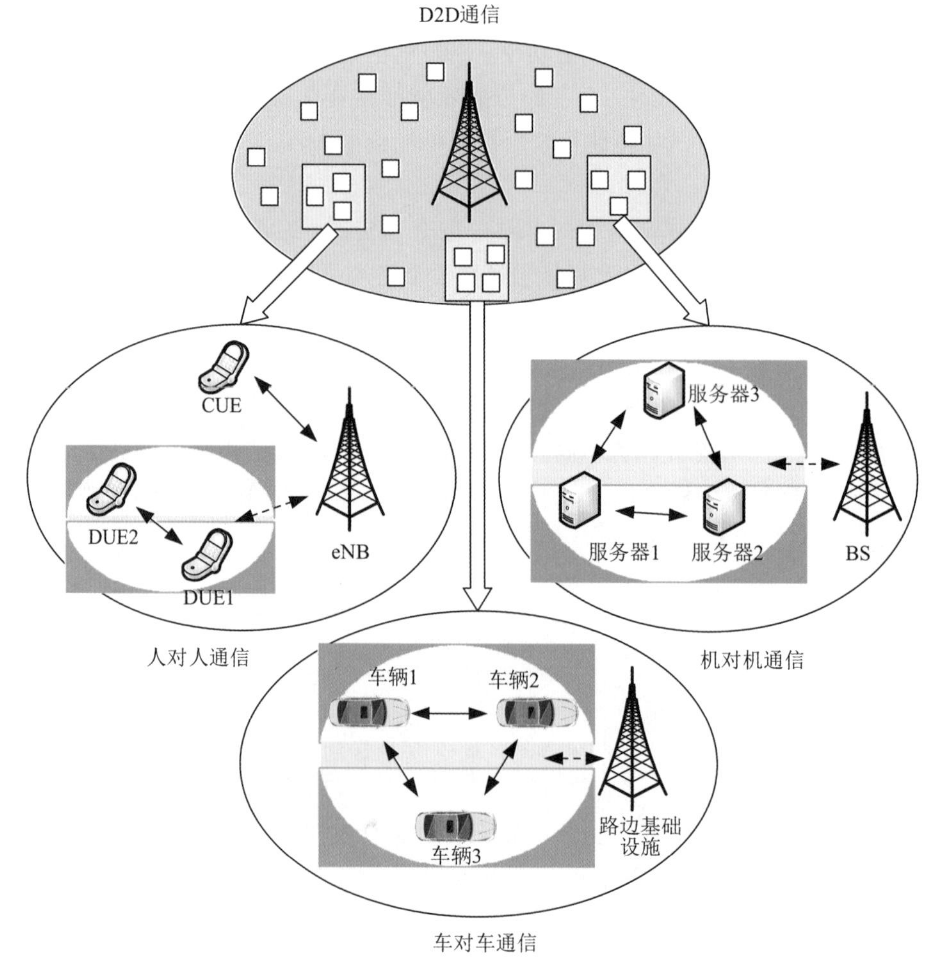

图 2-5 D2D 通信系统

对车通信、机对机通信等，如图 2-5 所示。从信道建模的角度来看，不同的 D2D 通信类型会导致不同的通信应用场景，从而建立不同的 D2D 信道模型[20]。

目前，针对 D2D 通信信道特性的研究相对较少，大多采用自由空间、高斯或瑞利信道等简单理论模型或者针对现有的蜂窝网而建立的信道模型，不同的研究采用的信道模型也各不相同。比较常用的信道模型主要会考虑大尺度路径损耗和小尺度路径损耗。具体来说，如果网络中所有链路都经历独立的路径损耗和快衰落，那么从蜂窝小区内子信道上发射端到接收端的瞬时信道增益可建模为下式，即

$$g^k = Gh^k\beta^k d^{-\alpha} \tag{2-17}$$

式中，g^k 表示将 k 个资源块分配给用户；G 为路径损耗常数；h 和 β 分别是具有对数正态阴影的大尺度衰落增益和具有指数分布的小尺度衰落增益；d 为收发端距离；α 为路径损耗指数。

总体来说，国际上 D2D 信道建模的研究大致可分为两类。

(1) 由一些标准化或者研究机构建立的传播模型。文献[21]采用 WINNERE Ⅱ 场景建立传播模型，所提出的方案在单输入多输出和多输入多输出场景下进行功率控制，以至接近最佳性能。文献[22]采用 ITU-R M. 2135 的大尺度路径损耗模型，利用混合网络的网络特性共享上行链路资源来处理资源分配和干扰避免问题。

(2) 基于不同路径损耗的距离对数(含自由空间)模型。文献[23]描述了一种多维回归方法建立新的路径损耗模型。文献[24]探讨了对数距离(Path Loss，PL)模型在恶劣农村传播条件下的异构固定无线网络中的应用，并对该模型进行扩充和优化，以提高其精度。文献[25]提出了一种智能反射面(Intelligent Reflecting Surface，IRS)辅助的全双工多输入输出(Full-Duplex-Multiple-Input Multiple-Output，FD-MIMO)双向模型，分析了 RIS 辅助的 FD-MIMO 双向 D2D 通信在室内和室外系统操作环境中受残余自干扰(Self-Interference，SI)和硬件损伤(Hardware Impairments，HI)影响的性能。文献[26]建立了支持 IRS 的毫米波(Millimeter Wave，MMW) D2D 通信的系统模型，对发射天线同步(Inter Antenna Synchronization，IAS)问题进行了分析和变换，通过 0-1 装箱问题证明了其是 NP-Hard 问题，并提出了解决该问题的 IAS-A 算法。在文献[27]中，大尺度路径损耗模型采用的路径损耗指数为 4，而小尺度衰落信道设为高斯白噪声信道或者瑞利衰落信道，研究了 D2D 非视距传播条件时，广泛采用路径损耗指数为 4 的路径损耗模型。

文献[28]对办公楼和候车厅场景的信道测量、信道特性分析与建模开展了研究工作。其中，办公楼场景对应的是 D2D MIMO 信道，候车厅场景对应的是毫米波单输入多输出(Single Input Multiple Output，SIMO)信道。该文献采用的具体研究方法表述如下。

为便于理解，此处定义的 D2D 场景分为两类，即移动对移动(Mobile to Mobile，M2M)和固定对移动(Fixed to Mobile，F2M)，同时将收发端不等高的传统 F2M 场景称为传统固定对移动(Conventional Fixed to Mobile，CF2M)场景。

1. 信道测试

收发端均配置全向阵列天线(Omni Directional Array，ODA)，D2D 信道测量系统参数如表 2-3 所示。

表 2-3 D2D 信道测量系统参数

参 数	数 值	参 数	数 值
中心频率	5.25 GHz	Rx 天线单元数	18
发射频率	+26 dBm	Tx 天线高度	1.5 m
带宽(空对空)	200 MHz	Rx 天线高度	1.5 m
Tx 天线单元数	18	极化类型	交叉极化

文献[28]中的信道测试所测场景包括楼道对楼道、楼道对房间和房间对房间三种，涵盖视距(Line of Sight，LoS)和非视距(Non Line of Sight，NLoS)情形。对于每个场景，信道测量均涵盖 F2M、M2M 同向运动以及 M2M 相向运动三种情形，共采集大约 2500 个快照的数据用于分析和信道参数提取。在测量过程中，小车移动时保持 1 m/s 的速度匀速行驶，收发端高度为 1.5 m。

2. D2D 信道接收信号幅度分布

在 CF2M 传播信道中，通常用瑞利分布和莱斯分布对 NLoS 和 LoS 场景接收信号幅度建模。然而在 D2D 信道中，电波传播机制与 CF2M 信道的有显著差异。在 D2D 场景下，收发双端等高且均置于复杂的反散射环境中，同时，任意一端均可能处于移动或静止的状态。该研究指出，收发双端移动时接收信号幅度服从双瑞利分布。设 x 和 y 为相互独立，且服从瑞利分布的随机变量，则 $z = xy$ 服从双瑞利分布，其概率密度函数为

$$p_z(z) = 2\mathrm{K}_0(2\sqrt{z}) \tag{2-18}$$

式中，$\mathrm{K}_0(\cdot)$表示 0 阶修正的第二类贝塞尔函数。

相关研究指出，在郊区室外对室内场景下，接收信号幅度服从瑞利分布和双瑞利分布的组合分布。考虑单次、二次和多次散射环境下的多径传播效应，接收信号幅度可表示为

$$h = K + h_1 + \alpha \times h_2 \times h_3 + \beta \times h_4 \times h_5 \times h_6 + \cdots \tag{2-19}$$

式中，K 表示莱斯因子；$h_i(i=1, 2, 3, \cdots)$表示独立同分布(independently and identically distributed)瑞利随机变量；α 和 β 分别为双瑞利和三重瑞利衰落信号分量的权重。

研究结果说明，CF2M 信道中的 LoS 和 NLoS 场景接收信号幅度分别服从莱斯分布和瑞利分布，室内 M2M 信道的 LoS 和 NLoS 场景接收信号幅度分别服从瑞利-莱斯混合分布和瑞利-双瑞利混合分布。这是由 D2D 场景收发双端等高且均置于复杂的反散射环境中，同时任意一端均可能处于移动或静止的状态导致的。

3. D2D 信道多普勒功率谱

图 2-6 所示为三维 D2D 信道散射模型。假定终端 M_1 和终端 M_2 沿 xy 平面的直线匀速移动，速度分别为 v_1 和 v_2，移动路径与 x 轴的夹角为 γ。

设 $\gamma=0$，那么 t 时刻到 $t+\tau$ 时刻信道的自相关函数 $\mathrm{R}(\tau)$为

$$\mathrm{R}(\tau) = \int_\alpha\int_\beta P(\alpha) \cdot P(\beta) \cdot \exp(\mathrm{j} \cdot k \cdot v \cdot \tau \cdot \cos\alpha \cdot \cos\beta)\mathrm{d}\alpha\,\mathrm{d}\beta \tag{2-20}$$

式中，α 和 β 分别表示水平面和垂直面的到达角(Angle of Arrival，AoA)；$P(\alpha)$和 $P(\beta)$分别表示 α 和 β 的概率密度函数。

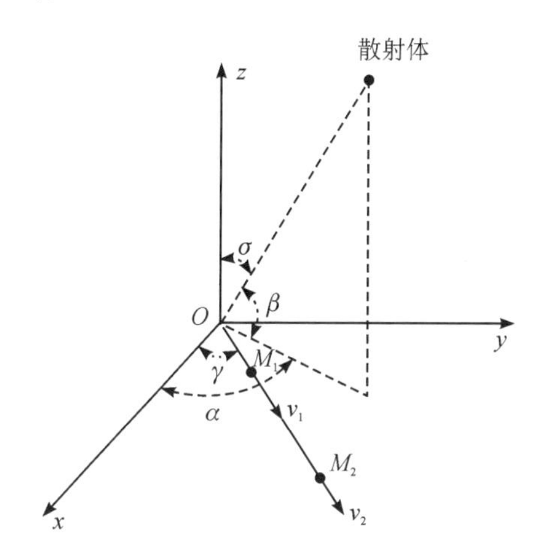

图 2-6　三维 D2D 信道散射模型

根据离开角(Angle of Departure，AoD)和 AoA 相关性分析结论，可假设终端 M_1 和终端 M_2 的自相关函数 R_1 和 R_2 相互独立，则联合自相关函数可表示为

$$R(\tau)=R_1(\tau)R_2(\tau)=\int_{\alpha_1}\int_{\beta_1}P_{\alpha_1}(\alpha_1)P_{\beta_1}(\beta_1)\cdot\exp(j\cdot k\cdot v_1\cdot\tau\cdot\cos\alpha_1\cdot\cos\beta_1)\,\mathrm{d}\alpha_1\mathrm{d}\beta_1\cdot\int_{\alpha_2}\int_{\beta_2}P_{\alpha_2}(\alpha_2)P_{\beta_2}(\beta_2)\cdot\exp(j\cdot k\cdot v_2\cdot\tau\cdot\cos\alpha_2\cdot\cos\beta_2)\,\mathrm{d}\alpha_2\mathrm{d}\beta_2 \tag{2-21}$$

式中，α_1、β_1 分别表示水平面和垂直面的 AoA；α_2、β_2 分别表示水平面和垂直面的 AoD；$P_{\alpha_1}(\alpha_1)$、$P_{\beta_1}(\beta_1)$分别表示对应 AoA 的概率密度函数；$P_{\alpha_2}(\alpha_2)$、$P_{\beta_2}(\beta_2)$分别表示对应 AoD 的概率密度函数；v_1 和 v_2 分别表示终端 M_1 和终端 M_2 的移动速度。

对式(2-20)中自相关函数进行傅里叶变换可得到对应的功率谱密度函数为

$$S(f_D)=\int_0^{\infty}R(\tau)\cdot\exp(-j\cdot 2\pi\cdot f_D\cdot\tau)\,\mathrm{d}\tau \tag{2-22}$$

式中，f_D 表示多普勒频移。假设 CF2M 场景下的 P 为概率密度函数且在(0，2π]上均匀分布，$R(\tau)$端使用全向天线，则二维自相关函数为

$$\begin{aligned}R(\tau)&=\frac{1}{2\pi}\int_0^{2\pi}\exp(\mathrm{j}\cdot k\cdot v\cdot\tau\cdot\cos\alpha)\,\mathrm{d}\alpha\\&=\frac{1}{\pi}\int_0^{\pi}\exp(\mathrm{j}\cdot k\cdot v\cdot\tau\cdot\cos\alpha)\,\mathrm{d}\alpha\\&=\mathrm{J}_0(k\cdot v\cdot\tau)\end{aligned} \tag{2-23}$$

式中，J_0 表示第一类零阶贝塞尔函数。

那么对于式(2-20)中二维 M2M 信道自相关函数可扩展为

$$R(\tau)=\mathrm{J}_0(k\cdot v_1\cdot\tau)\cdot\mathrm{J}_0(k\cdot v_2\cdot\tau) \tag{2-24}$$

为求得三维多普勒功率谱表达式，式(2-23)中自相关函数的求解是必需的，故 AoA

和 AoD 在水平面和垂直面的分布是必要的已知条件。此外，文献[28]还证明了室内 D2D 环境楼道对楼道、楼道对房间和房间对房间场景下 AoD 和 AoA 可能服从拉普拉斯分布、截断均匀分布以及成簇分布，证实了拉普拉斯分布可更好地与实测结果吻合、测量中 AoA 和 AoD 互不相关等结论。

从目前的研究状况来看，现有的信道模型很难全面覆盖所有 D2D 应用场景，D2D 信道建模仍然面临诸多挑战。一方面的挑战为：如何能够为多种 D2D 应用场景设计具有普适意义且通用的信道模型。事实上，如果考虑到具体且复杂的传播环境，现阶段没有任何信道模型能够精准地通过参数约束表述所有应用场景。为了更好地设计 D2D 系统，应该针对具体 D2D 应用场景建立科学有效的测量实验，并在更大范围内发现独特的 D2D 信道特征。通过对大量测量数据的观测和分析，可采用基于几何的建模方法或基于测量的伪几何建模方法构建一般的 D2D 信道模型。另一方面的挑战为：如何实现可以同时运行在多个 D2D 应用场景的信道模型。D2D 信道在很大程度上依赖于不同的应用场景来表征不同的链接特性，具有协作共享意义的 D2D 信道模型可为超密集异构网络的信道测量、信道数据分析和信道数据处理等方面提供更为准确的技术支撑。

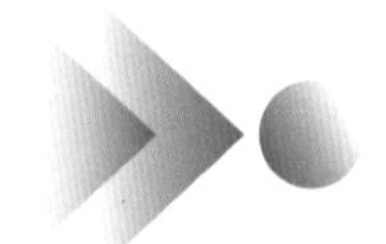

本章小结

随着 5G 和 6G 移动通信技术的不断演进和更新，以及 D2D 通信技术的不断成熟，传统的无线信道模型面临着巨大的考验，尤其是对于未来更高频段频谱资源的高效应用，迫切需要在 D2D 通信场景下构建可支持复杂仿真应用、可适应更高带宽的新型信道模型。本章对最新的 D2D 通信信道研究进行了较为全面的综述，以促进面向信道的 D2D 通信系统的设计和优化；回顾和比较了若干典型的信道模型及其在 D2D 场景中应用的可行性；讨论了该研究领域面临的技术挑战，证明了 D2D 信道建模是实现 D2D 通信的关键技术基础。

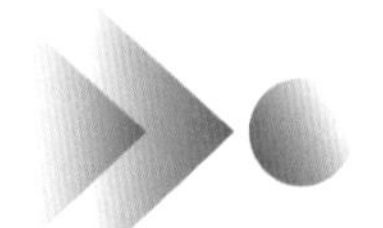

思考拓展

1. 设一条无线链路采用视距传播通信方式，其收发天线的架设高度都等于 30 m，若不考虑大气折射率的影响，试求该无线链路的最远通信距离。
2. 设一条天波无线电信道用高度等于 400 km 的 F2 层电离层反射电磁波，地球的等效半径等于 8500 km，收发天线均架设在地平面，计算该天线无线电信道的通信距离。
3. 若平流层平台距离地面 15 km，按照第 2 题给定的条件计算其覆盖地面的半径。
4. 已知一发射机工作频率为 1 GHz，距离接收机为 100 km，请计算其自由空间电波传播损耗。
5. 随机性信道模型包含哪两部分？它们之间的区别是什么？
6. 请展开说明 D2D 通信链路具备哪些特征。

7. 视距传播距离和天线高度有什么关系？

8. 什么是快衰落？什么是慢衰落？

9. 信道中的噪声有哪几种？

10. 什么是多径效应？

11. 简述路径损耗的定义。

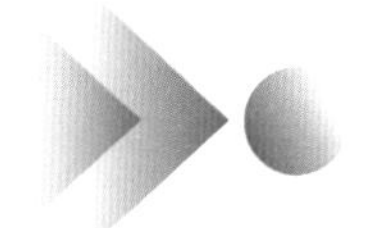

本章参考文献

[1] JIANG H, ZHANG Z C, GUI G. A novel estimated wideband geometry-based vehicle-to-vehicle channel model using an AoD and AoA estimation algorithm[J]. IEEE Access, 2019(7): 35124－35131.

[2] UWAECHIA A N, MAHYUDDIN N M. A comprehensive survey on millimeter wave communications for fifth-generation wireless networks: feasibility and challenges[J]. IEEE Access, 2020, 8(99): 62367－62414.

[3] ZHANG J, SHAFI M, MOLISCH A F, et al. Channel Models and Measurements for 5G[J]. IEEE Communications Magazine, 2018, 56(12): 12－13.

[4] SAMIMI M K, RAPPAPORT T S. 3-D millimeter-wave statistical channelmodel for 5G wireless system design[J]. IEEE Transactions on Microwave Theory and Techniques, 2016, 64(7): 2207－2225.

[5] HUANG J, LIU Y, WANG C X, SUN J, et al. 5G millimeter wave channel sounders, measurements, and models: recent developments and future challenges [J]. IEEE Communications Magazine, 2019, 57(1): 138－145.

[6] ZHAO X W, DU F, GENG S Y, et al. Playback of 5G and beyond measured MIMO channels by an ANN-based modeling and simulation framework[J]. IEEE Journal on Selected Areas in Communications, 2020, 38(9): 1945－1954.

[7] ZHAO X W, LI S, WANG Q, et al. Channel measurements, modeling, simulation and validation at 32 GHz in outdoor microcells for 5G radio systems[J]. IEEE Access, 2017, 5(99): 1062－1072.

[8] CUI Z, GUAN K, HE D P, et al. Propagation modeling for UAV air-to-ground channel over the simple mountain terrain[C]. 2019 IEEE International Conference on Communications Workshops (ICC Workshops). IEEE, 2019.

[9] KHAWAJA W, OZDEMIR O, GUVENC I. Temporal and spatial characteristics of mmwave propagation channels for UAVs[C]. 2018 11th Global Symposium on Millimeter Waves (GSMM). IEEE, 2018.

[10] XI C, BRISO C, HE D, et al. Channel modeling for low-altitude UAV in suburban

environments based on ray tracer[C]. 12th European Conference on Antennas and Propagation (EuCAP). 2018.

[11] LIU Z, SHI D, GAO Y, et al. A new ray tracing acceleration technique in the simulation system of electromagnetic situation [C]. 2015 7th Asia-Pacific Conference on Environmental Electromagnetics (CEEM), 2015.

[12] CHENG L, ZHU Q, WANG C X, et al. Modeling and simulation for UAV air-to-ground mmwave channels[C]. 2020 14th European Conference on Antennas and Propagation (EuCAP), 2020.

[13] ZHU Q, WANG C X, HUA B, et al. 3GPP TR 38.901 channel model[M]. The Wiley 5G Ref: TheEssential 5G Reference Online. Wiley Press, 2021.

[14] LEI L, ZHONG Z, LIN C, et al. Operator controlled device-to-device communications in LTE-advanced networks[J]. Wireless Communications IEEE, 2012, 19(3): 96 - 104.

[15] AL-HOURAIN A, GOMEZ K. Modeling cellular-to-UAV path-loss for suburban environments[J]. IEEE Wireless Communications Letters, 2018, 7(1): 82 - 85.

[16] JOST T, WANG W, WALTER M. A geometry-based channel model to simulate an averaged-power-delay profile [J]. IEEE Transactions on Antennas and Propagation, 2017, 65(9): 4925 - 4930.

[17] ZHANG M, POLESE M, MEZZAVILLA M, et al. Ns-3 implementation of the 3GPP MIMO channel model for frequency spectrum above 6 GHz[C]. Workshop on Ns. ACM, 2017.

[18] 王映民，孙韶辉，高秋彬. 5G传输关键技术[M]. 北京：电子工业出版社，2017.

[19] Draft Report of 3GPP TSG RAN WG1 73 v0.2.0[R]. 2013.

[20] CHENG X, LI Y, AI B, et al. Device-to-device channel measurements and models: a survey[J]. Communications Iet, 2015, 9(3): 312 - 325.

[21] FODOR G, REIDER N. A distributed power control scheme for cellular network assisted D2D communications [C]. 2011 IEEE Global Telecommunications Conference(GLOBECOM), 2011.

[22] YU C H, DOPPLER K, RIBEIRO C B, et al. Resource sharing optimization for Device-to-Device communication underlaying cellular networks [J]. IEEE Transactions on Wireless Communications, 2011, 10(8): 2752 - 2763.

[23] CHOI B G, KIM, J S, MIN Y C, et al. Development of a system-level simulator for evaluating performance of Device-to-Device communication underlaying LTE-advanced networks [C]. Computational Intelligence, Modelling and Simulation (CIMSiM), 2012 Fourth International Conference on. IEEE Computer Society, 2012.

[24] SI W, ZHU X, LIN Z, et al. Optimization of interference coordination schemes in Device-to-Device (D2D) communication [C]. 7th International Conference on Communications and Networking in China, 2012.

[25] XU S Y, WANG H, CHEN T, et al. Effective interference cancellation scheme for Device-to-Device communication underlaying cellular networks[C]. 2010 IEEE 72nd Vehicular Technology Conference-Fall, 2010.

[26] ZHU X, SI W, WANG C W, et al. A cross-layer study: information correlation basedscheduling scheme for Device-to-Device radio underlaying cellular networks[C]. 2012 19th International Conference on Telecommunications (ICT). IEEE, 2012.

[27] LI C, YAN Y, ZHANG B X. Network coding aided collaborative real-time scalable video transmission in D2D communications[J]. IEEE Transactions on Vehicular Technology, 2018, 67(7): 6203 - 6217.

[28] ZHAO X W, LI S, LIANG X L. Measurements and modelling for D2D indoor wideband MIMO radio channels at 5 GHz[J]. IET Communications, 2016, 10(14): 1839 - 1845.

第3章　D2D资源分配技术

合理的资源分配方式是5G技术中D2D通信的主要研究方向。合理地分配资源可使两个已建立连接的通信设备充分利用通信资源，最终满足流量需求的爆炸式增长。D2D资源分配技术在低延迟、大空间、高速传输的要求下能够降低无缝连接的延迟。本章对D2D资源分配技术进行了全面的讲述，归纳了该技术在D2D通信中的资源管理方式，通过分析通信技术中产生的干扰及干扰管理，总结了资源分配方案中信道分配方式和相关算法，最后对算法性能进行了归纳总结。

3.1　概述

D2D资源分配的优点是其灵活、泛在的可用性和低成本，对无线电资源进行分配是实现和维持D2D用户设备(D2D User Equipment，DUE)之间直接通信的基础[1]。在蜂窝网络中，无线电资源管理主要分为集中式资源管理和分布式资源管理两种。其中，集中式资源管理是指基站做出信道资源分配和功率控制的决策；分布式资源管理则由用户设备自身完成决策。D2D通信的资源分配要么是用户之间共享资源，要么是用户拥有专用的资源。

多数情况下，蜂窝用户设备(Cellular User Equipment，CUE)具有专用的信道(频谱)资源，而D2D用户占用剩余的信道资源或复用蜂窝用户占用的信道资源。DUE和CUE之间的频谱共享主要是在带内模式下进行的，可以通过管理同信道干扰来提高通信系统性能[2]。干扰主要是由用户复用上行和下行资源产生的，管理干扰分为干扰避免、干扰消除和干扰协调[3]。

资源分配中的功率控制可以定义为在下行链路传输期间调整基站的功率和在上行链路传输期间调整用户设备功率的过程。资源分配中的功率控制是降低D2D通信网络中用户之间干扰的关键，选择适当的传输功率是D2D通信处理干扰的关键研究问题。资源分配是为D2D用户匹配频谱资源的，可由各种算法和优化问题来解决[4]，有效的资源分配技术可以提高系统的通信性能，这些技术将使用的无线电资源分配给不同的用户设备。

此外，认知无线电作为一种智能通信技术，它与 D2D 通信技术的结合为蜂窝通信系统中 D2D 资源分配提供了新的解决方案，与该项技术融合可以进一步提高频谱利用率和蜂窝网络性能。

资源分配对满足未来移动通信系统日益增加的资源需求非常重要。为了提高整个系统资源的利用效率，资源利用率最大化和联合优化至关重要，本章介绍的 D2D 资源分配技术和各种功率控制方案也会凸显出将信道分配和功率控制结合起来，以实现最佳系统性能的重要性。设计结构化功率控制算法需要考虑的重要参数是最大发射功率、每个资源块的目标接收功率、资源块的数量和路径损耗。根据未来的发展方向，需要有效的资源分配技术来满足 5G 及 6G 的要求，以实现蜂窝网络中基站最小的信令开销，获得可接受的用户数据速率、最大的网络吞吐量和最高的能量效率等。

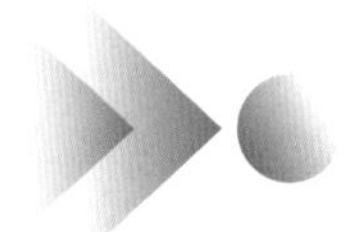

3.2 资源管理模式

3.2.1 集中式资源管理

集中式资源管理由一个中心基站为各条链路分配资源，其优势是可以进行全局优化，获得最优的性能。完成集中式资源管理需要的相关信息包括各条链路的信道增益、各个接收端受到的干扰情况、各个发射端的业务负荷等。相应地，需要付出计算复杂度的代价和中心基站获取相关信息带来的系统信令开销。集中式资源管理的控制中心可以是网络的基站，也可以是一些高性能的 D2D 终端。各条链路的信道增益需要上传给中心基站或终端，以最佳方式占用系统的频谱资源。

在网络覆盖的情况下，控制中心的角色分配给网络设备，以体现运营商对频谱资源的管控，基站可以通过集中式资源管理进行蜂窝与 D2D 链路的资源分配以及 D2D 链路之间的资源分配。在没有网络覆盖的情况下，只能依赖有特殊性能的 D2D 终端来实现控制中心的功能，这些终端可以完成 D2D 链路之间的资源分配。相应地，其他 DUE 需要将相关信息传送给该终端。然而这些终端并非网络设备，其可靠性不能保证，还可能发生故障。为此，需要设计相应的机制以实现终端的重选，在原终端发生故障的情况下，快速建立起新的终端选取任务。

按照控制中心对资源的控制程度，集中式资源管理可以进一步分为集中控制和半集中控制，其中半集中式控制可以看作是集中式与分布式资源管理的结合机制。

1. 集中控制

集中控制的优势是控制中心可以根据全局的业务、干扰等实时测量信息和终端上报的信息做出最佳决策，控制各链路之间的干扰，优化全局的性能和工作效率，确定 D2D 传输占用的资源，并将 D2D 传输的资源信息通过控制信令发送给 D2D 终端。

需要指出的是，集中控制会增加实现的复杂度和系统信令开销。在D2D链路较多的条件下，控制信令将成为系统运行的瓶颈。但是集中控制能很好地体现运营商对网络的管控，同时也能保证系统的稳定性。如果能通过降低算法复杂度来减少信令开销，集中控制是一种较好的选择。采用集中控制的方式进行资源管理，通过总体规划方案对蜂窝小区中的所有频谱资源进行集中分配，可以降低算法复杂度，并有效地提高系统性能[5-7]。

2. 半集中控制

半集中控制是指将集中控制和分布式资源管理结合在一起实现通信过程中资源分配(这里的分布式资源管理将在3.2.2节具体阐述)。面对小区中大量通信链路，收集所有的这些链路的信道状态信息(Channel Status Information，CSI)将产生巨大的开销，因此在一些情况下全面考虑全信道状态的信息场景是不实际的。相反地，应该考虑部分信道状态信息，其中基站对于部分通信和干扰链路的瞬时信道状态信息是未知的。

半集中控制可以获得集中式和分布式资源管理的优势，在控制中心掌握有限信息的情况下做出最佳决策，从而有效降低复杂度和控制系统开销。例如，通过半集中控制的模式进行资源分配，其主要考虑的是部分信道状态信息，即假设基站能够获得蜂窝和D2D链路以及干扰链路的“部分”瞬时CSI[8]。通过比较不同的CSI场景，得出结论，即D2D通信链路的CSI和从D2D发射机到基站的干扰链路明显影响网络性能，而从基站到D2D接收机的干扰链路的CSI的影响可以忽略。

此外，半集中控制模式还可以将认知无线电技术应用到D2D通信中，使D2D用户具有自主感知蜂窝小区中频谱资源的能力。DUE被建模为认知二级用户，他们可以机会性地访问频谱，有效地提高频谱利用率[9]。例如，将认知无线电技术与D2D通信技术相结合，研究蜂窝网络中的资源分配问题。

3GPP定义了LTE D2D支持的集中控制和半集中控制两种方式。对于集中控制，基站通过物理层控制信令将D2D传输占用的频谱资源通知给D2D的发送端。对于半集中控制，基站通过高层信令为终端配置传输资源池，D2D发射端自行从资源池中选择传输所需的资源。通过配置资源池的方式，基站将分布式资源管理所能选择的资源控制在一定范围之内，从而避免了D2D通信传输和蜂窝通信传输的干扰。

3.2.2 分布式资源管理

在分布式资源管理中，每个D2D发射端所占用的资源由DUE决定。事实上，分布式资源管理已经在通信系统中广泛使用，如WiFi、蓝牙、ZigBee等。最早的分布式资源分配方案可以追溯到IEEE((Institute of Electrical and Electronics Engineering)802.3协议。该协议是由一种称为载波侦听多址接入/冲突检测(Carrier Sense Multiple Access/Collision Detect，CSMA/CD)的协议来完成资源调节的，该协议解决了通过以太网通信的各个工作站在线缆上进行数据传输的问题，利用它可以检测和避免两个或两个以上的网络设备进行数据传送时产生的冲突。

然而，无线通信系统资源管理不能使用 CSMA/CD 协议，这里因为无线通信接收信号的强度往往远小于发送信号的强度，难以在发送的同时实现碰撞检测。因此，IEEE 无线局域网标准 802.11 开发了载波侦听多址接入/冲突避免(Carrier Sense Multiple Access/Collision Avoid，CSMA/CA)方案，通过冲突避免的方式来实现介质的共享。每个发送端在发送之前先监测信道，若监测到信道空闲，则等待一段时间后再发送整个数据帧。若监测到信道忙，则发送端随机退避时间间隙，并且继续进行信道监测。

分布式资源管理如果要实现 DUE 之间的信息交互，则可以更好地进行资源的选择，避免冲突。分布式资源管理算法如图 3-1 所示，用户 A 和用户 C 均有数据要发送，目标接收端分别是用户 B 和用户 D，用户 A 和用户 C 在发送数据之前，先发送探测信号给用户 B 和用户 D。用户 B 和用户 D 进行测量，测量包括两个方面，一方面是测量有用信号的强度；另一方面是测量干扰的强度。也就是说，用户 B 测量用户 C 对其产生的干扰；用户 D 测量用户 A 对其产生的干扰。用户 B 和用户 D 将测量结果反馈给用户 A 和用户 C，用户 A 和用户 C 基于反馈信息判决是否占用相应的资源。判决需要考虑两个因素，一是其传输的信号受到的干扰强度；二是其传输的信号对其他用户产生的干扰强度。

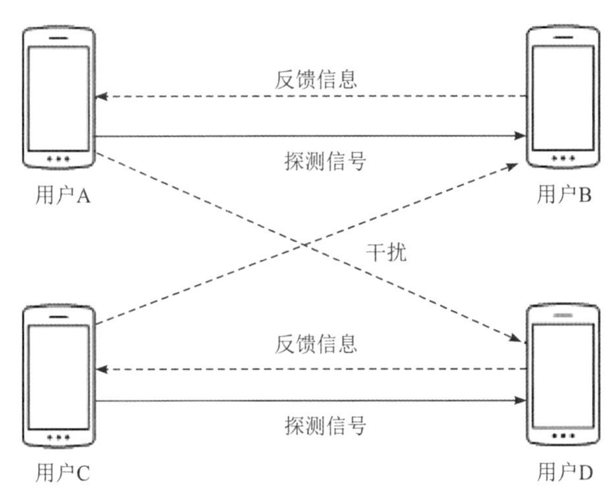

图 3-1　分布式资源管理算法

利用分布式资源管理提高资源利用效率的解决方案仍然有待探索，目前的研究将小区中的用户细化成为多种类型，应用场景更具有实际意义且可以使 D2D 用户更充分地选择可用资源。要求待接入网络的用户评估小区内可占用的信道，根据评估情况计算自己的特征值列表，进而组合成对。在满足自身及复用用户的信干噪比(Signal to Interference plus Noise Ratio，SINR)条件后，利用最大加权二部图匹配算法为待接入网络用户寻找合适的复用组合，并分配合适的资源进行通信[10]。

此外，利用深度强化学习可以设计一种只需要邻居用户信息的分布式频谱分配框架，成对的 D2D 用户对自动选择资源块进行通信。这种框架能有效降低蜂窝链路的中断概率，提高 D2D 链路总速率，具有良好的收敛性[11]。

分布式资源管理的优势是实现简单，不需要对网络设备进行改动升级；而其缺点是随着 D2D 终端密度的提高，分布式资源管理的效率会变低。

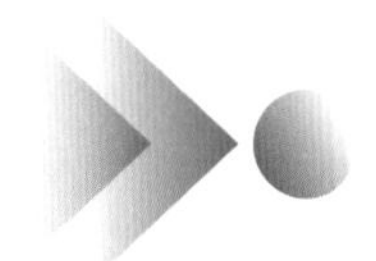

3.3 链路干扰管理

蜂窝小区中很难出现只存在单个用户通信的情况，所以当蜂窝小区中存在多用户通信的情况时，用户之间难免会出现干扰。尤其是在 D2D 通信场景中，用户之间的干扰将被放大，进而导致蜂窝网络的性能下降。本节首先分析了在下行链路和上行链路期间生成蜂窝网络和 D2D 通信之间的小区内干扰特点；然后列出了三种有效的干扰管理技术，以保证 CUE 的 QoS 或 D2D 通信的性能；最后分析了干扰管理面临的挑战。

3.3.1 D2D 通信产生干扰的特点

首先考虑一个由单个 BS、单个 CUE 和一个 D2D 用户对，即一个 D2D 发射端(D2D Transmitter，DT)和一个 D2D 接收端(D2D Receiver，DR)组成的单蜂窝环境，上下行链路干扰场景分析如图 3-2 所示，DT 和 DR 之间的距离很近，需要相互通信。在这种情况下，DT 和 DR 通过复用许可的频谱资源(如蜂窝资源)直接通信，可以有效优化 D2D 对和 BS

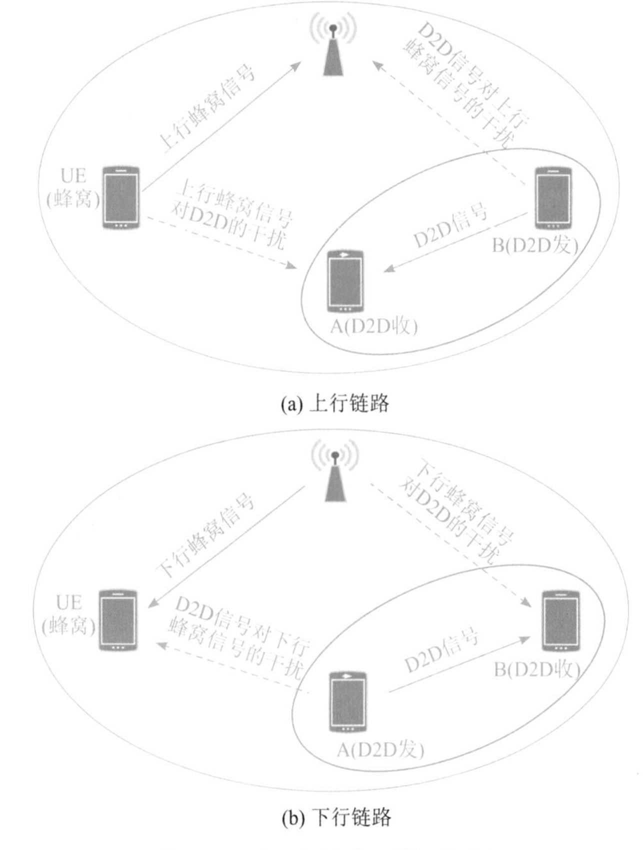

图 3-2 上下行链路干扰场景分析

的无线电资源和发射功率，从而提高整个系统的频谱效率。如果将网络定义为D2D层和蜂窝层两个分离的层结构，那么根据干扰源和受干扰方的层次不同，干扰可划分为两种形式，一种是干扰源(如一个DUE)和受干扰方(如一个CUE)属于不同网络层的跨层干扰；另一种是干扰源(如一个DUE)和受干扰方(如一个位置邻近的DUE)属于相同网络层的同层干扰。

D2D复用蜂窝传输的资源，可以是复用蜂窝上行链路频谱资源，也可以是复用蜂窝下行链路频谱资源。下行链路和上行链路期间的干扰场景如表3-1所示。

表3-1　下行链路和上行链路期间的干扰场景

情　形	时　期	干扰源	受干扰方	优先级
1	DL	D2D发射端	CUE	是
2	DL	BS	D2D接收端	否
3	UL	D2D发射端	BS	是
4	UL	CUE与BS通信	D2D接收端	否

不同场景的干扰情况有所差别，D2D通信产生的详细干扰场景描述如下。

1. 复用UL资源的干扰特点

D2D传输复用蜂窝UL资源的干扰情况如图3-2(a)所示。除了同层干扰之外，跨层干扰可以分为UL蜂窝信号对DR的干扰和D2D传输对基站接收蜂窝信号的干扰两种类型。UL蜂窝信号对DR的干扰在CUE与D2D接收端距离比较近时，对D2D传输的影响比较大。D2D传输对基站接收蜂窝信号的干扰强度主要取决于D2D发射端到基站的距离、D2D的发射功率、D2D发射端与CUE的空间角度距离(基站采用多天线接收时，角度距离会有影响)等。

2. 复用DL资源的干扰特点

D2D传输复用蜂窝DL资源的干扰情况如图3-2(b)所示。除了同层干扰之外，跨层干扰也可以分为DL蜂窝信号对D2D接收端的干扰和D2D传输对蜂窝终端接收DL信号的干扰两种类型。DL蜂窝信号对D2D接收端的干扰类似于多用户MIMO传输中配对用户之间的干扰。如果基站配置了多根发射天线，则可以采用破零算法抑制DL蜂窝信号对D2D接收端的干扰，减少失真，并降低噪声。但是DL的公共信号和信道(如导频信号和控制信道等)既没有方向性，也不能降低发射功率，其对D2D通信的干扰难以避免[12-13]。

解决这两种类型的干扰，可从资源分配和功率控制两个方面入手。采用资源分配的方法控制干扰时，需要网络能够获知CUE和DUE的空间分布情况，将距离近(耦合损耗小)的用户调度到正交的资源上。对于具有网络定位或者卫星定位的终端用户，网络可以获知用户的地理位置信息，从而判断哪些CUE和DUE的距离过近，会产生强大干扰。采用功率控制的方法控制干扰时，需要限制用户的传输功率，虽然可以在上行通信链路中限制上行蜂窝信号的发射功率，但是会导致CUE性能下降。一般情况下，该方法不会被蜂窝网络采用。除非对于特定的网络类型，在定义优先级顺序的基础上，令 D2D 传输的优先级高于蜂窝传输的优先级，此时可以通过限制蜂窝信号发射功率的方法控制干扰。基站还可以通过提升蜂窝信号发射功率的方式来减少 D2D 干扰的影响，但该方式会增大对系统内其他用户的干扰。因此，限制 D2D 发射端的功率是比较好的解决方法，如设置 D2D 发射功率的最大值以及设置 D2D 传输相对于蜂窝传输的功率回退值等。由于 CUE 具有比 D2D 对更高的优先级，在 D2D 通信中保证 CUE 的 QoS 总是很重要的，因此，需要抑制来自 D2D 发射端的干扰。

从目前的研究情况来看，由于蜂窝网络上行通信链路的频谱利用率要低于下行链路的频谱利用率，并且与复用下行通信链路相比，在复用上行通信链路时，D2D 接收端所受到的干扰会较小，因此多数研究会倾向于考虑 DUEs 复用 CUEs 上行通信链路的情景。例如，可以使用纳什议价解研究 5G 网络中 D2D 上行通信。根据配对距离，D2D 对被分成两组，将资源块分配给 D2D 对，使 D2D 对的配对距离大于某个阈值，以此来提高蜂窝上行链路的频谱利用率[14-15]。

3.3.2 干扰管理技术分类

来自蜂窝用户的干扰是影响 D2D 通信的主要不利因素之一，而 D2D 通信面向 CUE 的干扰又不能影响蜂窝用户的 QoS，蜂窝网络资源的复用以及蜂窝用户和 D2D 对的共存将带来更大的干扰问题。

D2D 用户经常受到两种干扰，即小区内干扰和小区间干扰，其中小区内干扰是主要的干扰形式。小区内干扰和小区间干扰都依赖于 D2D 网络的运行模式，并且都可能发生在 UL 或 DL 场景中[16]，它们可以通过在接收端降低信噪比来降低信息传输成功概率，并导致用户的 QoS 降低。

近些年，研究已经提出了三种干扰管理方案：干扰避免、干扰消除和干扰协调。对干扰管理的研究目前仍然具有挑战性，尤其是 5G 网络中 D2D 干扰管理的未来研究方向集中在对上述三种干扰管理方案的优化与控制，同时更好地提高能量效率也是下一代无线网络的基本目标。

1. 干扰避免

干扰避免技术用于避免 D2D 链路和蜂窝链路之间的干扰，是通过资源的调度或者协调将相互强干扰的 D2D 链路和蜂窝链路配置到正交的资源上，以避免干扰。正交无线电资源管理方案是一种干扰避免的方案，一个 D2D 用户与一个蜂窝用户共享正交信道资源，可以避免 D2D 用户相对于其他蜂窝用户的干扰[5][10]。

图 3-3 所示为一个分区中的 D2D 资源分配模型，用以避免干扰。每个蜂窝用户占据一个独立的资源块且相互正交，复用过程中只考虑复用 UL 的情况，且一个蜂窝用户的信道只能被一个 D2D 对复用。通过将分区和穷举搜索的思想引入 D2D 资源分配算法中，提出了基于地理位置分区的 D2D 资源分配算法[17]。分布式方案也可以作为干扰控制机制，其原因在于响应流量需求和控制开销方面具有较好优势。然后，利用适用于蜂窝网络中 D2D 链路的完全分布式随机接入协议，基于该协议的干扰避免机制通过禁止干扰源在 D2D 接收

器周围传输信号来完成相关的干扰避免工作[18]。

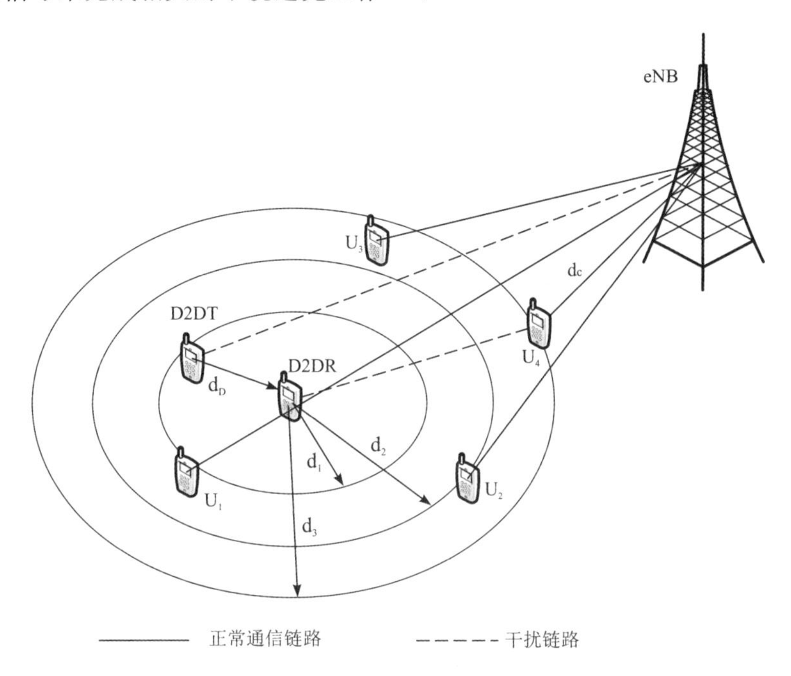

图 3-3　一个分区中的 D2D 资源分配模型

此外，基于 LTE-A 网络中的干扰避免技术还可以将单跳 D2D 关键技术的组件扩展到多跳 D2D 通信。研究结果表明，通过使用所提出的机制和适当的功率控制，所建立的 D2D 链路可以重用蜂窝频带，并且可以保证对蜂窝通信产生最小的干扰[19]。

2. 干扰消除

干扰消除技术是指使用先进的解码和编码方案来消除 DUE 或 CUE 处的干扰信号的技术。目前可以使用基于保护区的干扰缓解算法进行干扰消除，允许在基站处进行连续干扰消除。当 D2D 用户处于小区内特定地理区域范围内时，则有义务使用原始蜂窝模式。研究结果表明，使用所提出的方案可以提高用户设备的平均吞吐量和信息成功传输的概率[20]。5G 环境中 D2D 的非正交多路访问(Non-Orthogonal Multiple Access，NOMA)能够使用多重干扰消除(Multiple Interference Cancellation，MIC)技术来消除干扰，可以提供更好的性能和低复杂度[21]。

此外，当干扰信号的强度大于有用信号的强度时，可以采用先进的干扰消除算法解决干扰问题。当在基站安装多个天线时，引入干扰消除(Interference Cancellation，IC)控制蜂窝链路对 D2D 通信的干扰[22]。使用多个天线，BS 可以选择是否对 D2D 用户进行干扰消除。蜂窝网络下的设备对设备通信如图 3-4 所示。由图可知，当采用干扰消除策略时，发射权重向量 w 的选择是通过消除对 D2D 接收机 UE1 的干扰，同时最大化 $|h_{B0}^{H}w|$ 项(w 是 h_{B0} 在 h_{B1} 的零空间上的投影方向上的选择得到的)。在此基础上，可以得到 $|h_{B1}^{h}w|^{2}\sim X_{2(M-1)}^{2}$($X_{2(M-1)}^{2}$ 表示具有 $2(M-1)$ 自由度的卡方随机变量)。UE0 的 SINR 为

$$\gamma_{0,\,\mathrm{CSIT}}^{\mathrm{IC}}\sim\frac{\alpha_{B0}P_{B}\chi_{2M-1}^{2}}{\alpha_{20}P_{2}\chi_{2}^{2}+1}\tag{3-1}$$

式中，$\alpha_{ij} \stackrel{\text{def}}{=} (D_0/D_{ij})^{\eta}$ 表示路径损耗效应；D_0 是参考距离；D_{ij} 是特征链路长度；参数 η 可通过实际测量确定，一般取值为 4；P_i 表示发射功率；P_i 与 α_{ij} 的下标是从集合{B，0，1，2}中选择，其中 B 表示基站，其他整数表示对应的 UE 终端；χ_2^2 表示自由度为 2 的卡方随机变量。

同样，对于 UE1，其 SINR 可以写为

$$\gamma_{1,\text{CSIT}}^{\text{IC}} \sim \alpha_{21} P_2 \chi_2^2 \tag{3-2}$$

其中，α_{ij} 代表路径损耗效应的特点，来自 BS 的干扰信号被完全抑制。

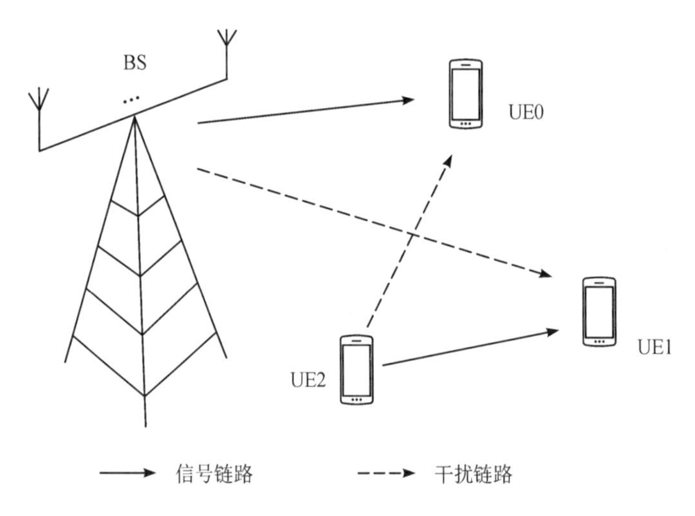

图 3-4　蜂窝网络下的设备对设备通信

3. 干扰协调

干扰协调技术用于缓解蜂窝链路和 D2D 链路之间的干扰，干扰协调方案在带内 D2D 通信中具有显著的优势。集中干扰协调方案涉及来自基站的监控。然而，对于分散干扰协调方案，由于 D2D 节点参与协调机制，因此来自基站的监控会被最小化。在 D2D 通信环境中，可以使用全双工通信技术，但在全双工模式下的设备存在干扰协调问题，可以使用图着色的资源共享方案进行干扰协调，用于优化频谱利用率，以最小的复杂度解决干扰问题[23]。D2D 底层蜂窝网络还可以基于干扰限制区域和功率控制算法的 D2D 管理方案，减轻激活的 D2D 链路可能对蜂窝用户造成的干扰[24]。如果 D2D 终端配置了多根发射(接收)天线，则可以利用多天线技术进行干扰协调。

此外，针对 D2D 通信复用蜂窝资源所带来的干扰问题，使用单小区蜂窝系统下 D2D 通信的干扰控制和资源分配算法[6]。

首先，为了在 D2D 用户分配好信道之后不影响信道内其他用户的正常通信，构建一个干扰图来协调系统内的干扰。如图 3-5 所示，根据系统内用户之间的干扰构建干扰图，为 D2D 用户寻找可以复用的信道资源。图中，$\delta(D_i)(i=1, 2, 3)$表示每一对 D2D 用户都包含一个优先级属性。然后根据预先设定的 D2D 用户优先级依次为 D2D 用户执行信道资源预分配和信道交换策略。假设图中 D2D 用户的优先级顺序为$\delta(D_1) > \delta(D_2) > \delta(D_3)$，则先为 D_1 寻找信道资源。当 D_1 加入到 Ch_1 时，更新 Ch_1 内的用户，然后为 D_2 寻找信

道，直至更新其找到的满足复用条件的信道内的用户为止，如此循环，直到遍历完所有的 D2D 用户。D2D 用户和信道之间的权值用(干扰向量)$\boldsymbol{S}_{ij}$($i=1$, 2, 3; $j=1$, 2, 3)来表示，即 $\boldsymbol{S}_{ij}=\{I_{D_iD_j}, I_{C_jD_i}, I_{D_iC_j}\}$，其中，$I_{D_iD_j}$ 为 D2D 对之间的干扰；$I_{C_jD_i}$ 为蜂窝用户对 D2D 用户的干扰；$I_{D_iC_j}$ 为 D2D 用户对蜂窝用户的干扰。此外，功率控制是一种直接协调干扰的方法，当一个信道同时被多个用户复用时，由于链路之间的相互干扰，通过功率控制来最大化通信速率将成为一个非凸问题。

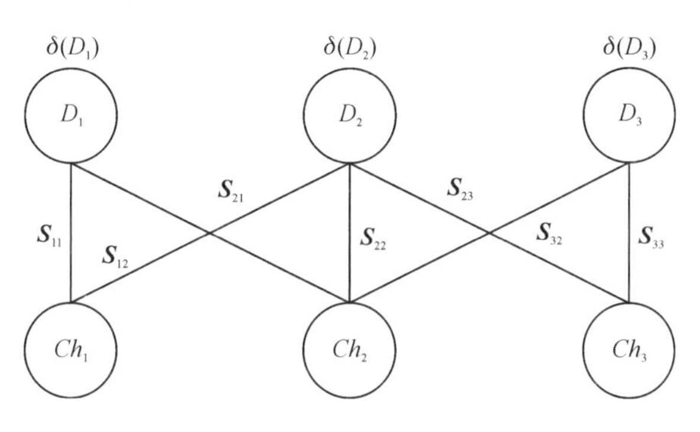

图 3-5　干扰图

3.3.3　干扰管理面临的挑战

D2D 通信干扰相关研究尽管取得了部分研究成果，但本节仍需强调 D2D 通信干扰管理方面目前所面临的挑战，以期为未来研究提供更多参考。

网络密集化在通信中已然成为一种趋势，其可有效增加 5G 和 6G 网络中的系统容量，同时也会使用户间的干扰更加复杂化。此外，由于设备数量的庞大性和设备位置的随机性，超密集网络使资源分配更具挑战性。用户的频繁移动会导致设备位置发生转变，用户所受到的干扰也会发生变化，因此必须开发一种有效的资源分配和干扰管理方案，以满足用户 QoS 的强烈需求。

一般来说，在网络密集化中将小型覆盖小区(如微小区)部署到和设备距离近的地方来提高网络性能，这样将会导致接收端和发射端之间存在多种有利的信道条件。其结果是可以降低传输功率，从而减少对共存的其他网络元素的干扰。然而，支持带内 D2D 通信的小区和 D2D 技术集成的主要问题是干扰管理。从目前的研究成果来看，多层异构网络中的资源分配和干扰管理问题被认为更具挑战性。此外，由于不同的访问限制(如私有、公共、混合等)，不同的层级会产生不同级别的干扰。小蜂窝和宏蜂窝的蜂窝链路和 D2D 链路之间的干扰都需要考虑有效管理，以提高频谱效率。因此，重要的是要考虑如何对干扰进行有效的管理。

目前，距离 6G 下一代移动通信系统全面应用还需一段时间，因此毫米波频段通信仍然是 5G 蜂窝网络中被关注的重点频段。因为毫米波通信在更大的频带上运行，所以毫米波通信具有提供高数据速率的能力。然而，由于毫米波频段通信中的一些重要传播特性与微波频段不一致，这可能会引起干扰管理方面的挑战。

在支持 D2D 通信的毫米波蜂窝网络中，每个小区内都会有不同的干扰条件。因此，为了实现多 D2D 用户通信，在毫米波 5G 蜂窝网络中考虑干扰管理方案是至关重要的。

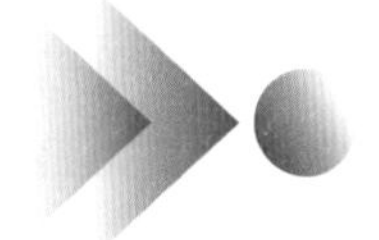

3.4 信道资源分配

无线电资源是无线电通信系统运行的基础。由于无线移动通信系统通信介质的特殊性，无线移动通信的各个参与方需要共享无线电资源。因此，无线电资源在各个参与方之间的分配机制，即无线电资源管理是影响系统性能的关键因素。

在以 D2D 为基础的蜂窝网络中，无线电资源管理问题相对于传统蜂窝系统更加复杂。除了传统的蜂窝链路之间的资源分配之外，还需要考虑蜂窝链路和 D2D 链路以及 D2D 链路之间的资源分配问题。DUE 与 CUE 共存的系统中，需要保证蜂窝链路的正常通信，因此在 D2D 与蜂窝链路的资源分配中，需要在保证蜂窝链路正常通信的前提下，优化 D2D 链路的各项性能指标，并最大程度地复用有限的频谱资源。DUE 复用了 CUE 的上行或下行资源，不可避免地会产生同信道干扰。因此，有效的资源分配方案在获取 D2D 通信的潜在利益方面发挥着重要作用。

近年来，针对 D2D 通信中的资源分配算法的研究层出不穷，各有优劣，使 D2D 通信技术逐渐趋于成熟，其总体目标是为了提高频谱效率和能量效率[25-26]。在蜂窝网络中，用户可以使用信道分配技术分配的信道与其他用户通信。当同一小区中存在类似技术(D2D 通信)时，分配变得困难。它会增加干扰、最小化吞吐量，并降低系统性能。本节将从信道分配方式、信道分配方案及典型算法分析等方面阐述 D2D 通信中的资源分配技术。

3.4.1 信道分配方式

在移动通信系统中，信道分配是无线电资源管理的重要内容。在以往的通信技术中，根据分配方法的不同，信道分配可分为固定信道分配、动态信道分配、随机信道分配和混合信道分配。为了提高系统容量、减少干扰、更有效地利用有限的信道资源，蜂窝移动通信系统普遍采用信道分配技术，根据移动通信的实际情况及约束条件，设法使更多用户接入到系统中。

如前所述，根据 D2D 用户使用的频谱以及对蜂窝用户的影响，D2D 通信可分为 D2D-L 和 D2D-U。D2D 用户使用未经授权的频谱(如电视空白频段[27])时，D2D 用户相对于使用许可频谱的蜂窝用户没有干扰，反之亦然。然而，由于对未经授权的频谱的限制规定，很难控制其完全应用，通常不可取。

未经授权的频谱通信也叫带外通信。文献[28]提出了带外 D2D 通信的聚类优化，并进一步设计了以簇成员与簇头之间信道带宽为特征的聚类算法。文献[28]以吞吐量为性能指标，提出并评估了一种新的带外 D2D 聚类吞吐量估计模型。如图 3-6 所示，半径为 R 的通信区域，以节点 CH(Call Handler)的位置为中心进行聚类。

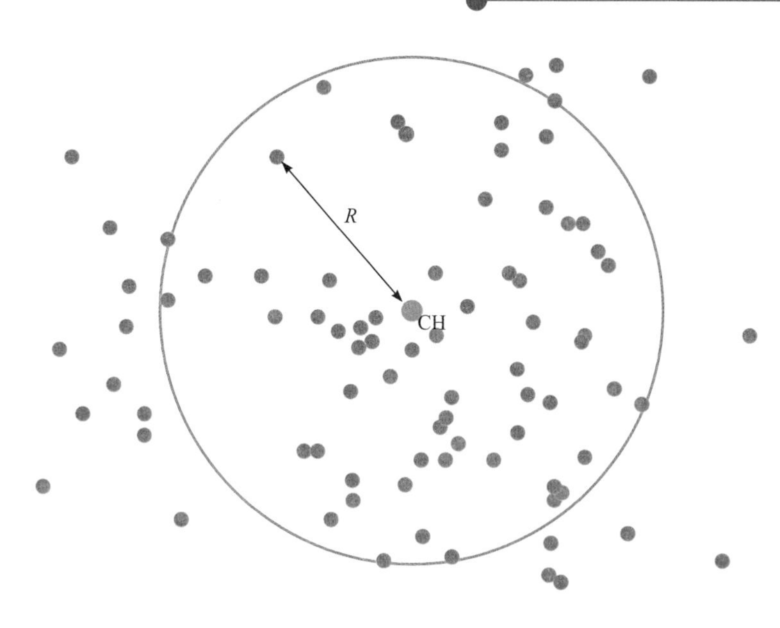

图 3-6　聚类模型

当 D2D 用户与蜂窝用户一起使用许可频谱时，D2D 链路与蜂窝链路共享传输信道被认为是解决频谱稀缺的有效途径[29]。蜂窝链路和 D2D 通信之间的信道资源共享主要分为正交式共享和复用式共享，如图 3-7 所示。

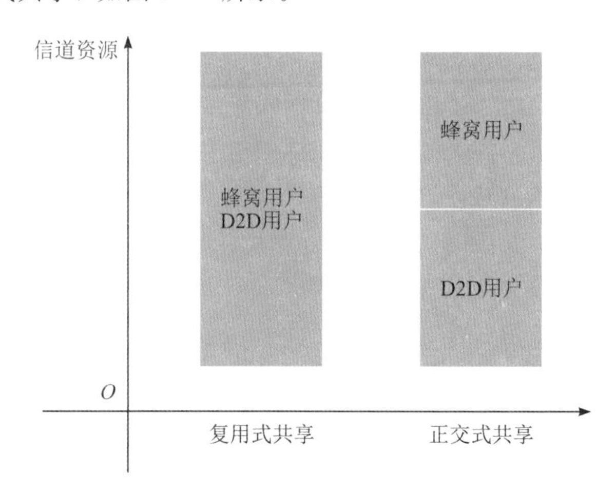

图 3-7　正交式与复用式资源共享

(1) 正交式共享。采用正交方式进行无线电资源共享是指在无线电资源使用上，以静态或动态的方式对无线电资源进行正交分割，使蜂窝通信和 D2D 通信分别使用相互正交的资源。

(2) 复用式共享。采用复用方式进行无线电资源共享是指 D2D 通信以复用的方式，对正在使用的蜂窝资源进行复用，并将干扰限制在一定水平范围内。

信道正交式共享技术对蜂窝通信无线电资源使用率要求并不高，因此对于在通信工程中有空闲无线电资源的情况下较为适用。虽然这种方式避免了蜂窝用户和 D2D 用户之间的干扰，但其在频谱利用率方面却很低效。可以将 D2D 用户建模为正交频分多路复用(Orthogonal Frequency Division Multiplexing，OFDM)环境下的认知二级用户，使用拉格朗日公式设计并分析了 D2D 通信认知蜂窝网络[9]。如图 3 - 8 所示，D2D 用户被允许利用蜂窝用户占用的频段两侧的频段，同时这些频段被分成多个子载波，每个子载波占用一个带宽。通过利用认知无线电频谱感知技术，很好的采用信道正交共享方式将信道资源分配给了 D2D 用户，为信道正交式共享技术的研究提供了有利参考。

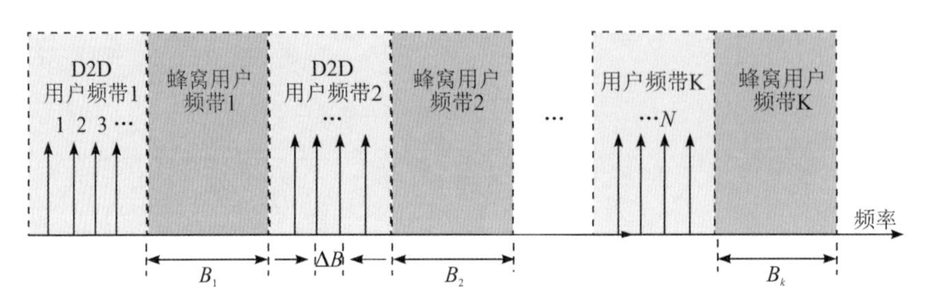

图 3 - 8　基于 OFDM 的认知 D2D 系统中蜂窝用户和 D2D 用户的频谱分布

随着用户越来越密集，尤其是以城市为中心的无线移动通信用户数量越来越多，对频谱效率的要求越来越高，所以近年来重点研究内容为复用式的资源共享方式。

对于复用式的资源共享方式，D2D 终端在进行数据传输时，也会将所发送信号辐射到邻近的蜂窝终端或者基站，带来对蜂窝传输的干扰，从而引起蜂窝网络性能的下降。另外，新加入的 D2D 链路也会干扰已经存在的 D2D 链路的正常通信。尽管复用式共享模式比正交式共享模式提供了更高的频谱效率，但更高的通信效率通常是以资源分配的高度复杂解决方案和管理方式为代价。此外，复用式共享模式导致的 CUE 和 DUE 之间的相互干扰可能过高，并且可能发生频繁且显著地变化，尤其是在用户密集存在的情况下。在这种模式下，干扰可能导致通信的不可靠性，从而造成严重的后果，并且由于复用式共享模式中的干扰，整体 QoS 将会受损[30]。因此，相比于复用式资源共享，正交式共享资源通常被用于车辆或公共安全通信等安全度要求较高的场景中。对 QoS 有严格要求的用户应首选正交式共享模式，该模式适用于需要高度可靠通信，且来自蜂窝用户的意外干扰风险最小的服务。复用式的资源共享模式优势远远大于其弊端，更适合未来的超密集通信，已有大量研究在解决复用式资源共享的可靠性通信问题，确保其具有最小通信容量的可靠通信。

信道复用式共享技术能够发挥 D2D 短距离通信的优势，更加高效地利用无线频谱资源，从而提高系统容量和性能，因此采用复用方式进行无线电资源共享将会是需求更大、应用更广的方式，其被认为是非常具有前景的业务方式。蜂窝用户和 D2D 用户的同频分配对于运营商来说，更为高效和有利，但是从技术的角度出发则更复杂。在复用信道中，D2D 链路和蜂窝链路会对彼此产生干扰功率，这极大地影响了通信系统的信息传输性能。因此，如何对 D2D 链路分配蜂窝信道，使整体通信性能达到最优是一个关键问题。同时，随着频谱资源的逐渐稀缺，D2D 通信与蜂窝通信复用相同信道的研究被广泛认可。

近年来，国内外在信道复用式共享技术基础上针对 D2D 资源分配进行了大量研究，表 3 - 2 显示了信道复用方式的四种方式。

表 3-2 信道复用方式

方 式	具体内容
一对一	一个正交子信道只能同时被一个 D2D 用户和一个蜂窝用户共享
多对一	一个正交子信道允许同时被多个 D2D 用户和一个蜂窝用户共享
一对多	一个正交子信道只能同时被一个 D2D 用户和一个蜂窝用户共享，并且一个 D2D 用户被允许同时复用多个正交的子信道
多对多	一个 D2D 用户可以同时复用多个正交子信道，并且多个 D2D 用户允许与一个蜂窝用户共享同一个子信道

表 3-2 中的四种信道复用方式的总体特征是一个蜂窝用户占用一个正交的子信道，蜂窝用户之间没有干扰，而 D2D 用户复用信道相对灵活，造成子信道内用户间干扰的复杂度也有所不同。D2D 通信在蜂窝网络中将分享小区内的所有资源，因此，D2D 通信用户将有可能被分配到两种不同情况的信道资源：

(1) 与正在通信的 CUE 相互正交的信道。

(2) 与正在通信的 CUE 同信道。

当 D2D 通信被分配到非正交的信道资源时，D2D 通信将会对蜂窝链路中的接收端造成干扰。所以，在通信负载较小的网络中，可以为 D2D 通信分配多余的正交资源，此时可以取得更好的网络总体性能。

在最初的研究中，为了使用户之间的干扰简单且易处理，一般采用“一对一”“多对一”的信道复用方式，这样能很好地避免 D2D 用户对其他蜂窝用户的干扰，即干扰避免。在单小区蜂窝网络中，假设存在 M 个蜂窝用户和 N 对 D2D 用户，同时有 M 个信道资源，每一个蜂窝用户占用不同的信道资源，这样就构成了一个全负载蜂窝系统。

根据 M 和 N 的数量关系不同，可以分为两种情况：当蜂窝系统中存在较少的 D2D 用户时，即 $M \geqslant N$，往往采用“一对一”的分配原则[14][31]；当蜂窝系统中存在大量的 D2D 用户时，即 $M < N$，若采用“一对一”的方式进行分配，将会有大量的 D2D 用户无法接入网络，因此在这种情况下应采用“多对一”的方式来提高系统吞吐量以及 D2D 用户的接入率[32]。

但是，由于蜂窝网络中的资源有限，考虑到通信业务对频率带宽的要求越来越高，以上的信道分配方式已逐渐不能满足 D2D 网络通信的需求。随着研究的不断深入，采用非正交资源共享的方式可以使网络有更高的资源利用效率，这也是在蜂窝网络中应用 D2D 通信的主要目的。

在非正交资源共享模式下，基站可以有多种资源分配方式，它们最后能得到不同的性能增益和实现复杂度。其中实现最为简单的方式是基站可以随机选择小区内的资源，这样 D2D 通信与蜂窝网络之间的干扰也是随机的。由于该方式下的用户间的干扰很难避免，只能采取干扰协调的方法来最大程度地减少用户之间复杂的干扰。此外，基站还可以尽量选择距离 D2D 用户对较远的蜂窝用户资源来进行资源共享，以保证它们之间的干扰尽可能小。针对小区内D2D多复用的通信资源块分配问题，以一个D2D用户分别复用两个和三个蜂窝为基础，1对D2D用户复用的通信资源块可以由多个蜂窝用户提供的通信方式，建立普适性1对n复用通信模型，并以1对D2D用户复用2个和3个蜂窝用户为例来分析新模型下通信系统的特性，“一对多”方式结合有效的资源分配方案可以提升系统吞吐率，提升小区通信性能[7]。当系统模型在复用过程中上行与下行同时发生，且一个蜂窝资源最多可以被两个D2D用户对复用，既可以避免复杂的干扰，又为D2D用户增加了可充分利用的信道资源[33]。

“多对多”的信道复用方式通过多个D2D对重新复用每个无线电信道，同时每个D2D对可以访问多个信道，可以最大化设备到设备通信的总容量[34]。多个D2D对复用多个通道的方案可以增加专用模式下D2D对的总容量。该方案将带宽在D2D对之间进行分配，以便每对D2D对在单个信道上通信，此时保证了每对D2D对的最小容量。该方案还通过将D2D对分组成联盟来促进信道复用[35]。

3.4.2 信道分配方案

1. 功率控制与信道分配方案

比较而言，正交式共享容易实现，但频谱利用率低；复用式共享要求相对较大的信令开销，控制复杂度更高，但可以获得更好的系统性能。对于复用式共享，为了控制干扰，系统需要通过一个控制中心来负责分配每个通信单元使用哪些资源。该控制中心需要收集来自D2D用户和蜂窝用户的信息，并据此找出一种最优或次优的解决方案。大量D2D用户的存在，以及允许多个D2D用户和蜂窝用户共享相同资源，将会使优化问题变得十分复杂。在这种情形下，分布式消除同层(D2D用户之间)以及跨层干扰(D2D和蜂窝用户之间)的方法也是一种解决办法，可分为非合作解决和合作解决两种方案。

(1) 在非合作的解决方案中(即自组织方法)，每个D2D用户以最大化吞吐量和用户QoS为目标自行选择资源。然而这种方案不顾及分配结果对同频D2D和蜂窝用户产生的影响，可能会造成相当大的干扰。因此，无线电资源的接入变成机会式接入，方案可能退化为贪婪算法。

(2) 在合作的解决方案中，D2D用户能收集到无线电资源占用情况的部分信息，并据此考虑自身可能对其他同频用户造成的干扰，进而选择资源。在这种方式中，蜂窝和D2D户的平均吞吐量、QoS及其整体性能均可得到优化。

以一个小区内一对D2D用户和一个蜂窝用户共享上行频谱资源为例进行说明，如图3-9所示。图中，g_d是D2D发射端到基站的信道增益；g_c是蜂窝用户到基站的信道增益；h_d是D2D发射端到D2D接收端的增益；h_c是蜂窝用户到D2D接收端的信道增益。

D2D用户和蜂窝用户的发射功率分别为P_d和P_c，则D2D和蜂窝用户传输的SINR分别为

$$\mathrm{SINR_{D2D}}=\frac{P_d h_d^2}{P_c h_c^2+I_{\mathrm{D2D}}} \tag{3-3}$$

$$\mathrm{SINR}_{蜂窝}=\frac{P_c g_c^2}{P_d g_d^2+I_{蜂窝}} \tag{3-4}$$

式中，I_{D2D} 和 $I_{蜂窝}$ 分别为D2D用户和蜂窝用户受到的干扰和噪声。

该资源上系统能达到的容量为D2D用户和蜂窝用户之和，即：

$$\begin{aligned}C&=\mathrm{lb}(1+\mathrm{SINR}_{\mathrm{D2D}})+\mathrm{lb}(1+\mathrm{SINR}_{蜂窝})\\&=\mathrm{lb}\left(1+\frac{P_d h_d^2}{P_c h_c^2+I_{\mathrm{D2D}}}\right)+\mathrm{lb}\left(1+\frac{P_c g_c^2}{P_d g_d^2+I_{蜂窝}}\right)\end{aligned} \tag{3-5}$$

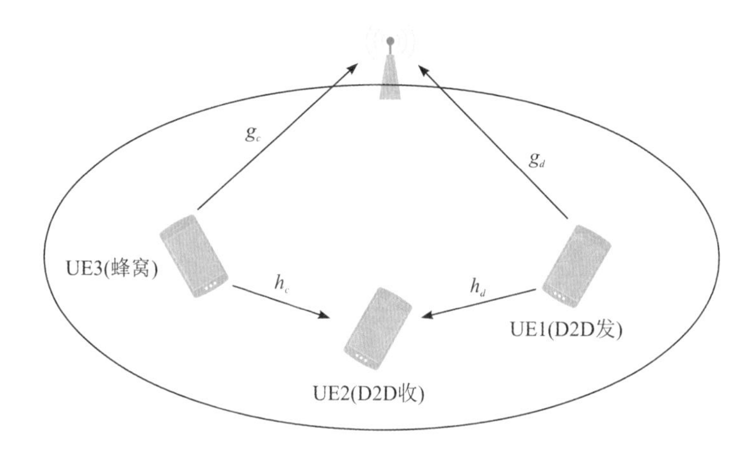

图3-9　蜂窝用户与D2D用户共享资源

由此可见，D2D用户和蜂窝用户的发射功率以及各条链路的信道增益都对系统的容量有直接的影响。在许多的能量管理技术中，能量效率极为重要。随着5G流量和功耗的增加，新的节能技术正在兴起。近距离的设备需要低功率来增加容量，过度拥挤的区域和小区边缘区域需要更高的功率。而在这种情况下，低功率D2D通信可以实现完美的通信。香农信道容量定理虽然建议增加带宽或功率以增加容量，但在未来超密集网络背景下需要考虑用户间的干扰。因此，在资源共享背景下，干扰需要精确功率分配，通过优化功率控制方案来提高吞吐量[36]。D2D用户和蜂窝用户相互干扰，是否选择D2D用户与蜂窝用户共享资源，以及选择哪些用户与蜂窝用户共享资源对系统性能有着重大的影响。D2D用户与蜂窝用户在共享模式下，共同使用蜂窝小区的资源，这样可提高频谱利用率，但是蜂窝用户与D2D用户之间也存在干扰，因此要进行合理的资源分配尽量减少干扰，并满足系统的QoS需求。D2D资源配置技术不仅可以针对设备间干扰进行管理，更为重要的是针对全网性能进行优化。一方面，满足某些特性需求下的通信性能；另一方面，通过合理的资源配置，以达到全面提升网络QoS的目的。对此，优化技术是寻找最优解的合适机制。因此，后续部分将回顾用于信道分配的各种优化技术。

国内外学者对D2D通信中的资源分配技术已经进行了大量研究，尤其是在5G问世以后，关于D2D通信的相关研究层出不穷，并提出了很多针对信道资源高效分配的算法来优化通信系统性能。随着用户数量的增加，在蜂窝用户与D2D用户同时进行通信时，为了解决在多D2D用户数时难以有效判断复用组合以及针对目标为D2D用户时的模式分析过程过于复杂等问题，在设置了最小 QoS 情况下，基于 D2D 用户集群的新型分析模型被用于资源分配[37]。

单小区随机网络模型中包括集中式和分布式功率控制算法，集中式方法导出了在调度尽可能多的 D2D 链路的同时最大化蜂窝用户的覆盖概率和速率的最佳功率；分布式方法则提出了开-关功率控制和截断信道反转，减轻了干扰[38]。在 D2D 底层大规模 MIMO 系统中，设备到设备用户之间重复使用导频可以缩短导频开销。利用改进的基于图着色的导频分配(Revised Graph Coloring-based Pilot Allocation，RGCPA)算法可以减轻导频污染，具有良好的收敛性[39]。联合资源分配和功率的控制方案是在每个信道上为每个 D2D 用户分配适当的功率，具有保证 QoS、良好的能量效率和较低的调度复杂度等特点[40]。能量收集和基于增益的资源分配算法可以确定资源共享内容，并以较高的求和率和较低的复杂性优化分配功率。

另外，为了优化资源配置，还可应用贪婪算法、粒子群算法、博弈论、遗传算法等多种方法[41]。高效可控制的贪婪算法是在 QoS 约束下最大化服务提供者的收入，从而导出最佳的蜂窝用户和 D2D 链路集合，在对无线电资源进行分配时，并给出了低复杂度的信道和功率分配解耦算法[42]。对于两种具有不同约束条件的联合信道分配和功率控制问题，基于粒子群算法的联合信道分配和功率控制方案，可以有效地管理干扰，提高网络吞吐量[43]。效率和公平是博弈论中两个重要而又相互矛盾的指标。利用 Stackelberg 博弈模型，不需要信息交换的完全分布式解决方案，可以在确保蜂窝用户设备服务质量的同时为 D2D 用户完成功率分配和信道分配[44]。将 D2D 对与 CUE 通过频谱租赁实现合作的 D2D 通信系统通过博弈论得到双时间尺度的资源分配方案，为系统提供了一种低开销的设计，该方案在长时间尺度上决定 CUE 和 D2D 对的配对，而在短时间尺度上决定时间分配因子[45]。基于遗传算法的方案可以最小化干扰和最大化频谱效率，遗传算法的一个优点是它通过同时搜索空间的不同部分，摆脱局部极大值，向全局极大值进化演化[46]。在保证蜂窝用户服务质量的条件下，逐步迭代算法可以用来求解问题的次优解，使 D2D 用户对的速率最大化[47]。当多个蜂窝用户以 NOMA 方式通信时，保证其 SIC 解调顺序时的蜂窝用户功率，通过对偶迭代给 D2D 用户分配合适资源，实现 D2D 对的总速率最大[48]。基于多对一匹配进行子载波分配，接着使用拉格朗日函数求得功率分配方案可以使能效率最大化和时延最小化[49]。由于传统优化算法在解决此类 NP 问题上计算复杂，处理困难，而启发式算法鲁棒性好、容易实现及复杂度低，因而在最优化算法领域被广泛应用，且越来越多学者将其用于资源分配的研究。

除此之外，强化学习算法也被有效用于解决资源分配问题，与固定信道分配策略不同，分布式分配是复杂且随时间变化的。当用户想要与其他用户通信时，信道是按需分配的。管理这种按需通信需要更好的决策策略。因此，采用强化学习算法将是一个很好的选择。强化学习的基本概念包括主体、状态、行动、奖励和策略。智能体可以获取周围环境的当前状态 s_t，并持续观察环境的变化。根据当前的学习策略集，选择执行相应的动作 a_t，此时，环境中的状态转移到 s_t，智能体得到奖励值 $r(s_t, a_t)$。然后根据下一个状态 s_{t+1}，智能体

选择执行动作 a_{t+1} 并得到奖励函数 $r(s_{t+1}, a_{t+1})$。强化学习的任务是在持续学习中找到最佳策略，即如何根据当前环境选择最佳行动。图 3-10 显示了强化学习过程。值得注意的是，大多数的强化学习可以看作是马尔可夫决策过程(Markov Decision Process, MDP)。

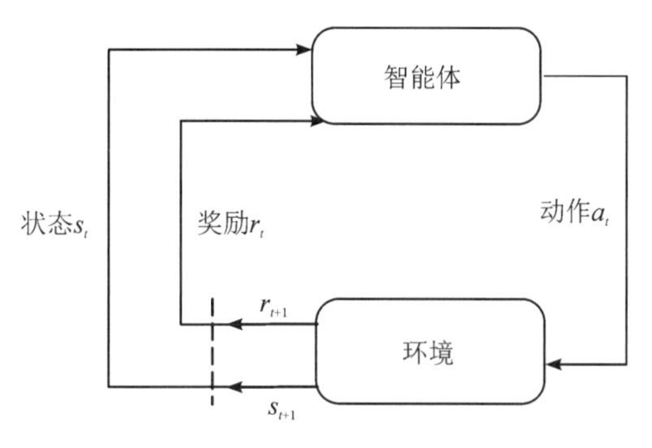

图 3-10　强化学习过程

例如，以最大化 D2D 通信性能为目标，使用基于解耦直接法(Decoupled Direct Method, DDM)的新优化框架，并利用差分进化算法(Differential Evolution, DE)启发式算法进行求解。该方法使得 D2D 资源分配在智能层面迈出了一大步[50]。

基于深度强化学习的分布式资源分配方案还可以用于蜂窝网络下的设备到设备通信[51]。该方案利用移动设备的位置信息和其他设备的资源分配组成的观测，对每个 D2D 对迭代分配适当的信道资源和传输功率，使整体有效吞吐量最大化。还有是将 Q-learning (QL)用于 D2D 资源分配[52]。QL 是一种无模型强化学习方法，它使用动态规划来解决 MDP 问题。在该算法中，考虑蜂窝基站作为代理，将智能体的动作定义为 D2D 用户的传输功率和占空比的不同组合，将智能体的状态定义为蜂窝用户的总吞吐量、公平性和信噪比的不同组合。基于所提出的 QL 框架，智能体可以通过与环境的反复交互来学习最优的发射功率和占空比，从而使共存系统获得最佳性能。QL 的目标是通过学习动作状态值 $Q(s_t, a_t)$找到最优策略，其中 $Q(s_t, a_t)$为在给定状态 s_t 下执行动作 a_t 的益处。在每一步的迭代过程中，QL 算法从当前状态开始，根据一定的策略选择一个动作，到达新的状态并获得奖励函数，然后更新 Q 值。

$$Q_{t+1}(s_t, a_t) \leftarrow Q_t(s_t, a_t) + \alpha \cdot \left[r(s_t, a_t) + \gamma \cdot \max_{a \in A} Q_t(s_{t+1}, a) - Q_t(s_t, a_t) \right] \tag{3-6}$$

式中，α 是学习率，$0<\alpha<1$，学习率越高，来自过去经验的 Q 值就越小；γ 是折现系数，表示未来可能收益的影响，$0\leqslant\gamma<1$，折现系数 γ 越大，未来收益就越重要。

2. 认知无线电与信道分配方案

认知无线电(Cognitive Radio, CR)作为一种智能通信系统，是通过软件无线电的功能改进和拓展而来的智能化技术。认知无线电不仅具备软件无线电的调制、解调、放大等通信功能，还可以感知周围电磁环境。简单来说，认知无线电感知无线电环境的可用频谱信息，在检测出可用频谱后，根据传输要求选择最佳可用频谱。

现代蜂窝通信系统中，不断增长的数据速率需求对通过有限的频谱资源实现高质量通信提出了新的要求。认知无线电与D2D技术的结合为获得更多的可用频谱提供了解决方案，以期进一步提高频谱利用率和蜂窝网络性能。CR技术与D2D通信技术相结合解决资源分配问题，其主要优势包括两个方面：

（1）新兴的超密集网络加剧了频谱稀缺性，通过机会主义方式访问邻近的频谱资源可有效缓解该问题的出现。而免许可频段中的LTE为基于动态频谱共享的商业通信开辟了广阔的前景。

（2）"先听后说"(Listen Before Talk，LBT)技术通过排除来自基站的协调，提供了一种自然的干扰抑制工具。因此，收听未知的频谱资源无线环境对认知D2D通信非常重要。

近年来，针对这一问题众多学者开展了相关研究。目前的研究是在LTE-A宏基站的下行链路频谱中启用认知设备到设备通信的可能性。研究表明，在同步、保护频带和功率控制的帮助下，只要设备之间的距离足够小，引入这种认知通信是可行的。利用广义似然比测试原理开发了具有恒定虚警概率特性的同步感应和接收的实用算法，以保护占用相同传输资源的宏基站用户。

随后，一种带有同步感知和接收的发送-接收协议用于两个时分双工认知无线电之间的双向通信，并将其与仅发送前感知的协议进行比较。结果表明，当相邻时隙中的基站活动高度相关时，使用同步感知和接收可以大大降低传统仅发送前感知协议中的感知开销[53]。

此外，还可以为认知D2D应用程序设计一个异步设备检测框架。当直接检测到邻近D2D设备的存在时，该框架可获取定时漂移和动态衰落信道[54]。为了对此进行建模和分析，建立一个新的动态系统模型，即式(3-7)～式(3-10)，其中未知定时偏差遵循随机过程，而衰落信道由离散状态马尔可夫链控制。

$$s_n = S(s_{n-1}) \tag{3-7}$$

$$M_n = T(M_{n-1},\ \tau_n) \tag{3-8}$$

$$\alpha_n = H(\alpha_{n-1}) \tag{3-9}$$

$$z_n = Z(t_n,\ \alpha_n,\ s_n,\ \{\omega_{n,m}\}_{m=1}^{M}) \tag{3-10}$$

式(3-7)～式(3-9)称为动态方程，分别描述未知状态的随机跃迁(从离散时间 n-1 到时间 n)，即存在状态 s_n、离散时间漂移 M_n 和衰落增益 α_n。式(3-10)是测量方程，它指定了未知状态(M_N，α_n)与在时间 n 的观测值 z_n 之间的耦合关系。

针对混合估计和检测问题，利用统计贝叶斯推理和随机有限集的概念，提出了一种新的序列估计方案。该方案通过跟踪未知状态(即变化的时间偏差和衰落增益)和抑制链路的不确定性，可以有效地提高检测性能。结果表明，与基于期望的似然方法相比，通过动态跟踪未知漂移和衰落增益，检测性能将得到显著提高。作为对具有协调信令的网络辅助案例的补充，通用框架为开发灵活的D2D通信以及基于邻近的频谱共享提供了基础。通过增加配置的灵活性，该方案将有望用于新兴的D2D通信，尤其是在不利环境中(如覆盖范围外或公共安全场景等)。

图3-11所示为频谱访问机制流程图，是一种增强的混合频谱接入方案，满足非交换频谱切换后多类认知D2D用户的QoS要求，显示了通道访问机制的工作[55]。

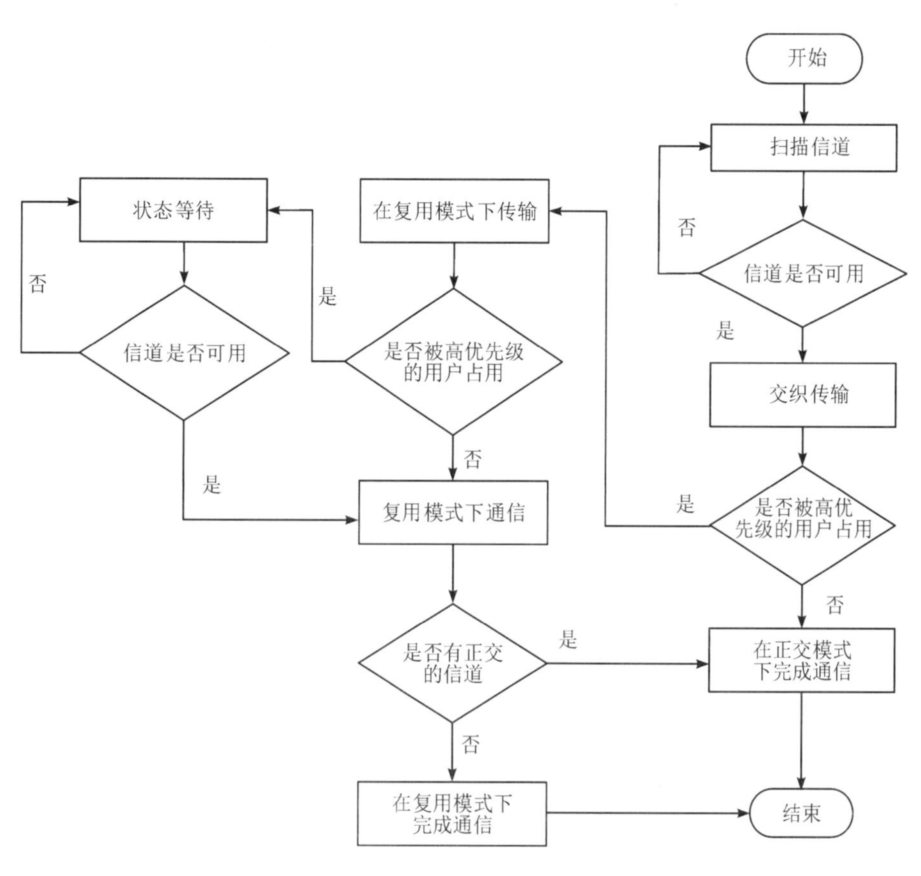

图 3-11　频谱访问机制流程图

该方案从认知 D2D 用户扫描频谱开始，以获取空闲信道的可用性，并在获得未使用的信道时开始以交织模式传输。通过连续时间马尔可夫链建模分析了所提出的频谱接入方案的性能，该模型是基于使用连续时间马尔可夫链建模对不同场景中的蜂窝用户和 D2D 用户的研究而开发的，案例过程如图 3-12 所示。研究从没有任何 D2D 通信的传统蜂窝网络开始。然后分别考虑具有单一 D2D 用户类型和两种不同类型的频谱接入策略的认知 D2D 通信蜂窝系统。考虑一个具有多类 D2D 用户的认知 D2D 通信系统，在交叉频谱接入后分析了蜂窝用户通信强度对多类 D2D 用户的吞吐量和传输延迟的影响。随后，研究提出了一种具有混合交织底层频谱接入的多类认知 D2D 通信系统，并分析了蜂窝用户业务强度对多类 D2D 用户在吞吐量和传输延迟方面的影响。在下一阶段引入了增强的混合交织底层频谱访问，以满足 D2D 用户的 QoS 要求。最后使用稳态分析对所有这些情况进行性能评估。结果表明，该方案在频谱效率、吞吐量和延长数据传输时间方面性能都有了提升。随着丢包率的提高，所提出的方案非常适合满足支持多类认知 D2D 用户的下一代动态通信系统的 QoS 要求。同时，该方案所提出的框架可以进一步扩展，以管理涉及移动性、不同数量的主要信道以及集成先进的机器学习和人工智能技术的各种认知 D2D 通信场景中的频谱切换和 QoS 保证。

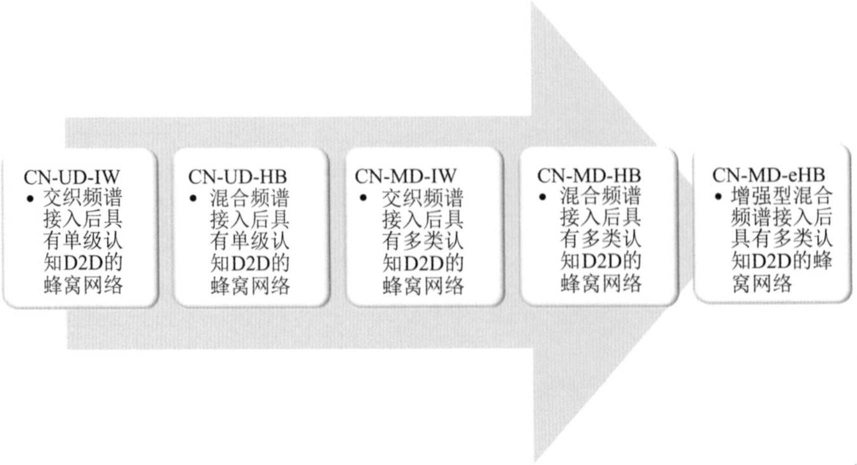

图 3-12 CTMC 模型开发的案例过程

3.4.3 用户移动性对资源分配的影响

目前，对 D2D 通信进行资源分配的研究已取得了较大的进展，但大多数工作都忽略了由于设备移动引起的 D2D 通信不稳定性。用户移动性对 D2D 通信中的资源分配提出了新的挑战。在日常生活中，D2D 设备将不可避免地存在不同程度的移动性，由于信道条件是动态的，为用户分配资源是一项繁琐的任务。首先，这会对 D2D 链路的建立以及对蜂窝用户的分流与干扰管理等策略都产生不同程度的影响。其次，由于当前的缓存技术研究大都是假定在当前蜂窝内存、在辅助节点进行数据缓存，移动性也会影响缓存研究策略的有效性。例如，当 D2D 对的发射机和接收机移动时，如果 D2D 用户切换到蜂窝模式，D2D 通信的质量可能会变差。一方面，设备移动性会增加用户服务时延开销和传输时延开销。另一方面，用户移动性会影响设备能量，因为它们是电池供电的。当设备远离 BS 时，从 BS 到设备的信号会变弱，因此，设备将开始广播其信标信号以使其出现在网络中，以便与其他 BS 建立连接。这样做会耗尽设备的电池电量，导致它们在网络中的效率低下。最重要的是，移动设备的不断增长导致了网络拥塞和切换严重，无法合理分配资源。

综上所述，移动性对用户设备的影响不容小觑，需要对 D2D 通信进行合理的资源分配来抵消用户移动所带来的不稳定性，将 D2D 用户设备之间的时间和空间相关性都考虑在内，以保持良好的服务连续性。

文献[56]提出了一种 D2D 通信中有效移动模型，将群体移动模型 RPGM(Reference Point Group Mobility)应用于 D2D 通信，此模型适用于 D2D 移动性建模和移动设备之间的关系管理。从图 3-13 可以看出，RPGM 模型部署了一个简单而高效的移动模型来获取 D2D 领导者和跟随者的移动模式。一个移动的 D2D 用户被选为领导者，另一个 D2D 用户被视为 D2D 跟随者。D2D 候选者是成对的，因此发射机和接收机都必须根据距离来约束移动，此距离必须保证 D2D 候选设备彼此接近。因为当 D2D 移动设备彼此远离时，D2D 连接性会降低。按照 RPGM 模型，该安全距离由阈值 Δ 来规范设定。当 D2D 移动性模型在无线小区中移动时，在几何上建立了D2D移动性模型。图3-13显示了相对于D2D参考节点的安全距离、通信范围 r_{max} 和安全区(灰色区域)。

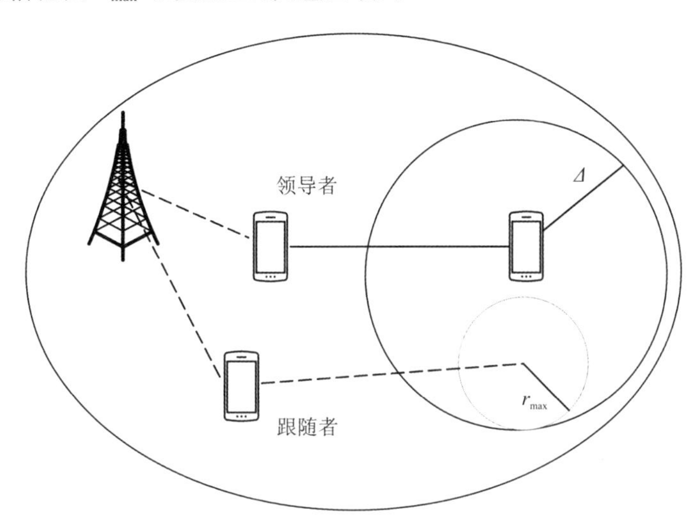

图3-13　D2D参考点群体移动性模型

由于用户的移动性是大规模无线网络的固有特征之一，其中接入点以开放访问模式运行时，接入点在较小的传输范围内会发生频繁切换。针对这一挑战，文献[57]提出了一种新的基于切换的移动感知的Femtocaching方案。该文中还研究了由宏基站、Femto接入点和一些移动用户组成的典型企业级femto蜂窝网络图，如图3-14所示。

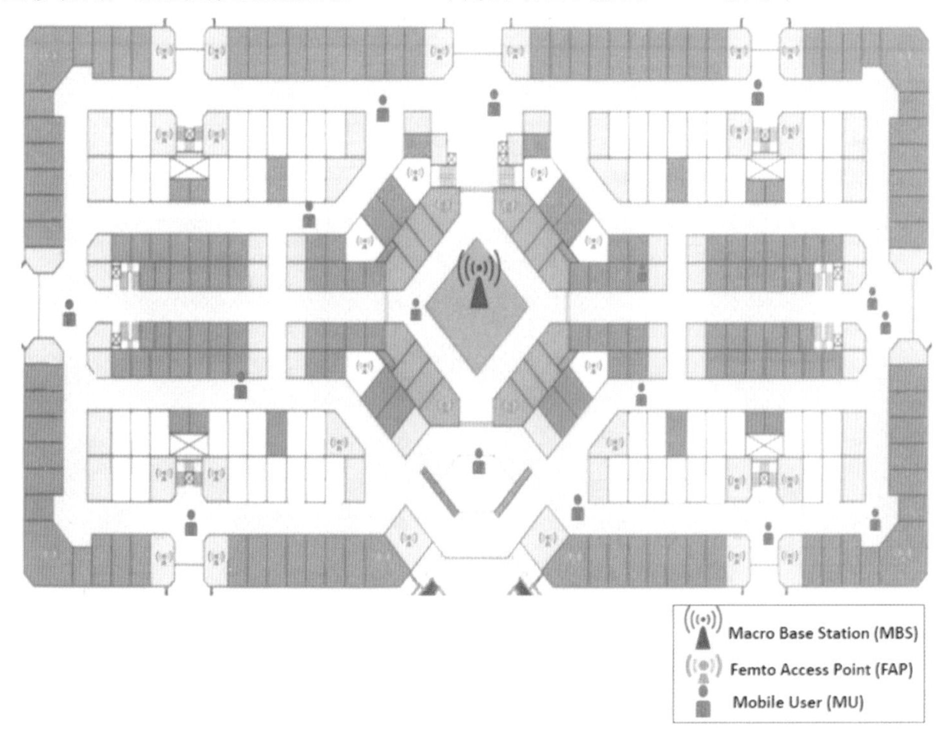

图3-14　由宏基站、Femto接入点和一些移动用户组成的典型企业级femto蜂窝网络图

为了模拟一个真实的无线网络，该方案采用随机游走模型作为用户的移动模式。在这方面，通过考虑接收信号强度指示符值和用户速度作为决策标准来选择最佳缓存节点，以延长两个连续切换之间的时间间隔，并增加设备的电池寿命。虽然没有涉及资源分配，但是为 D2D 通信中基于设备移动性的资源分配研究提供了有利的参考价值。

3.4.4 D2D 用例场景中的资源分配

1. V2V(Vehicle-to-Vehicle)中的资源分配

广泛部署的蜂窝网络在 D2D 通信的辅助下，为支持高效可靠的车载通信提供了一种有效的解决方案。在车联网通信系统中，利用 D2D 技术可以有效提升系统容量，提高频谱效率，降低系统延迟，容纳更多的终端设备，为车联网资源分配开辟了新的途径[58-59]。

近年来，车联网通信技术因其在提高道路安全和交通效率方面的潜力，以及在车上提供更丰富的信息娱乐体验而备受关注。如图 3-15 所示，信息娱乐应用和交通效率消息通常需要频繁访问互联网或远程服务器以进行媒体交流、内容共享等。其中，V2I(Vehicle to Infrastructure)是车辆与基础设施之间进行信息交换；V2V(Vehicle to Vehicle)是车辆与车辆之间能够实现实时通信。在车辆网通信系统中应用 D2D 技术可获得实时路况、道路信息、行人信息等一系列交通信息，从而提高驾驶安全性，减少拥堵，提高交通效率，提供车载娱乐信息等。同时，基于 V2I 和 V2V 可实现车联网应用中的 V2E(Vehicle to Everything)，即车与外界所有可感知的信息交互。

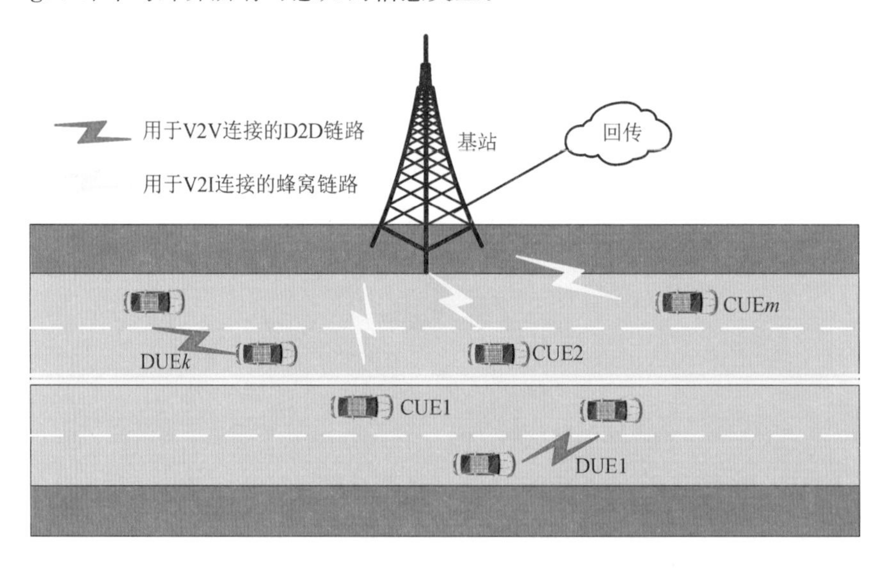

图 3-15 为 V2I 和 V2V 链路启用 D2D 的车辆通信

从目前的研究情况来看，车辆环境中的高移动性会导致无线信道随时间快速变化[60]，对于全信道状态信息假设下的 D2D 通信，传统无线电资源管理方法不再适用，这是因为很难在如此短的时间尺度上跟踪信道变化。因此，应用 D2D 技术来支持车辆通信需要进一步研究新的、有效的无线电资源管理策略，以解决快速的车辆信道变化。同时，在为支持 D2D

通信的车辆设计资源分配方案时，需要适当地考虑车辆的高速移动性导致的信道快速变化情况。

基于此，文献[61]开发了一个包括车辆分组、重用信道选择和功率控制的框架，以最大化D2D用户的和速率，同时抑制对蜂窝网络的总干扰。

在文献[62]中，多个资源块不仅允许在蜂窝和D2D用户之间共享，而且允许在不同的具有D2D能力的车辆之间共享。

文献[63]针对车联网蜂窝D2D通信资源分配问题，提出了一种最大化频谱效率分配算法。该算法以最大化频谱效率为优化目标，在满足车联网通信的基本服务质量(QoS)的情况下，通过车辆对车辆(Vehicle to Vehicle，V2V)和车辆对人(Vehicle to People，V2P)共享信道资源来提高频谱效率。具体流程为：首先利用信道状态信息定义的链路增益因子，为终端用户找到潜在的通信链路集合，然后证明终端用户复用链路资源时功率分配问题为一个凸优化问题，利用凸优化理论求得最优传输功率，最后求解最优的信道匹配问题，此问题为多对一的加权匹配问题，其模型如图3-16所示。

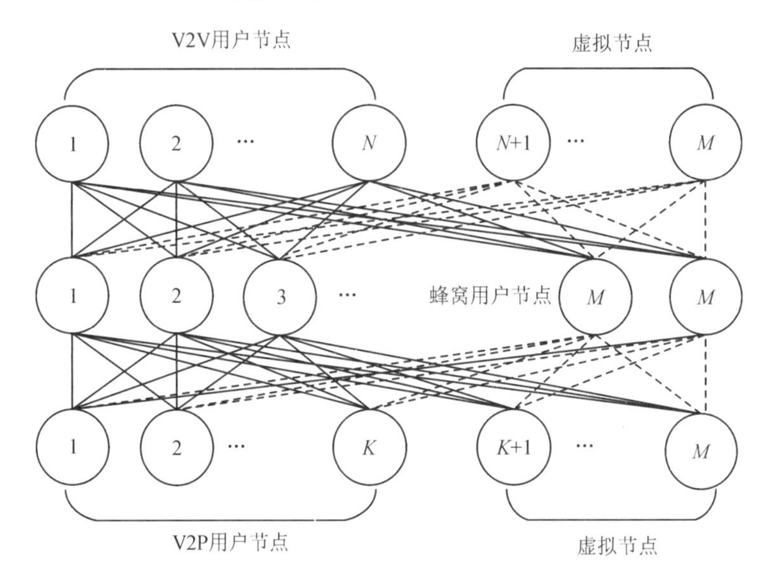

图3-16 多对一的加权匹配问题

为降低算法复杂度，用KM(Kuhn Munkres)算法来求解，V2V/D2D系统模型如图3-17所示。

当车联网系统处于复用模式下，蜂窝用户m、V2V车队n和V2P用户k的信号干扰加噪声比(SINR)可以表示为

$$\gamma_m^c=\frac{P_c g_m^c}{n_0+\sum_{n=1}^{N}\omega_{m,n}Q_{n,m}^d g_{n,m}^d} \tag{3-11}$$

$$\gamma_n^d=\frac{Q_{n,m}^d g_n^d}{n_0+\sum_{m=1}^{M}\omega_{m,n}P_c g_{m,n}^c} \tag{3-12}$$

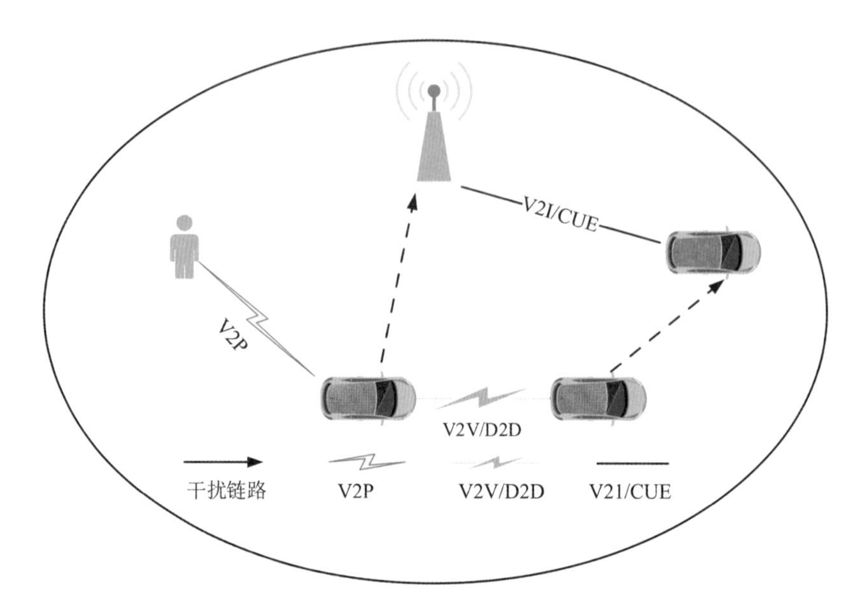

图 3-17 系统模型

$$\gamma_k^d = \frac{Q_{k,m}^d g_k^d}{n_0 + \sum_{m=1}^{M} \omega_{m,k} p_c g_{m,k}^c} \tag{3-13}$$

式中，n_0 是噪声功率，$\omega_{m,n}$ 是一个二值指示函数，代表蜂窝用户和 V2V 的链路复用关系，只有当 V2V 车队复用蜂窝用户 m 的频谱资源时其值是 1，其他情况为 0。同理 $\omega_{m,k}$ 则代表蜂窝用户和 V2P 的链路复用关系，表达式如下：

$$\omega_{m,n} = \begin{cases} 1, \text{V2V 复用蜂窝链路} \\ 0, \text{其他情况} \end{cases} \tag{3-14}$$

$$\omega_{m,k} = \begin{cases} 1, \text{V2P 复用蜂窝链路} \\ 0, \text{其他情况} \end{cases} \tag{3-15}$$

文献[64]提出了一种基于终端速率需求的资源分配方法，该算法考虑到终端设备的速度、方向和请求数据大小的信息来进行资源分配，对于 V2V 资源分配同样适用。文献[65]提出了一种面向公共安全场景的 D2D 用户发现数最大化算法，该算法可以在信噪比下降时改变终端发现模式，从半双工切换到全双工，并利用开环功率策略。此算法不仅能提升用户发现数，还能降低系统的能量损耗。

2. 内容分发中的资源分配

内容分发最近引起了很多关注，内容分发是指将类似的信息从一个用户共享到另一个用户，它在解决能源消耗、交通事故和空气污染问题方面有多种实例。最近，将道路信息、实时交通拥堵和事故严重程度等相同的热门内容共享给不同的车辆用户，成为了 V2V 中的一项趋势技术。但是，由于高延迟，它会恶化通信。此外，随着在线游戏、点播视频和增强现实等多媒体应用的兴起，问题变得更加严重，因为它会使手机超载。V2V/D2D 通信的出现通过单跳或多跳传输将内容从集中持有者(即 BS)传输到相邻车辆，从而最大限度地减少了这种情况。而且，很少有障碍物会降低其性能，如快速变化的信道条件、高移动性和同信道干扰。

3. PSC中的资源分配

在其他用例中，公共安全通信(Public Safety Communication，PSC)是一个强大的支持者用例，它使靠近的设备能够在蜂窝覆盖不存在，或由于任何自然灾害而关闭的情况下相互连接。相反，PSC中的资源分配完全取决于信道。这种有前途的解决方案可用于适当的资源分配，但仅适用于带内D2D通信，其可以在集中式BS的帮助下分配资源。一些研究人员已经给出了他们在覆盖范围外的D2D场景中的资源分配解决方案，这些场景具有诸如不支持BS、不存在用于CSI估计的物理层反馈以及用户的低功率和计算能力等限制。

3.4.5　典型算法分析

本章已经对D2D通信中的资源管理方式、干扰管理分析、资源分配方案进行了系统性的说明，本节会提出一种典型算法并有针对性地对上述内容进行阐述分析。国内外针对D2D通信的吞吐量、中断概率、能量效率、频谱效率、接入概率、算法复杂度等展开了方案研究。此处的典型算法分析是针对吞吐量来展开研究的。在一般的场景中，根据CUE的最小数据速率要求，最大化所有D2D对的总吞吐量，其中考虑了所有用户(CUE和D2D对)的资源分配问题。此外，为了充分利用D2D通信带来的复用增益，采用“多对多”场景。这种多对多共享模型可以通过充分复用子载波来进一步提高系统性能。公式化问题是一个混合整数非线性规划(Mixed-Integer Nonlinear Programming，MINLP)，它是NP-hard问题，且难以获得最优解。为了使其易于处理，将其分解为两个子问题：子载波分配子问题和功率分配子问题。更具体地说，首先提出一种启发式且有效的算法将子载波分配给CUE和D2D对，然后设计一种合理的功率分配算法来执行功率控制。具体考虑单小区蜂窝网络辅助的D2D通信系统，该系统由一个BS、M个D2D用户和N个蜂窝用户组成。频谱资源被分成多个子载波(信道)，子载波上DUE发射端到接收端的信号与干扰噪声比(SINR)被定义为

$$\mathrm{SINR}_i^k=\frac{\rho_i^k p_i^k g_{i,i}^k}{N_0+p_j^k g_{j,i}^k+\sum_{i\in M}\rho_{i'}^k p_{i'}^k g_{i',i}^k}\tag{3-16}$$

式中，p代表用户的传输功率；g代表链路增益；N_0代表噪声信号；ρ代表用户复用子载波状态，当D2D用户对i复用该子载波时，$\rho=1$，其他情况为0。

通过式(3-16)求得D2D用户在小区中所有子载波上可实现的总数据传输速率为

$$Ra_i=\sum_{k\in K}\mathrm{lb}(1+\mathrm{SINR}_i^k)\tag{3-17}$$

实现资源分配的最终目的是在保证蜂窝用户服务质量QoS(蜂窝用户在子信道上的最小数据传输速率)的前提下，使D2D用户的总数据传输速率最大，最终使系统总容量达到最大。因此，此问题可转化为一个凸优化问题，遗传算法作为一种启发式经典优化算法，在文化基因框架的加持下可以优化此类问题。D2D用户复用感知到的信道资源，得到表3-3

所示的初始信道复用策略。初始信道复用策略还不是最优的，可以通过基于文化基因算法的联合信道分配和功率控制方法来优化。

表 3-3 D2D 用户 1 的信道复用策略

	C1	C2	C3	C4	C5	C6	C7	C8
D1	1	1	0	1	0	0	0	1
D2	1	0	1	0	1	0	0	0
D3	0	0	0	0	0	1	1	0
D4	0	0	1	0	1	0	0	0
D5	0	1	0	1	0	0	1	0
D6	1	0	0	0	0	0	0	1

文化基因算法(Memetic Algorithm，MA)是基于种群的全局搜索和基于个体的局部启发式搜索的结合，采用遗传算法选择、交叉、变异的原理来实现资源分配。每个 D2D 用户对可以复用感知到的任意子信道。算法首先初始化种群，生成不同的染色体进入全局优化。全局搜索之后选出部分适应度值高的染色体进入局部搜索，同时全局搜索得到的种群会全部保留下来和局部搜索产生的新个体进行比较。局部搜索完成后，父代和子代个体合并，并更新种群，通过迭代不断完成更新循环，直至收敛于最优信道复用策略，最终完成信道资源的分配。其中，染色体交叉和变异可以分别用图 3-18 和图 3-19 来表示。全局搜索之后选出部分适应度值高的个体进入局部搜索，同时全局搜索得到的种群会全部保留下来，这些个体还需要和局部搜索产生的新个体进行比较。在局部搜索中执行个体交叉和变异过程，其中变异和全局搜索中的基因变异是相同的。不同的是，我们在这里把每个 D2D 对用户信道服用策略看作染色体，如图 3-18 所示，此处仍然采用两点交叉方法，染色体 C4～C6 的信道复用状态与另一染色体 C4～C6 信道复用状态发生交换产生新的染色体。局部搜索完成后父代和子代个体合并，并更新种群，将精英个体保存下来，通过迭代不断更新种群，收敛于最优信道复用策略，完成信道资源的分配。变异是采用自适应变异概率为 P_m 的二进制变异方法，如图 3-19 所示，基因的变异可以产生新的 D2D 用户信道复用策略，有利于增加种群多样性，得到全局最优解。

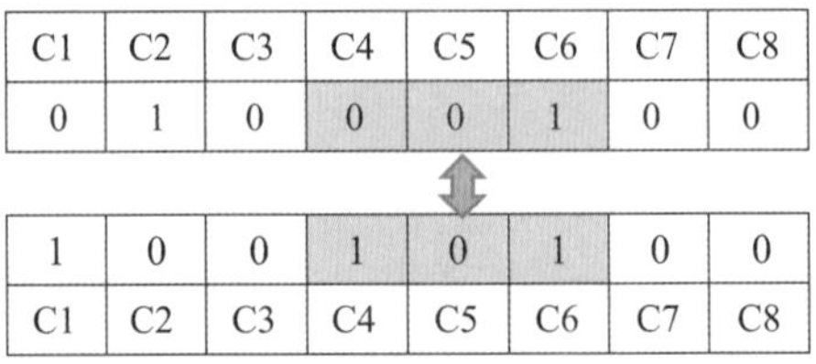

C1	C2	C3	C4	C5	C6	C7	C8
0	1	0	0	0	1	0	0

⇕

1	0	0	1	0	1	0	0
C1	C2	C3	C4	C5	C6	C7	C8

图 3-18 染色体交叉

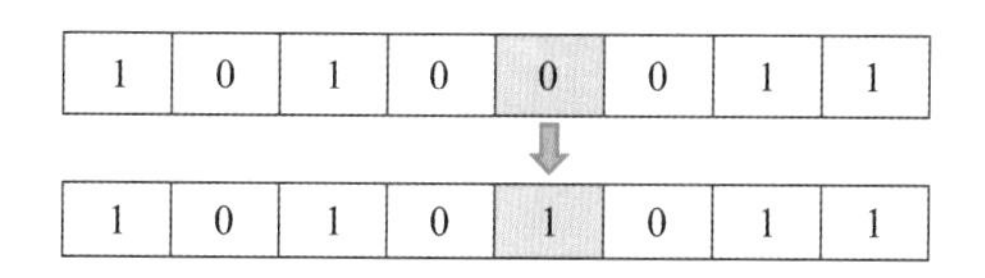

图 3-19 染色体变异

此外，需要对 D2D 用户的发射功率进行控制，本方法采用干扰平均分配，式(3-18)可以计算出在子载波上对 CUE 允许的最大干扰 $I^{k}_{\max}$ 为

$$I^{k}_{\max}=\frac{p^{k}_{j}g^{k}_{j,b}}{2^{\frac{R^{k}_{\min}}{B}}-1}-N_{0},\ \forall k\in K \tag{3-18}$$

式中，B 代表子载波带宽。

通过统计复用子载波上的 D2D 用户对数量并求和，得到信道上 DUE 对 CUE 干扰的最大比例。DUE 在子载波上的最大传输功率值为

$$\frac{x^{k}_{i}I^{k}_{i}}{g^{k}_{i,b}}=p'^{k}_{i},\ \forall k\in K,\ \forall i\in m \tag{3-19}$$

最后，通过 $p^{D}_{\max}$($p^{D}_{\max}$ 代表 D2D 用户最大发射功率)约束 DUE 的传输总功率的值，实现功率控制。

设定蜂窝半径是 500 m，D2D 用户对发射端到接收端的最大距离不超过 50 m。DUE 数为 20 对，系统可容纳的 D2D 用户对和蜂窝用户可以扩展。以基站为中心，D2D 用户对和蜂窝用户在蜂窝小区中的位置是随机分布的，如图 3-20 所示。

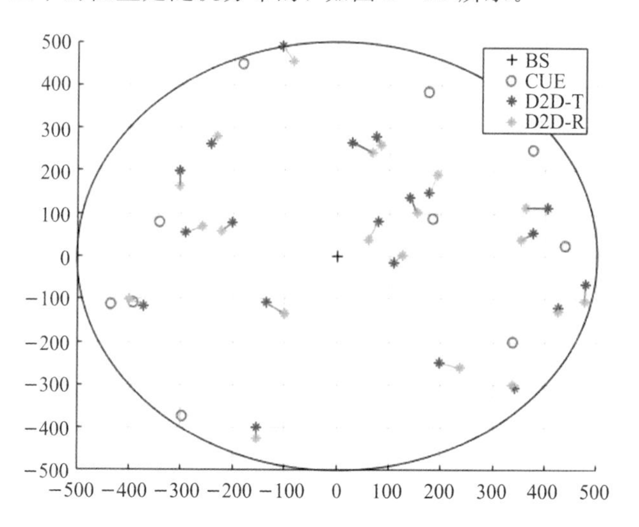

图 3-20 用户分布图

首先针对不同数量的 D2D 用户，给出了所提出方法的 D2D 用户对和总数据速率之间的关系，如图 3-21 所示。D2D 用户对的总数据速率随 D2D 用户对数量的增加而增加，并随 CUE 数据速率要求的增加而降低。这是因为 CUE 必须占用更多的频谱资源以满足其最小数据速率的要求。图 3-22 说明了系统容量会随着 D2D 用户对的增加而增加，该算法与

现有经典遗传算法(Genetic Algorithm，GA)和粒子群算法(Particle Swarm Optimization，PSO)相比，随着 D2D 用户对从 2 到 20，系统容量有明显提高。

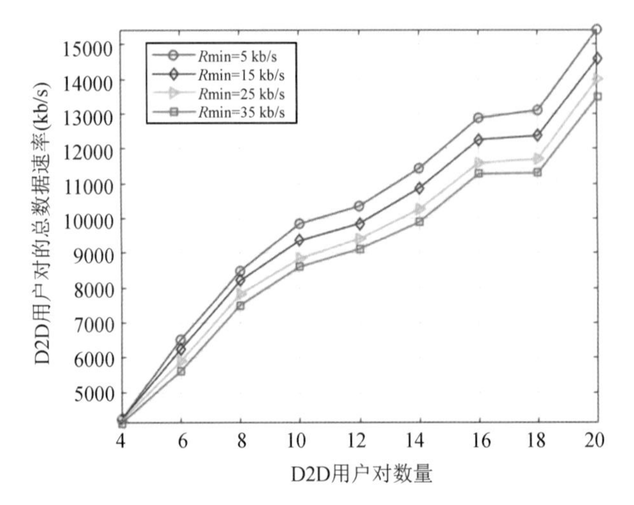

图 3-21 D2D 用户对的总数据速率随不同数量 D2D 用户对的变化情况

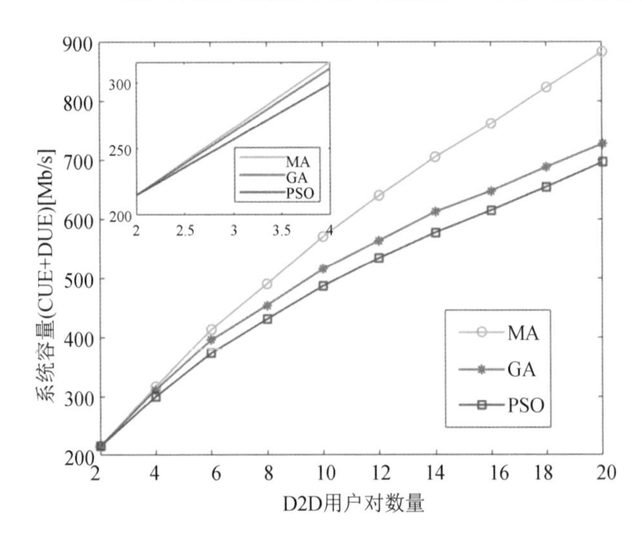

图 3-22 系统容量随不同数量 D2D 用户对的变化情况

综上所述，本节对以遗传算法为主的经典算法进行了分析，通过 MA 改进对相应的问题具有较好的解决效果，而且有效地解决了多 D2D 用户对复用一个子信道以及一个 D2D 用户对复用多个子载波问题。在保证蜂窝用户通信质量以及对蜂窝用户造成干扰相同的情况下，使 D2D 用户对总吞吐量最大。同时，在信道分配过程中还对 D2D 用户的发射功率进行了控制。实验结果表明，此方法优于现有其他一些经典方法，显著提高了系统容量。

本章小结

本章对 D2D 资源分配中的资源管理特点及干扰管理进行了综述，并探讨了相关研究问题和进一步研究的挑战。干扰会导致蜂窝网络和D2D通信的性能严重下降，因此分析了D2D通信产生干扰的原因，并讨论了干扰管理策略的必要性，以有效消除干扰，保证蜂窝网络通信的性能可靠性，提高D2D通信质量。根据产生干扰的原因和干扰管理特点将干扰管理分为三种。在此基础上，本章比较分析了现有的资源分配的解决方案和方法，最后，通过对典型方案进行了例证说明。

无线电资源分配是在蜂窝网络下维护和创建D2D对之间直接连接的基本要素。D2D用户和蜂窝用户设备之间的频谱共享，在带内模式下可以通过管理同信道干扰来提高频谱利用率和能量效率。未来，需要有效的资源分配技术来满足5G及6G要求，以实现蜂窝网络中的信令过载最小化、获得可接受的用户数据速率、最大化网络吞吐量，并满足QoS需求。

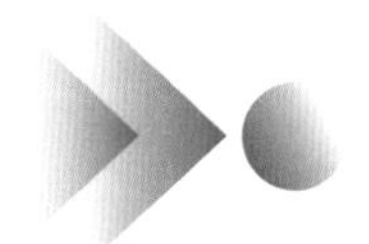

思考拓展

1. 试述资源分配的目的。
2. 资源管理的特点有哪两种？请分别作出表述？
3. 什么是同层干扰？什么是跨层干扰？
4. 试述干扰避免和干扰消除。
5. D2D复用蜂窝传输的资源的场景是什么？
6. D2D频谱共享方法是什么？
7. 请分别描述正交式和复用式共享。
8. 本书中D2D的信道复用方式有几种，分别是如何描述的？
9. 请分别描述系统容量和能量效率定义。
10. 用香农公式计算一下，假定信道带宽为3100 Hz，最大信息传输速率为35 Kb/s，那么若想使最大信息传输速率增加60%。问信噪比S/N应增大到多少倍？如果在刚才计算出的基础上将信噪比再增大到10倍，问最大信息速率能否再增加20%？
11. 信道带宽为3000 Hz，信噪比为30 dB，则最大数据速率为多少？
12. 若要在一条50 kHz的信道上传输1.544 Mb/s的下载波，信噪比至少要多大？
13. 下列因素中，不会影响信道数据传输速率的是(　　)。

    A. 信噪比

    B. 频率宽带

    C. 调制速率

    D. 信号传播速度
14. 已知信道带宽为6.8 kHz，试求：若要求该信道传输能传输9600 b/s的数据，则接收端要求的最小信噪比为多少dB？

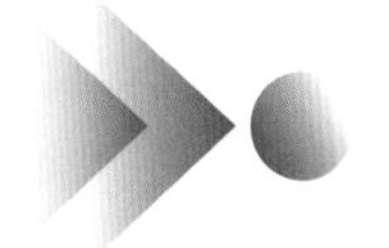

本章参考文献

[1] CHAKRABORTY C, RODRIGUES J J C P. A comprehensive review on device-to-device communication paradigm: Trends, challenges and applications[J]. Wireless Personal Communications, 2020, 114(1): 185 - 207.

[2] ASHTIANI A F, PIERRE S. Power allocation and resource assignment for secure D2D communication underlaying cellular networks: A Tabu search approach[J]. Computer Networks, 2020, 178: 1 - 17.

[3] ADNAN M H, ZUKARNAIN A Z. Device-to-device communication in 5G environment: Issues, solutions, and challenges[J]. Symmetry, 2020, 12(11): 1 - 22.

[4] BUDHIRAJA I, KUMAR N, TYAGI S. Deep-Reinforcement-Learning-Based Proportional Fair Scheduling Control Scheme for Underlay D2D Communication[J]. IEEE Internet of Things Journal, 2021, 8(5): 3143 - 3156.

[5] 孙琦，陈桂芬. 5G 中基于穷举搜索 D2D 资源分配算法[J]. 计算机应用研究，2019，36(11): 3456 - 3459.

[6] 范康康，董颖，钱志鸿，等. D2D 通信的干扰控制和资源分配算法研究[J]. 通信学报，2018，39(11): 198 - 206.

[7] 钱志鸿，胡良帅，田春生，等. 基于非均衡求解的 D2D 多复用通信资源块分配算法研究[J]. 电子与信息学报，2019，41(12): 2810 - 2816.

[8] WANG R, ZHANG J, SONG S H, et al. Optimal QoS-Aware Channel Assignment in D2D Communications With Partial CSI[J]. IEEE Transactions on Wireless Communications, 2016, 15(11): 7594 - 7609.

[9] SULTANA A, ZHAO L, FERNANDO X. Efficient Resource Allocation in Device-to-Device Communication Using Cognitive Radio Technology[J]. IEEE Transactions on Vehicular Technology, 2017, 66(11): 10024 - 10034.

[10] 钱志鸿，阎双叶，田春生，等. LTE-A 网络中 D2D 通信的资源分配算法研究[J]. 电子与信息学报，2018，40(10): 2287 - 2293.

[11] LI Z, GUO C. Multi-Agent Deep Reinforcement Learning Based Spectrum Allocation for D2D Underlay Communications[J]. IEEE Transactions on Vehicular Technology, 2020, 69(2): 1828 - 1840.

[12] 彭艺，付晓霞，安浩杰，等. D2D 网络功率和频谱资源分配策略[J]. 吉林大学学报(理学版)，2021，59(01): 92 - 100.

[13] WANG G, LIU T, ZHAO C. Joint Channel and Power Allocation Based on Generalized Nash Bargaining Solution in Device-to-Device Communication[J]. IEEE Access, 2019, 7: 172571 - 172583.

[14] 王义君，张有旭，缪瑞新，等. 5G 中基于系统中断概率的 D2D 资源分配算法[J]. 吉林大学学报(工学版)，2021，51(1): 331 - 339.

[15] CHENG T C, YAO S J. Two-stage coalition formation and radio resource allocation with Nash bargaining solution for in band underlaid D2D communications in 5G networks [J]. Journal of Network and Computer Applications, 2017, 111: 64-76.

[16] ANSARI R I, CHRYSOSTOMOU C, HASSAN S A, et al. 5G D2D Networks: Techniques, Challenges, and Future Prospects[J]. IEEE Systems Journal, 2018, 12(4): 3970-3984.

[17] 张素娟，陈桂芬，徐赫. 基于地理位置分区的D2D资源分配策略[J]. 计算机工程与设计，2019，40(12)：3419-3424.

[18] ZIHAN E, CHOI K W, KIM D I. Distributed Random Access Scheme for Collision Avoidance in Cellular Device-to-Device Communication[J]. IEEE Transactions on Wireless Communications, 2015, 14(7): 3571-3585.

[19] MELKI L, NAJEH S, BESBES H. Radio resource management scheme and outage analysis for network-assisted multi-hop D2D communications [J]. Digital Communications and Networks, 2016, 2(4): 225-232.

[20] SHAOBO L, CHENG W X, ZHONG S Z, et al. Guard Zone Based Interference Management for D2D-Aided Underlaying Cellular Networks[J]. IEEE Transactions on Vehicular Technology, 2017, 66(6): 5466-5471.

[21] GANDOTRA P, JHA R K, JAIN S. Green NOMA With Multiple Interference Cancellation (MIC) Using Sector-Based Resource Allocation[J]. IEEE Transactions on Network and Service Management, 2018, 15(3): 1006-1017.

[22] WEI X, LE L, HUA Z, et al. Performance enhanced transmission in device-to-device communications: Beamforming or interference cancellation[C]. IEEE Global Communications Conference (GLOBECOM), 2012.

[23] YANG T, ZHANG R, CHENG X, et al. Graph Coloring Based Resource Sharing (GCRS) Scheme for D2D Communications Underlaying Full-Duplex Cellular Networks[J]. IEEE Transactions on Vehicular Technology, 2017, 66(8): 7506-7517.

[24] SUN J, ZHANG Z, XIAO H, et al. Uplink Interference Coordination Management with Power Control for D2D Underlaying Cellular Networks: Modeling, Algorithms and Analysis[J]. IEEE Transactions on Vehicular Technology, 2018, 67(9): 8582-8594.

[25] SENGLY M, LEE K, LEE J R. Joint Optimization of Spectral Efficiency and Energy Harvesting in D2D Networks Using Deep Neural Network [J]. IEEE Transactions on Vehicular Technology, 2021, 70(8): 8361-8366.

[26] MUY S, RON D, LEE JUNG-RYUN. Energy Efficiency Optimization for SWIPT-Based D2D-Underlaid Cellular Networks Using Multiagent Deep Reinforcement Learning[J]. IEEE Systems Journal, 2022, 16(2): 3130-3138.

[27] WU F, ZHANG H, DI B, et al. Device-to-Device Communications Underlaying Cellular Networks: To Use Unlicensed Spectrum or Not[J]. IEEE Transactions on Communications, 2019, 67(9): 6598-6611.

[28] PARAMONOV A, HUSSAIN O, SAMOUYLOV K, et al. Clustering Optimization for Out-of-Band D2D Communications [J]. Wireless Communications and Mobile Computing, 2017: 1 - 11.

[29] LIN X, ANDREWS J G, GHOSH A. Spectrum Sharing for Device-to-Device Communication in Cellular Networks [J]. in IEEE Transactions on Wireless Communications, 2014, 13(12): 6727 - 6740.

[30] DAI J, LIU J, SHI Y, et al. Analytical Modeling of Resource Allocation in D2D Overlaying Multihop Multichannel Uplink Cellular Networks [J]. IEEE Transactions on Vehicular Technology, 2017, 66(8): 6633 - 6644.

[31] FENG D, LU L, YI YUAN-W, et al. Qos-aware resource allocation for device-to-device communications with channel uncertainty [J]. IEEE Transactions on Vehicular Technology, 2016, 65(8): 6051 - 6062.

[32] 钱志鸿，田春生，王鑫，等. D2D网络中信道选择与功率控制策略研究[J]. 电子与信息学报，2019，41(10)：2287 - 2293.

[33] 孙琦，陈桂芬. 基于D2D分组的二次选择资源分配算法[J]. 长春理工大学学报(自然科学版)，2018，41(06)：109 - 113.

[34] MACH P, BECVAR Z, NAJLA M. Resource Allocation for D2D Communication With Multiple D2D Pairs Reusing Multiple Channels [J]. IEEE Wireless Communications Letters, 2019, 8(4): 1008 - 1011.

[35] NAJLA M, BECVAR Z, MACH P. Reuse of Multiple Channels by Multiple D2D Pairs in Dedicated Mode: A Game Theoretic Approach[J]. IEEE Transactions on Wireless Communications, 2021, 20(7): 4313 - 4327.

[36] PEDHADIYA M K, JHA R K, BHATT H G. Device to device communication: A survey[J]. Journal of Network and Computer Applications, 2019, 129: 71 - 89.

[37] 徐赫，陈桂芬，张素娟. 一种基于D2D集群的资源分配模型[J]. 长春理工大学学报(自然科学版)，2019，42(2)：100 - 105.

[38] MEMMI A, REZKI Z, ALOUINI M. Power Control for D2D Underlay Cellular Networks With Channel Uncertainty. IEEE Transactions on Wireless Communications, 2017, 16(2): 1330 - 1343.

[39] HAO X, HUANG N, YANG Z, et al. Pilot Allocation and Power Control in D2D Underlay Massive MIMO Systems[J]. IEEE Communications Letters, 2017, 21(1): 112 - 115.

[40] SI W, ZHU X, LIN Z, et al. Energy Efficient Power Allocation Schemes for Device-to-Device (D2D) Communication [C]. IEEE Vehicular Technology Conference, 2013: 1 - 5.

[41] SALEEM U, JANGSHER S, QURESHI H K, et al. Joint Subcarrier and Power Allocation in the Energy-Harvesting-Aided D2D Communication [J]. IEEE Transactions on Industrial Informatics, 2018, 14(6): 2608 - 2617.

[42] CICALÒ S, TRALLI V. QoS-aware Admission Control and Resource Allocation

for D2D Communications Underlaying Cellular Networks[J]. IEEE Transactions on Wireless Communications, 2018, 17(8): 5256-5269.

[43] XUJ, GUO C, ZHANG H. Joint channel allocation and power control based on PSO for cellular networks with D2D communications[J]. Computer Networks, 2018, 133(14): 104-119.

[44] DOMINIC S, JACOB L. Distributed Resource Allocation for D2D Communications Underlaying Cellular Networks in Time-Varying Environment [J]. IEEE Communications Letters, 2017, 22(2): 388-391.

[45] YUAN Y, YANG T, HU Y, et al. Two-Timescale Resource Allocation for Cooperative D2D Communication: A Matching Game Approach [J]. IEEE Transactions on Vehicular Technology, 2021, 70(1): 543-557.

[46] TAKSHI H, DOGAN G, ARSLAN H. Joint Optimization of Device-to-Device Resource and Power Allocation based on Genetic Algorithm[J]. IEEE Access, 2018, 6: 21173-21183.

[47] CHENG R, ZHOU X, ZHANG H, et al. Non-orthogonal Multiple Access in SWIPT Enabled Cooperative D2D Network [C]. 2020 IEEE/CIC International Conference on Communications in China (ICCC), 2020.

[48] DAI Y, SHENG M, LIU J, et al. Joint Mode Selection and Resource Allocation for D2D-enabled NOMA Cellular Networks [J]. IEEE Transactions on Vehicular Technology, 2019, 68(7): 6721-6733.

[49] BUDHIRAJA I, KUMAR N, TYAGI S. Energy-Delay Tradeoff Scheme for NOMA-Based D2D Groups With WPCNs[J]. IEEE Systems Journal, 2021, 15(4): 4768-4779.

[50] CHEN J, JIA J, LIU Y, et al. Optimal Resource Block Assignment and Power Allocation for D2D-enabled NOMA Communication[J]. IEEE Access, 2019, 7: 90023-90035.

[51] Yu S, Yun J J, Lee J W. Resource Allocation Scheme Based on Deep Reinforcement Learning for Device-to-Device Communications[C]. 2021 International Conference on Information Networking (ICOIN). 2021.

[52] PEI E, ZHU B, LI Y. A Q-learning based Resource Allocation Algorithm for D2D-Unlicensed communications [C]. 2021 IEEE 93rd Vehicular Technology Conference, 2021.

[53] KARUNAKARAN P, GERSTACKER W. Sensing Algorithms and Protocol for Simultaneous Sensing and Reception-Based Cognitive D2D Communications in LTE-A Systems[J]. IEEE Transactions on Cognitive Communications & Networking, 2018, 4(1): 93-107.

[54] LI B, GUO W, LIANG Y C, et al. Asynchronous Device Detection for Cognitive Device-to-Device Communications [J]. IEEE Transactions on Wireless Communications, 2018, 17(4): 2443-2456.

[55] IQBAL A, HUSSAIN R, SHAKEEL A, et al. Enhanced Spectrum Access for QoS Provisioning in Multi-Class Cognitive D2D Communication System [J]. IEEE Access, 2021, 9: 33608 - 33624.

[56] OUALI K, KASSAR M, NGUYEN T M T, et al. Performance Evaluation of an Effective Mobility Model for D2D Communications [J]. Wireless Personal Communications, 2020, 7: 2675 - 2696.

[57] HAJIAKHONDI-MEYBODI Z, ABOUEI J, Jaseemuddin M, et al. Mobility-Aware Femtocaching Algorithm in D2D Networks Based on Handover[J]. IEEE Transactions on Vehicular Technology, 2020, 69(9): 10188 - 10201.

[58] 田春生，钱志鸿，阎双叶，等. D2D 通信中联合链路共享与功率分配算法研究[J]. 电子学报，2019，47(4): 769 - 774.

[59] PESCOSOLIDO L, CONTI M, PASSARELLA A. D2D Data Offloading in Vehicular Environments with Optimal Delivery Time Selection [J]. Computer Communications, 2019, 146: 63 - 84.

[60] GIZZINI A K, CHAFII M, NIMR A, et al. Deep Learning Based Channel Estimation Schemes for IEEE 802.11p Standard[J]. IEEE Access, 2020, 8: 113751 - 113765.

[61] REN Y, LIU F, LIU Z, et al. Power Control in D2D-Based Vehicular Communication Networks[J]. IEEE Transactions on Vehicular Technology, 2015, 64(12): 5547 - 5562.

[62] SUN W, YUAN D, EG STRÖM, et al. Cluster-Based Radio Resource Management for D2D-Supported Safety-Critical V2X Communications [J]. IEEE Transactions on Wireless Communications, 2016, 15(4): 2756 - 2769.

[63] LEE S, KIM J, CHO S. Resource Allocation for NOMA based D2D System Using Genetic Algorithm with Continuous Pool [C]. 2019 International Conference on Information and Communication Technology Convergence (ICTC), 2019.

[64] WANG X, QIAN Z, WANG X, et al. Resource Allocation Scheme Based on Rate-Requirement for Device-to-Device Downlink Communications [J]. International Journal of Pattern Recognition and Artificial Intelligence, 2019, 33(13): 1793 - 6381.

[65] KALEEM Z, QADRI N N, DUONG T Q, et al. Energy-Efficient Device Discovery in D2D Cellular Networks for Public Safety Scenario[J]. IEEE Systems Journal, 2019,13(3): 2716 - 2719.

第4章 D2D中继选择技术

D2D中继选择技术可扩大移动通信网络的覆盖范围，并在此基础上有效改进D2D通信的网络性能。中继选择是D2D通信的重要关键技术之一。本章对D2D中继选择技术进行了详细叙述，介绍了引入中继的优势，归纳了D2D通信的转发方式、拓扑结构等方面的内容。针对信道衰落或距离较远时D2D无法进行正常通信的场景，本章给出了部分较优的中继选择算法，同时引入中继节点复杂D2D通信场景下的功率控制方法，明确了如何减少D2D通信链路之间的相互干扰，并对算法性能分析进行了总结。

4.1 概述

D2D通信是一种短距离通信技术，基站只需提供控制信令，用户就能够直接传输数据。如图4-1所示，与传统的蜂窝网络通信相比，D2D通信不需要数据通过基站就能转发数据，从而在保证D2D通信的前提下减轻了基站通信负荷。但对于D2D通信而言，其有效通

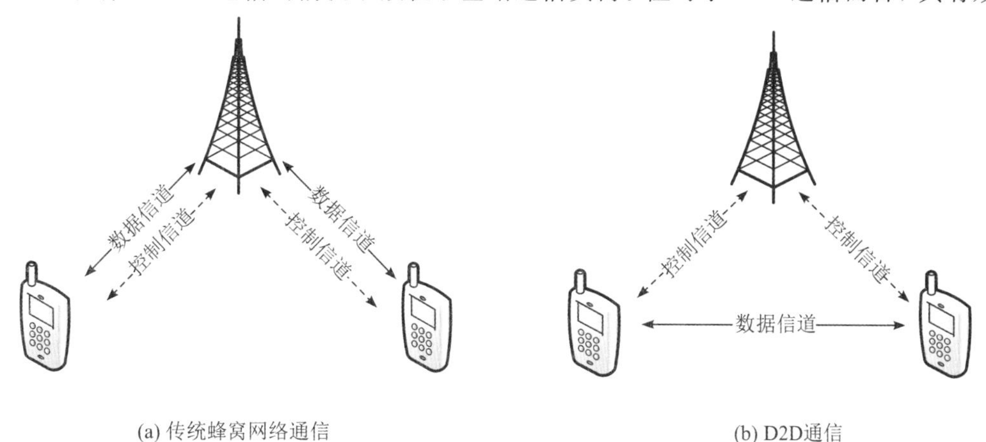

图4-1 传统的蜂窝网络通信与D2D通信

信覆盖范围受到限制。例如，在城市中，由于建筑物的遮挡和受到蜂窝设备的同频干扰，其传输信号会大大衰减，在这种情况下，两个用户利用 D2D 技术直接通信时，设备之间的传输性能会变差，甚至可能发生通信中断。D2D 中继通信可有效解决此类问题。利用中继通信，D2D 发射机选择具有合适信道质量的空闲用户作为中继来转发数据，将数据成功发送到 D2D 接收机[1]。一方面，中继信道可以在 D2D 接收机和发射机之间提供更好的信道质量；另一方面，中继节点可以放大衰减后的信号。将中继技术引入 D2D 通信中，可增加任意两个设备之间的 D2D 通信概率，产生相对较高的数据传输速率，同时可避免由于传输功率的盲目提高而对蜂窝系统造成的干扰，进而优化通信质量。

值得注意的是，在 D2D 中继通信中，中继节点的选择是提高传输性能的关键。第一，中继节点与 D2D 发射机或接收机之间的链路信道质量必须足够好，以便保证更好的传输速率。第二，中继节点会消耗大量电能以辅助转发数据，无线通信系统资源也将在 D2D 中继通信中被占用，如果中继节点选择不恰当，则很可能导致中继节点的负面合作。第三，由于用户具有较强的移动性，中继传输链路可能断开，进而影响网络的通信质量。因此，D2D 中继节点的选择问题一直是移动 D2D 中继通信的研究热点。

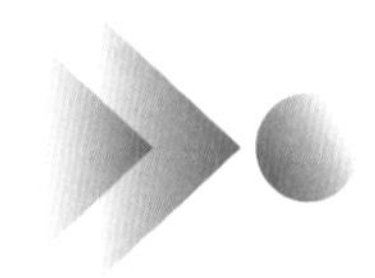

4.2 中继转发及拓扑结构

4.2.1 转发模式类别

根据中继节点对接收信号的处理方式不同，中继模式可分为放大转发(Amplifying and Forwarding，AF)和译码转发(Decoding and Forwarding，DF)两类。在 AF 中继协议中，中继节点仅根据功率约束线性放大接收到的信号，这是最简单的一种信号转发协议。在 DF 中继协议中，中继节点首先对接收到的信号进行解码，信号经过重新编码后再转发给目的节点。

AF 中继协议的优点在于结构简单，中继节点直接对信号进行转发而不用进行额外的处理，具有响应速度快、设备复杂度低的特点。然而，其缺点在于传输信道中的噪声也被放大转发，当节点间链路质量较差时，尽管在该过程中信号的功率也得到了一定程度地放大，但引入噪声的放大将直接影响接收端的判决。

DF 中继协议不会像 AF 中继协议那样放大噪声，DF 中继节点会对接收到的信号进行解码，直接重新编码或者经过校验确认无误后再重新编码，转发给目的节点。该协议最大的优点是不会传递噪声，从而保证了传输的可延续性和正确性。但也容易看出，DF 中继协议的缺点是设备复杂度高、处理速度慢，从而会导致一定的传输延迟。DF 中继协议通常与信道编码方案相结合，广泛地应用于各种中继网络模型中。通常，DF 中继协议采用重复编码方案，即中继节点与发送端采用相同的信道编码方式。另外，中继节点还可以采用与发送端不同的信道编码模式，从而构成更加高效的中继转发方案，该方案通常称为编码协作(Code Cooperation，CC)协议。

此外，根据中继节点所执行功能的不同，中继可分为三种，即层一中继、层二中继和层三中继。

(1) 层一中继也称为转发器，仅仅起到了放大信号和继续向前传输数据的作用，中继器将源端发送来的数据经放大后转发给目的端。层一中继的优点在于引入的时延低，并且用户端可以简单地将接收自中继和基站的信号进行合并；其不足之处也是显而易见的，即将噪声与信号一起放大。

(2) 层二中继包含了媒体接入控制(Media Access Control，MAC)层的功能，也包含了无线链路控制(Radio Link Control，RLC)功能。这种中继能够执行调度功能，可以对 MAC 业务数据单元(Service Data Unit，SDU)进行复用和解复用以及优先级的处理。层二中继可以和基站进行协调，对中继节点和 UE 端进行无线资源的分配，分配时可将小区间干扰和负载情况考虑进去。另外，层二中继还可以选择性地加入外环 ARQ(Automatic Repeat-reQuest)功能和 RLC 协议数据单元(Protocol Data Unit，PDU)的划分和连接功能。

(3) 层三中继相比于前两者包含了更多的功能，能够执行部分或者全部的无线资源控制(Radio Resource Control，RRC)功能，可降低 RRC 连接设置的时延，并对数据包进行快速路由以及对终端的移动切换进行管理。层三中继的引入将产生更多的切换场景，如基站和中继的切换、中继和中继间的切换等。所以层三中继中还添加层三的测量功能，用于进行基于中继的切换判断。因此，就功能而言，层三中继更加接近于基站。然而，相比于前两类中继，层三中继的复杂度和造价也变得更高。

4.2.2 中继网络拓扑结构

中继技术自提出以来就得到了深入的研究和广泛的应用，形成了众多独具特色的中继网络拓扑模型，下面就一些典型的模型做概要介绍。

1. 两跳单中继模型

两跳单中继模型是最简单的中继模型，如图 4-2 所示，其主要用于扩大覆盖范围。当源端与目的端相距较远、直接通信无法满足要求时，通过中继转发可以扩大通信范围。尤其是在用户相对稀少的郊区，架设基站造价过高时，可以通过增设中继节点来扩大小区的覆盖面积，提升小区边缘用户的体验感。

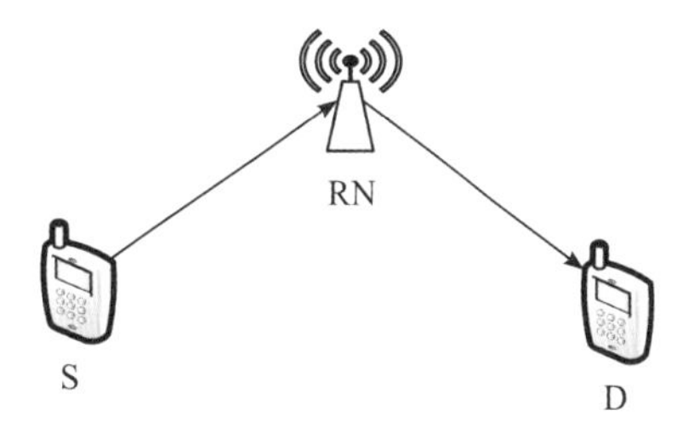

图 4-2 两跳单中继模型

2. 协作两跳单中继模型

与图 4-2 相比，图 4-3 所示的协作两跳单中继模型的不同之处在于存在直达路径。在该模型中，目的端虽然能够直接收到来自源端的信号，但在直通信道衰落严重时，系统可靠性会急剧下降。这时，若系统中增加一个协作中继节点，在源端发送信号给目的端时，中继也会接收信号，然后中继再把信号转发给目的端，这样目的端会收到信息的两个副本，通过合

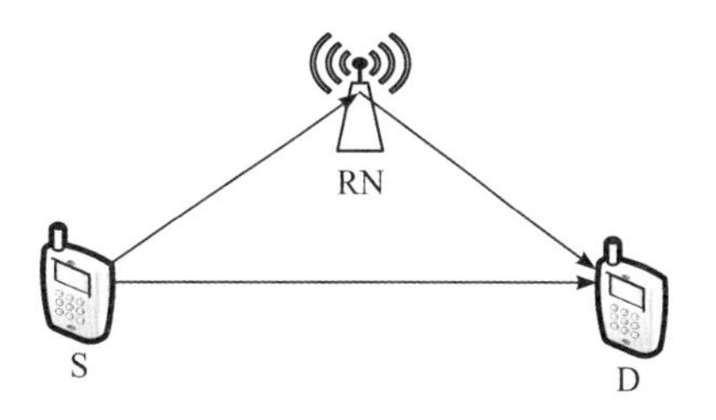

图 4-3 协作两跳单中继模型

并技术将它们融合，可以有效提高分集增益。

3. 协作两跳并行中继模型

图 4－3 所示的协作两跳单中继模型可以推广到图 4－4 所示的协作两跳并行中继模型。此时，中继被视为源端的虚拟多天线，并考虑发射分集，以提高系统的可靠性和有效性。

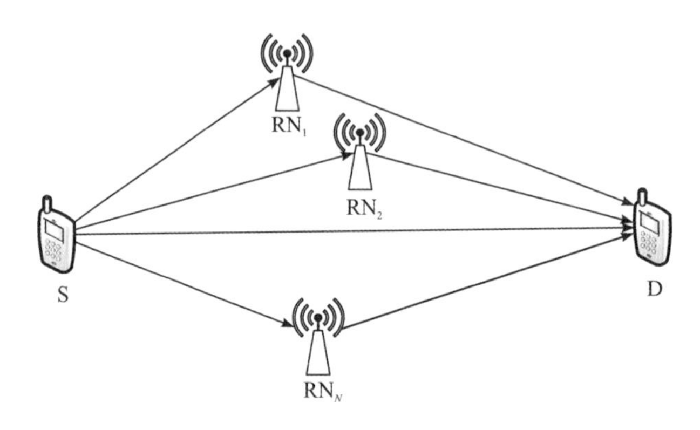

图 4－4 协作两跳并行中继模型

4. 多跳中继模型

图 4－2 所示的两跳单中继模型可以推广到多跳中继模型从而搭建一条多跳中继链路，如图 4－5 所示。这种模型更多地出现在无线自组织网络或无线传感器网络中，移动通信网中的中继技术更倾向于两跳中继模型。多跳中继模型具有扩大覆盖范围的优点，但存在较大的时延和复杂的资源分配算法等缺点，因此在蜂窝网络中不适合采用多于两跳的中继模型。

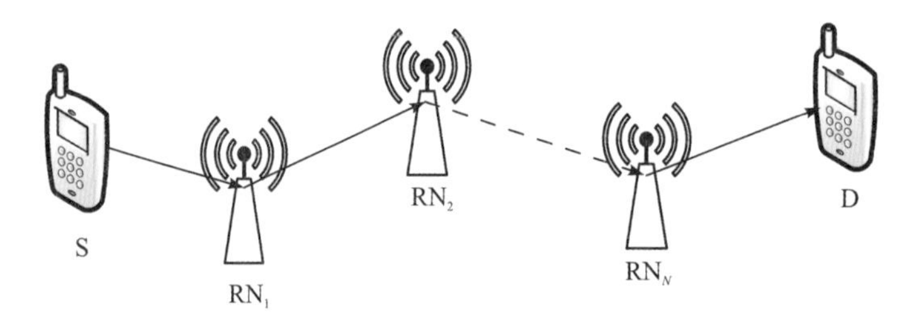

图 4－5 多跳中继模型

5. 协作串行中继模型

上述的中继模型中，任何一个中继节点只接收其前面一个节点发送的信号。为了充分利用无线信道的广播特性，可以采用多跳分集接收模式，即允许任意节点的广播信号均能被后续节点收到并解码，如图 4－6 所示。该模型的性能要优于多跳中继模型，尽管 AF 中继协议在这个过程中可能放大了噪声，但其采用 AF 中继协议的性能要优于 DF 中继协议。

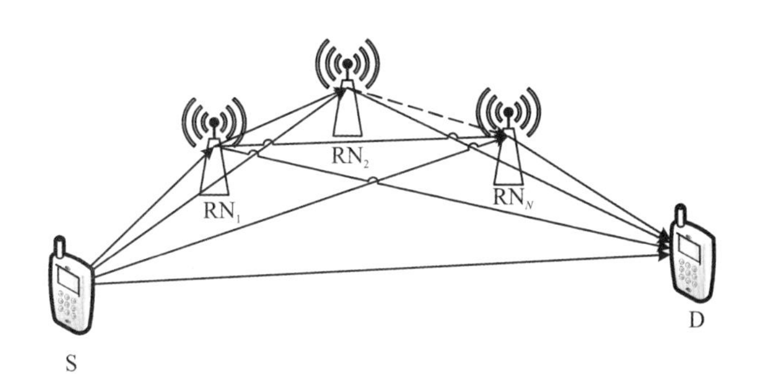

图4-6 协作串行中继模型

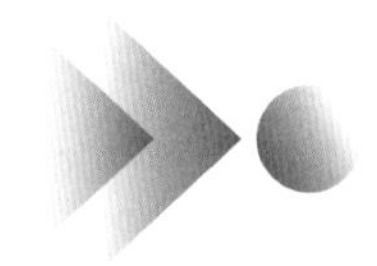

4.3 中继选择策略

4.3.1 中继选择分类

1. 基于平均信道状态信息的中继选择

基于平均信道状态信息的中继选择，即是通过其各个节点的地理位置信息获得其距离、路径损耗、平均信噪比等参数而实现中继选择功能。

基于编码协作分集通信系统中，有学者提出了用户协作区域划分的概念。当目的节点和各个潜在的中继节点均可获得各自地理位置信息时，其可协作区域是一个以目的节点为圆心的圆，其圆的半径大小与源节点和目的节点之间的距离呈正比[2]。因此，仅当该用户协作区域内存在备选中继节点时，其源节点将与目的节点通过中继节点协作通信获得增益，否则源节点将与目的节点直接通信。

文献[3]提出了根据源中继通信链路间的平均信噪比来选择最优中继节点，其备选中继节点的天线数不定(可单天线，也可多天线)，而最优中继节点的选择由目的节点决定，目的节点选择其与备选中继节点中的平均信噪比最大的中继节点为最优中继参与协作。一旦最优中继节点已选择，则其一直参与协作通信，直到其信道状态非常恶劣且无法通信时才会再次选择最优中继。具体的中继选择方法包括两类，一种是盲选择方法；另一种是信息选择方法。

在基于平均信道状态信息的最优中继选择过程中，根据各个备选中继节点的距离、路径损耗、平均信噪比等参数的比较来判决其是否为最优中继节点。因此，该通信系统中需要有能够有效估计各个节点的距离或者地理位置信息的设备，或者需要有能够估计其链路平均信噪比的设备。对于实际系统来说，估计其平均信噪比的开销较大。

综上所述，基于平均信道状态信息的中继选择算法对于网络中节点地理位置相对比较固定或者其信道状态变化较为缓慢的网络较为适宜，即适用于静态网络或者准静态网络。

2. 基于瞬时信道状态信息的中继选择

基于瞬时信道状态信息的中继选择的根本思想是一种分布式中继选择方法。该中继选择方法通过和传统的 IEEE 802.11 协议相结合，源节点向目的节点请求发送(Request To Send，RTS)信息，目的节点接收到信息时，会发送反馈清除发送(Clear To Send，CTS)信息，而潜在的中继节点通过对 RTS 和 CTS 信息的监听，估计其与源节点和目的节点的信道状态 $h_{s,i}$ 和 $h_{i,d}$，中继节点根据式(4-1)的最小法则或者式(4-2) 的调和平均法则进行信道状态的判断。设 h_i 为信道状态参数，则

$$h_i = h_i\{|h_{s,i}|^2,\ |h_{i,d}|^2\} \tag{4-1}$$

$$h_i = \frac{2}{\dfrac{1}{|h_{s,i}|^2} + \dfrac{1}{|h_{i,d}|^2}} = \frac{2|h_{s,i}|^2|h_{i,d}|^2}{|h_{s,i}|^2 + |h_{i,d}|^2} \tag{4-2}$$

随后，中继节点会启动定时器开始计时，其定时器时间值的大小与获得的信道状态参数 h_i 呈反比关系。因此信道状态越好，该中继节点的定时器越会最先超时。此时，该中继节点发送最优中继节点的标志信息，其他中继节点接收到该标志信息则自动放弃中继节点的参与，这样就完成了一次最优中继节点的选择。

在基于瞬时信道状态信息的最优中继选择过程中，仅需知道各个节点之间的瞬时信道状态信息，并不需要知晓其相互间的距离或者彼此的地理位置信息，因此该方法成本较低。但是由于各个节点间的瞬时信道状态随时可变，各个节点之间信道状态信息需要实时跟踪和更新，致使该方法会增加一定的信令开销，而且可能会存在多个中继节点同时超时而发生碰撞的情况，从而无法正确选择最优中继节点。

3. 基于中断概率的中继选择

中断概率是指通信链路的信道容量 I 不能达到或者满足其目标传输速率 C 的事件发生的概率。通信链路的中断概率主要取决于平均信噪比和信道衰落分布模型两个参数，因此中断概率事件可以表示为

$$P_r[I < C] \tag{4-3}$$

基于中断概率的中继选择方法以系统的中断概率最小化为目标，选择链路瞬时信噪比最大的中继节点为最优中继节点。假设采用 AF 中继转发模式，则当选定最优中继时，该系统获得的最大平均互信息量为

$$I_{\mathrm{SAF}} = \frac{1}{2}\log(1 + p|h_{s,d}|^2 + f(p|h_{s,i}|^2,\ p|h_{i,d}|^2)) \tag{4-4}$$

其中，

$$f(x,\ y) = \frac{xy}{x+y+1} \tag{4-5}$$

选择最优中继节点使系统的中断概率最小，也就是说选择使目的节点的接收信噪比最大的中继节点。因此，其选择的标准为

$$b = \arg\max\left(\frac{|h_{s,i}|^2|h_{i,d}|^2PP_i}{1+|h_{s,i}|^2P + |h_{i,d}|^2P_i}\right) \tag{4-6}$$

当中继节点 m 被选为最优中继时，目的节点处的接收信噪比为

$$g_m^{\mathrm{SAF}} = P_m|h_{m,d}|^2 + \max\left(\frac{|h_{s,i}|^2|h_{i,d}|^2P_mP_i^m}{1+|h_{s,i}|^2P_m + |h_{i,d}|^2P_i^m}\right) \tag{4-7}$$

为了最小化系统中断概率，选择目的节点处瞬时接收信噪比最大的用户接入信道进行数据传输。因此，系统接收信噪比为

$$\gamma = \max_{m} \gamma_m^{\mathrm{SAF}} \tag{4-8}$$

此时，系统的中断概率为

$$P_{\mathrm{out}} = P_{\mathrm{r}}[I < C] = P_{\mathrm{r}}[\gamma < 2^{2R} - 1] \tag{4-9}$$

基于中断概率的中继选择方法的优点为在其通信过程中可靠性更高，减少了因为通信中断而产生的不必要的信令交互开销，在高信噪比下能获得分集增益。需要注意的是，盲目地追求系统的中断概率最小化，进而采用多个中继节点来参与协作通信，会造成不必要的频谱资源浪费。

4. 基于误码率的中继选择

基于误码率的中继选择方法是以降低系统的误码率为目标的。在中继选择过程中，在考虑了传输速率和信噪比的基础上，还考虑了物理层中的调制传输方式和目的节点端的分集合并方式等因素，因此此类中继选择算法更适用于实际网络。在单个源节点、目的节点和多个中继节点的系统模型场景中，由于存在多个中继节点，源节点和目的节点选取不同的中继节点参与协作通信，其系统的误码率不同。按照降低误码率的优化目标，可以通过将所有中继链路的信道系数代入误码率公式来计算其误码率的大小，选择其中误码率最小的中继节点为最优中继节点。但随着信噪比和中继节点数量的增高，其系统的误码率也会随之降低，因此需要综合考虑这些参数。

5. 基于社交网络的中继选择

上述算法都是基于物理域的中继选择方法。基于物理域的中继选择算法发展已久，并且相对成熟。但是通常通信设备由具有一定社交关系的用户携带，只考虑用户无私辅助通信或因自私需激励进行中继通信的研究过于片面，这种假设也不符合实际情况，无法更有效地选择中继节点。基于此，出现了很多将物理域和社交域相结合的研究方法。

基于社交网络的中继选择是以通信链路稳定性为目标，通过选择社交关系强的节点来帮助源节点进行数据的转发。该方法不仅考虑到了物理层的信道状态、传输速率，还考虑了现实生活中人们的主观意愿，更加贴合实际。社交网络由个人和社区组织组成，它们通过各种相互依存的关系相互联系。社交网络具有稳定的社会结构，携带手持式通信设备的用户构成社交网络，利用用户间社交行为来辅助 D2D 通信，可以增强系统性能。将潜在的社会结构属性与 D2D 通信技术相结合，利用解决 D2D 通信中具有挑战性的技术问题，可为 D2D 通信系统设计提供新的研究方向。下面从四个方面对社交网络进行分析：

(1) 社交关系。社交关系表示人类之间建立的社会联系，是社交网络中最基本的概念，可以由移动网络中用户间的亲戚关系、朋友关系、同事关系来表示。社交关系确定了各个移动用户之间的连接强弱。为了识别用户之间的社交关系，两个用户可以通过邻近通信技术在本地执行识别过程。两个用户可以通过执行“匹配”过程来识别各自共同的社会特征，进而发现彼此之间的社交关系。例如，两个用户匹配各自手机的通讯录，如果两者有彼此的电话号码，或者两者存储着许多相同的电话号码，那么他们很可能认识对方。两个用户可以通过匹配各自的家庭住址和工作地址，来判断他们是邻居关系还是同事关系。两个用

户还可以通过访问微博、微信等在线社交网络来查看彼此的社交关系。

在 D2D 中继选择中，D2D 中继通信系统通常需要考虑用户隐私和通信安全性问题。社交关系可用作判断两个节点之间信任与否的规则，社交关系的强度与两个对等方之间的信任度相关。因此，在 D2D 通信系统中，与无社交关系的体系结构相比，在 D2D 中继选择过程中利用社会关系信息不仅可以帮助通信系统获得更高的信息吞吐量，还可以实现更好的隐私和安全性保障。

(2) 社区。社区是根据人与人之间的社会关系自然形成的，它定义了具有相同兴趣爱好或相似行为的个人集群或群体。在移动通信网络中，可以通过用户位置、兴趣爱好或背景信息等来表示真实的社区。由于不同的社区用户通常具有不同的兴趣爱好，因此，通过检测社区信息可以帮助提高分布式用户之间的数据传输效率。在 D2D 中继选择中，将用户划分到不同社区后，可以在同一社区内选择中继辅助通信，以提高通信成功率。

(3) 社交网络中心性。分析社交网络的重要方法是衡量网络中各节点的影响力和重要性。也就是说，在社会网络中，扮演中心角色的网络节点是最具有影响力的用户节点。社交网络的中心性量化了网络中“节点”的相对结构的重要性，表示为此节点在社会网络中的重要性。中心用户通常具有更强的与其他用户建立网络连接的能力。

采用不同的方法测量网络中心性，应用比较广泛的是度中心性、亲密中心性和中间中心性等。度中心性是一种最简单的度量方式，在现实生活中，节点的度表示用户的受欢迎程度，度越大则该节点用户受欢迎程度越高，并且受欢迎程度高的节点与其他节点相比呈现指数量级的差异。亲密中心性是指在社交网络中每个节点获取信息和向其他人传递信息的能力，亲密中心性越高意味着这些节点与其他节点之间的关系越亲近。中间中心性是指在两个或多个群体之间起着不可或缺的桥梁作用的个体。在 D2D 中继选择中，可根据中心节点选择中继辅助通信以提高通信成功率。

(4) 社交桥梁。社交桥梁是判断两个相邻社区之间的交互边缘能否进行信息交换的重要依据。社交桥梁结构体现了社区之间的联系。通常，每个社区都有一组节点，并且两个社区之间的桥梁是提供连接这两个社区的唯一路径，信息可以沿着这条路径在这两个社区的节点之间流动。在 D2D 中继选择过程中，社区桥梁体现为两个社区用户之间互为中继用户的可能性。

6. 基于机器学习的中继选择

基于机器学习的中继选择算法是通过使用统计方法对模型进行训练，以进行分类或预测。智能体通过与未知环境的交互，从交互反馈中学习到能获得最大化长期奖励的最佳策略。

强化学习(Reinforcement Learning，RL)是指智能体通过与动态环境进行试错实现交互学习，在每个时间步长中，智能体都会感知环境的完整状态并采取措施，从而使环境从旧状态过渡到新状态，智能体根据接收的奖励信号评估学习质量。强化学习可使主体观察环境和自身状态后，决定要执行的动作以达到预期的目标。

强化学习的基本模型如图 4-7 所示。智能体可以看作是一个大脑，在 D2D 中继通信过程中，每个 D2D 链路都被视为一个智能体，并且除特定 D2D 链路之外的所有内容都被视为环境，它呈现了与中继选择有关的整体条件。由于其他 D2D 链路的行为无法在分散式环境中进行控制，因此每个智能体(每对 D2D 链路)的行为是基于所有用户表现出的整体环境条件而进行改变的。智能体在 t 时刻，通过观测环境得到智能体的状态 S_t，然后智能体根据规定策略进行一系列的运算，做出一个动作 A_t，这个动作就会作用于环境，使得智能体在环境中转移到一个新的状态 S_{t+1}，并且在转移时获得一个即时的奖赏值 R_t。转移到不同的状态时的奖励值未必一样，智能体通过新状态来选择下一个时刻的动作。如此反复训练，可以累积奖励值，智能体的目标是使获得的累积奖励最大。

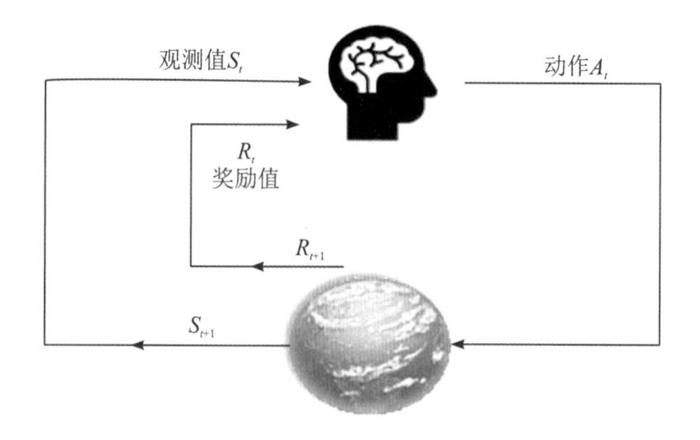

图 4-7　强化学习的基本模型

由于 RL 的动作空间和样本空间都很小，很难处理具有较大状态的动作空间，并且状态与动作空间都是离散的。深度学习(Deep Learning，DL)可以使 RL 扩展到以前难以解决的决策问题，具有高维状态以及动作空间。

图 4-8 所示给出了深度 $\boldsymbol{Q}$ 网络(Deep Q-network，DQN)算法的模型图。

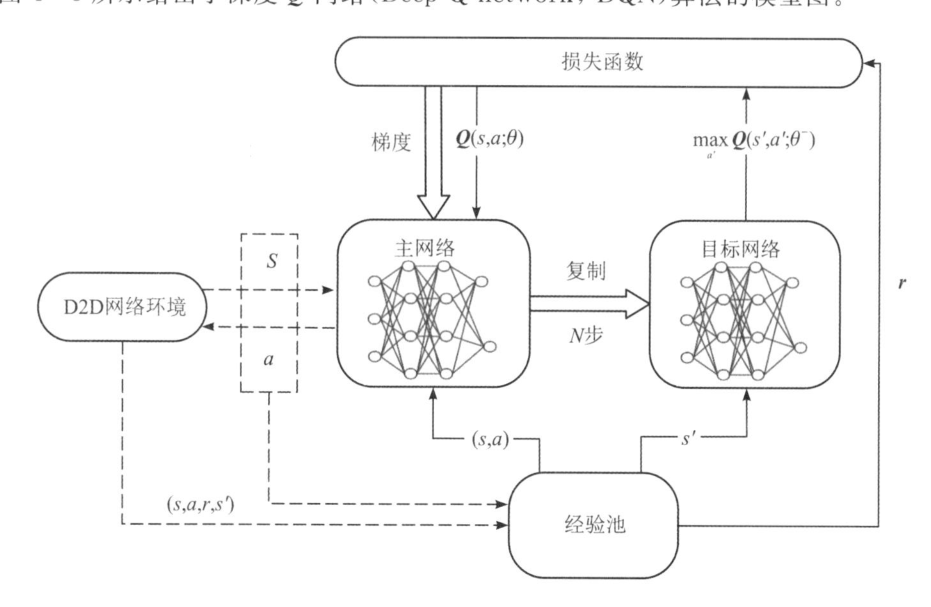

图 4-8　DQN 算法的模型图

DQN 算法的主要方法是经验回放，它将从环境中获取的数据存储起来，然后从经验回放池中对数据进行随机采样，训练 $\boldsymbol{Q}$ 网络，更新深度神经网络(Deep Neural Network，

DNN)的参数。与使用立即收集的样本 Q 学习(Q-Learning)相比，DQN 算法的智能体打破了顺序生成的样本之间的相关性，从更独立的以往经验中进行学习。DQN 算法通过 Q 学习构造标签，利用经验池解决数据之间的相关性问题，用一个神经网络生成主网络 Q 值，用另一个神经网络生成目标网络 Q 值。具体可以概括为以下三个部分：

1）构造标签

DNN 在 DQN 算法中的作用是对 Q 值进行函数拟合。Q 学习更新公式如下：

$$Q^{\text{update}}(s,a)=Q(s,a)+\alpha[r+\beta\max Q(s',a')-Q(s,a)] \tag{4-10}$$

其中，β 是折扣因子，$\beta\in(0,1]$；α 为学习因子，$\alpha\in(0,1]$；s'是采取 a 动作后的状态；a'是 s'状态下最有可能采取的动作；r 为奖励函数。

DQN 算法的损失函数与目标 Q 网络有关，可表示为

$$L(\theta)=E[(\text{Target}Q-Q(s',a';\theta))^2] \tag{4-11}$$

其中，θ 是主网络参数，$(s',a';\theta)$为从经验池中抽取的状态动作对；Target(θ)表示目标网络参数。损失函数 L(θ)是使主网络 Q 值逼近目标网络值，利用梯度下降等方法可更新网络参数 。

2）经验池

经验池的功能主要是解决数据之间的相关性及非静态分布问题。具体做法是把每个时间步长智能体与环境交互得到的转移样本$\{s_t, a_t, r_t, s_{t+1}\}$储存到经验回放池，需要时随机抽取一些数据进行训练。

3）目标网络

网络、目标网络是两个结构相同的神经网络。主网络每次迭代会更新网络参数，目标网络相当于某段时间的更新锚点，以此锚点为基准更新网络，每经过 N 步迭代，将主网络的参数复制给目标网络。具体地，主网络的输出为$Q(s',a';\theta)$，用来评估主网络状态动作对应的值函数；目标网络从经验池中取样一段数据$\{s'_t, a'_t, r'_t, s'_{t+1}\}$，代入上面 Q 网络公式中得到目标网络的 Q 值$Q(s',a';\theta)$。引入目标网络后，在一段时间内的目标 Q 值保持不变，因此，在一定程度降低了主网络 Q 值和目标 Q 值的相关性，提高了算法稳定性。

4.3.2 中继选择策略的性能比较

各种中继选择策略的性能比较如表 4-1 所示。针对不同应用场景，可根据各种中继选择策略的算法特点进行优化改进，进而实现通过中继技术提升网络性能的目标。

(1) 基于平均信道状态信息的中继选择算法，其优点是算法复杂度相对较低，并且其信令开销相对较小，但其网络中需要添加物理信息的估计设备。

(2) 基于瞬时信道状态信息的中继选择策略，其优点为算法的自适应性较好，并且其选择的中继节点的信道状态最优，但由于信道状态的多变性，其需要实时更新。

(3) 基于中断概率的中继选择算法，其优点是保障通信的可靠性，但是会产生频率资源浪费。

(4) 基于误码率的中继选择，相比于其他中继选择算法其更切合实际应用，但算法复杂度相对比较高。

(5) 基于社交网络的中继选择，其优点是考虑了现实设备持有者的合作意愿，贴合实际，但是需要计算收发两端的社交权重，计算较为复杂。

(6) 基于机器学习的中继选择，其优点是大量的数据驱动，在特定场景下作出的判断更优，但需要大量数据进行训练，训练过程要求有很高的硬件配置。

表4-1　中继选择策略的性能比较

中继选择策略	基本思想	优点	缺点
基于平均信道状态信息的中继选择	根据平均信道状态信息选择最优中继节点	不用进行实时更新，信令开销小，算法复杂度低	要求系统具有距离或者位置估计的设备
基于瞬时信道状态信息的中继选择	根据瞬时信道条件，随着信道衰落情况的变化选择不同的中继节点	自适应性较好，比较灵活，选出中继节点的信道状态很好	可能发生碰撞从而导致无法正确地选择中继节点，需要实时更新
基于中断概率的中继选择	以减少中断概率、保持通信的可靠性为目标选择中继节点	保持通信过程更可靠，不容易中断	盲目追求低中断概率会导致采用多节点中继，造成资源浪费
基于误码率的中继选择	以降低误码率为目标选择中继节点	将物理层调制传输方式和终端信号合并方式考虑进来，更贴合实际	除了高信噪比情况外，参与中继节点选择的节点数量的增多也会导致误码率降低，因此需要联合优化
基于社交网络的中继选择	根据发送端与接收端的社交关系选择中继节点	考虑了现实设备持有者的合作意愿，贴合实际	需要计算收发两端的社交权重，计算较为复杂
基于机器学习的中继选择	智能体与动态环境不断学习交互试错，观察环境和自身状态，决定要执行的动作以达到预期的目标	大量的数据驱动，在特定场景下做出的判断更优	需要大量数据进行训练，训练要求很高的硬件配置

4.3.3　典型算法分析

1. 总体系统模型

在由单一宏基站或微基站控制的超密集蜂窝网络中，设备与设备之间的通信链路包括中继链路、直通链路和蜂窝链路三种形式，各个通信链路中均包括信道控制链路，而这种系统模型设计符合超密集网络中的多用户通信需求。用户设备类型包括D2D用户设备和蜂窝用户设备(Cellular User Equipment，CUE)。假设源用户设备(Source User Equipment，SUE)与目的用户设备(Destination User Equipment，DUE)都属于D2D用户，在通信过程中不能通过一跳 D2D 链接实现信息传输，此时需要通过选择中继设备(Relay Equipment，RE)实现信息交互，中继选择系统模型如图 4-9 所示。

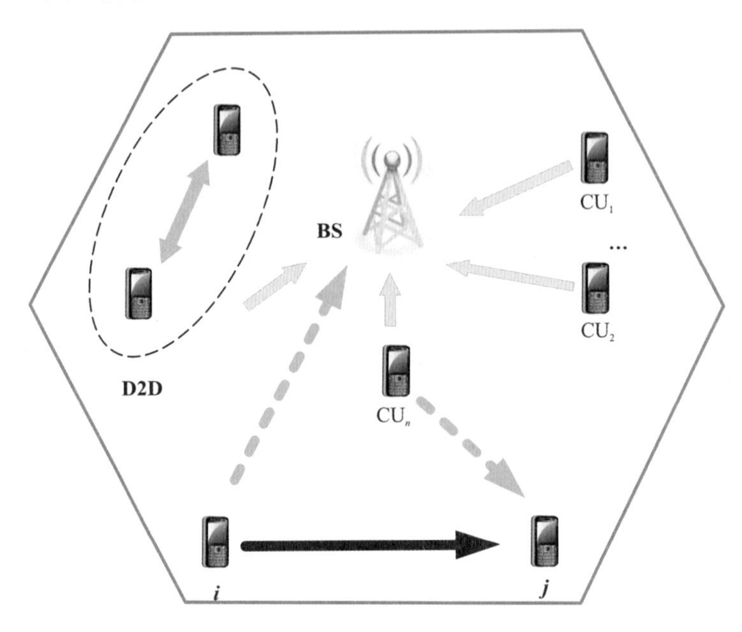

图 4-9 中继选择系统模型

设 SUE 和 DUE 的集合分别表示为 $\boldsymbol{S}=\{1, 2, \cdots, n\}$ 和 $\boldsymbol{D}=\{1, 2, \cdots, n\}$，RE 的集合表示为 $\boldsymbol{R}=\{1, 2, \cdots, n\}$。假设 SUE 和 DUE 之间的链路质量较差，因此没有直通连接的通信路径，只能通过中继来执行通信，并且每个 RE 的蜂窝通信链路已经预先分配了正交信道。在整个系统中，基站采用正交频分复用方式来避免同频传输带来的层间干扰。在中继过程中，D2D 链路对蜂窝上行链路频谱资源进行复用。此时，在 D2D 中继通信的第一跳链路中，第 r 个 RE 的信干噪比(Signal to Interference Plus Noise Ratio，SINR)可以表示为

$$\gamma_{S,R}^{(r)}=\frac{P_{\mathrm{s}}g_{\mathrm{sr}}}{P_{\mathrm{c}}g_{\mathrm{cr}}+\sigma_0^2} \tag{4-12}$$

其中，P_{s} 和 P_{c} 分别表示 SUE 和 CUE 的传输功率；g_{sr} 和 g_{cr} 分别表示 SUE 对 RE 和 CUE 对 RE 的信道增益；σ_0 表示加性白高斯噪声。

在第二跳链路中，DUE 的 SINR 可表示为

$$\gamma_{R,D}^{(d)}=\frac{P_{\mathrm{r}}g_{\mathrm{rd}}}{P_{\mathrm{c}}g_{\mathrm{cd}}+\sigma_0} \tag{4-13}$$

其中，P_{r}表示 RE 的传输功率；g_{rd} 和 g_{cd} 分别表示 RE 对 DUE 和 CUE 对 DUE 的信道增益。

提高边缘用户的通信质量问题都可以转换为用户通信时所在链路的吞吐量问题。由香农公式可知，改进的链路吞吐量可表示为

$$\max_{\Xi}\sum_{i\in S}\sum_{i\in R}\xi_i B\,\mathrm{lb}[1+\min(\gamma_{S,R}^{(r)}, \gamma_{R,D}^{(d)})] \tag{4-14}$$

$$\text{s.t.}\quad \xi_i\in\{0, 1\}, \sum_{i\in R}\xi_i\leqslant 1, \ \forall i\in Z^+ \tag{4-15}$$

$$Blb(1+\gamma_{S,R}^{(r)}) \geqslant R_{\min}^{D} \tag{4-16}$$

$$Blb(1+\gamma_{R,D}^{(d)}) \geqslant R_{\min}^{D} \tag{4-17}$$

其中，$\boldsymbol{\Xi}$ 表示中继选择矩阵；ξ_i 表示 $\boldsymbol{\Xi}$ 中面向自私行为分析的中继选择因子；B 表示信道带宽；$R_{\min}^{D}$ 表示 D2D 通信链路所必须的最小传输速率。

式(4-15)表示对于具有自私行为的中继设备选择约束参数关系。式(4-16)和式(4-17)为基于自私行为分析后的中继选择传输速率不得低于 $R_{\min}^{D}$。

2. 算法分析

协作 D2D 通信在增强网络容量和提供健壮的网络服务方面起着至关重要的作用。协作 D2D 通信的基本概念是让设备相互帮助，因此，选择最佳中继设备转发数据成为最重要的关注点。众多研究提出了各种解决方案来解决中继选择问题。在文献[4]中，分布式中继选择方法试图通过从可选集合中选择最佳中继来最小化总体网络干扰水平。在文献[5]中，D2D 发射机充当带内中继，以便蜂窝链路和 D2D 发射机协同工作。此外，Liu 等人在文献[6]中研究了软件定义的多层 LTE-A 网络中基于 D2D 中继的体验质量增强算法。上述所有解决方案都着眼于物理角度，并假设所有设备都愿意帮助他人。然而，该假设却较为理想化，因为移动设备是由个人用户携带的，这些用户可能具有自私行为，不愿意共享宝贵的个人资源(如电池和数据计划等)，所以其可能不愿意最大限度地提高其他用户的利益。

为了解决此类问题，一些研究设计了各种激励机制来鼓励设备相互合作。文献[7]和文献[8]研究了基于虚拟现金和声誉的合作通信激励方法。考虑到能源消耗，文献[9]还提出了基于节能的激励方案。然而，所有这些激励机制都假设用户是自私的，只关注其自身的相关利益。这种假设在现实中可能不会完全成立，因为具有良好关系的朋友可能会互相帮助。此外，集中式激励机制难以实施，还将导致额外的网络开销。

移动设备是由用户携带的，用户形成了一个社交网络，并展现出相对稳定的社交关系。基于这一思路，将无线通信网络和社交网络相结合的相关研究越来越受到关注。文献[10]中提出的相关工作利用了 D2D 通信环境下用户的社交关系和社交行为，旨在减少干扰，提高系统整体性能。在这个方向上，该文献通过用户的社交关系来促进 D2D 通信。文献[11]研究了 D2D 通信中社会关系对资源分配策略的影响，其主要思想是利用社区感知 D2D 通信，用以最大化 D2D 用户对的频谱资源效用。ZHAO 等人利用社交网络和通信网络约束之间的相互作用，提出了一种新的社交社区感知的远程链接建立策略[12]。KIM 等人提出了一种合作中继的模式选择方案，用以最大限度地提高整个系统的容量[13]。文献[14]提出了一种面向社交感知 D2D 中继网络的最优停止算法，该算法不仅考虑了社会关系的强度，还通过使用最优停止算法减少了检测时间并节省了成本。

目前，大多数工作通常假设所有用户都希望彼此合作。尽管现有研究部分利用社交属性来促进数据转发，但在设计高效的 D2D 通信时，这些研究并没有完全利用移动用户之间的社交信任。LI 等人提出了一种通信中基于社交门限的最优中继选择方案，该方案在社交感知的基础上，首先以降低探测次数、节约终端能耗为目的，对用户之间无形的社交关系进行量化，并在中继选择算法中引入社交门限，以排除社交关系弱的中继节点，激励节点之间的中继行为；然后采取最优停止算法，通过对系统性能与探测成本之间的折中，在候选中继节点中选出最优的节点进行D2D中继传输[15]。本小节选择目前较为流行的基于社交网络和基于自私行为分析的两种典型中继选择算法进行解析。

1）基于社交网络的典型算法分析

一般情况下，影响用户之间社交关系的因素主要体现在时间性因素[16-17]。时间性因素是实际社交在网络虚拟社交中最容易测量的一种因素，可以通过行为痕迹和数据挖掘进行精确的计算。基于社交网络的策略采取用户的平均通信时间 $\mathrm{AVE}(D_{d_i,k_jd_i})$ 表征时间性因素，它能够综合地反映用户的通信时间和通信频率。平均通信时间可表示为

$$\mathrm{AVE}(D_{d_i,k_jd_i})=\frac{\int_0^{\varphi}\delta_{d_i,k_jd_i}(t)\mathrm{d}t}{R_{d_i,k_jd_i}} \tag{4-18}$$

式中，φ 表示观测时间窗口；R_{d_i,k_jd_i} 表示在 φ 内节点 d_i 和 k_jd_i 之间的通信次数。

利用高斯相似度函数对式(4-18)进行归一化，可将时间性因子 C_{d_i,k_jd_i} 表示为

$$C_{d_i,k_jd_i}=\exp\left(-\frac{(\mathrm{AVE}(C_{d_i,k_jd_i}))^2}{2\sigma^2}\right) \tag{4-19}$$

式中，σ 表示通信时间的尺度参数。

基于时间因子可以推断出社交值为

$$\omega_{d_i,k_jd_i}=\alpha C_{d_i,k_jd_i}+(1-\alpha)F_{d_i,k_jd_i} \tag{4-20}$$

式中，α 是关系系数，$\alpha\in[0,1]$。

由上述分析可知，中继节点与SUE的社交关系越强，则为SUE提供中继服务的意愿越强烈。因此中继节点从SUE接收到的功率 P_s 会受到两个节点之间社交关系的影响，P_s 正比于两个用户之间的亲密度，社交关系越强，P_s 就会越大。

为了选择合适的中继节点实现数据传输，并以较低的探测成本获得较高的系统性能，该策略首先引入社交门限以滤除一部分中继节点，并在此基础上利用最优停止理论选出最优的中继节点。

当存在多个潜在中继的情况时，为了减少探测次数，首先利用节点之间的社交关系，移除不可用的中继节点。由上述分析可知，与SUE有较强社交关系的潜在中继用户更有可能为SUE、DUE提供中继服务。结合社交网络模型，提出基于整个系统的社交门限 ω' 的概念，其可表示为

$$\omega'=\frac{\rho\sum_{1}^{N}\omega}{N} \tag{4-21}$$

式中，ρ 用来调整 ω' 的大小，$\rho\in(0,1)$。

若 $\omega\geqslant\omega'$，则保留该节点；若 $\omega\leqslant\omega'$，则删除该节点。

经过以上步骤，中继选择机制通过移除部分不可用节点，重新构建了一个新的潜在中继用户集合，表示为 $M\in\{1,2,3,\cdots,m\}$。

在引入社交门限的概念后，能够有效减少潜在中继用户的个数，但是仍然需要选择最优的中继节点来实现D2D传输。然而，在中继探测的过程中，一方面探测次数越多，成本就越高；另一方面可获得的通信质量也就越高。因此，为了以较低的探测成本获取较高的

系统性能，可采用最优停止理论进行最优中继选择。

假设D2D中继通信的传输时隙长度为T，T由i个探测时隙τ和一个数据传输持续时间$T-i\tau$构成(i表示探测次数)。考虑到探测过程中的能量开销，定义SUE、DUE在探测中继m_i后可获得的瞬时收益为y_{m_i}，其可表示为

$$y_{m_i}=\beta_i C(\gamma_{m_i}) \tag{4-22}$$

式中，β_i为时间成本因子，可表示为$\beta_i=1-\frac{i\tau}{T}$，$\beta_i\in(0, 1)$，其取值随着探测次数的增大而减小；$\gamma_{m_i}$为信道SD-$m$的信道容量。

定义R_{m_i}为从m个候选节点中选择中继节点m_i后SD可获得的收益，其可表示为

$$R_{m_i}=\max\{y_{m_i}, E(R_{m_i+1})\} \tag{4-23}$$

式中，$E(R_{m_i+1})$表示探测下一个中继节点的期望收益值。R_{m_i}越大，则该节点获取的收益越大，收益最大节点则为最佳节点。

为了衡量基于社交门限的中继选择算法(Optimal Stopping Relay Selection Algorithm Based on Social Threshold，OSRS)的性能，通过仿真测试，对已有研究中的最大收益中继选择算法(Maximum Reward Relay Selection，MRS)、随机中继选择算法(Random Relay Selection，RRS)、最优停止选择算法(Optimal Stopping Approach Without Consider Social-aware，SSOS)和基于社交感知的中继选择算法(Social-aware Relay Selection Based on Optimal Stopping Approach，SARS)进行了对比，实验结果如下：

图4-10展示了DUE用户在不同的潜在中继个数下的收益值。从图中可以看到，OSRS算法中DUE的收益优于已有算法。这是由于OSRS算法只对社交关系强度大的中继用户进行选择，而且社交关系强度值正比于中继链路的吞吐量，因此社交关系越强则系统收益就越大。

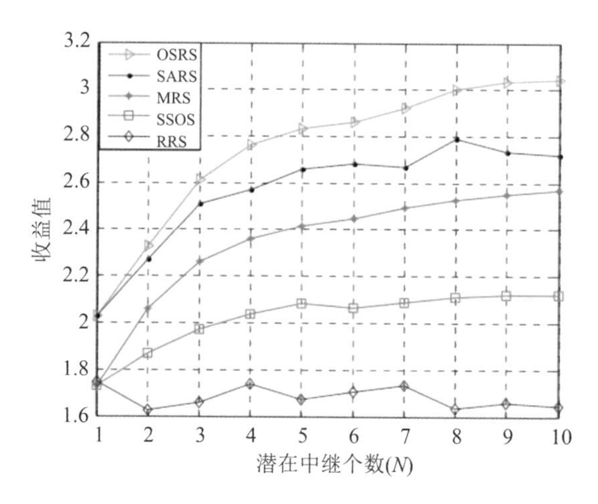

图4-10　各算法系统收益

图4-11展示了在潜在中继个数不同的情况下，各种中继选择算法的平均探测次数。可以看出，OSRS算法的平均探测次数少于MRS、SARS和SSOS算法，这是由于在中继探测过程中，OSRS算法首先滤除一部分中继节点以降低潜在的探测中继个数，然后采取最优停止算

法进行选择，因此所提 OSRS 算法的平均探测次数少于其他算法，可以减小探测成本。

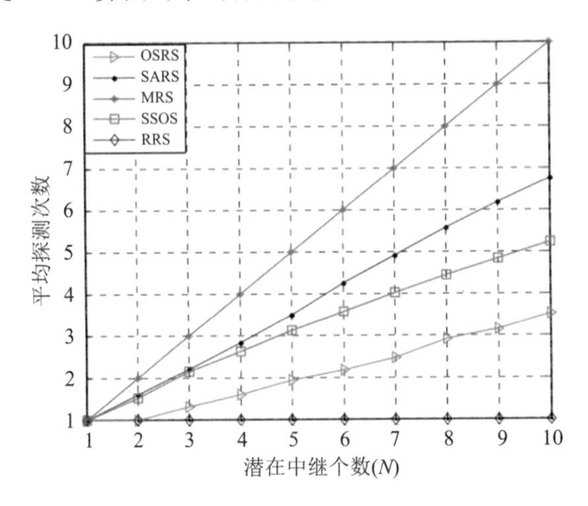

图 4-11 各算法探测次数

2）基于自私行为分析的超密集 D2D 中继选择算法

(1) 中继识别因子。

为了明确在 D2D 通信中具有自私行为的 RE，该方法设计中继识别因子来判断 SUE 和 RE 间是否存在关联。中继识别因子负责判断 RE 中具有自私行为的节点，进而明确何种节点可以中继转发数据。中继识别因子涉及的属性分别为：联合兴趣度(Joint Interest Degree，JID)、转发历史比率(Forward Historical Ratio，FHR)和中继物理状态(Relay Physical State，RPS)。

① 联合兴趣度(JID)。JID 是 3 个中继识别因子中最重要的一个属性，因为它反映了 SUE 和 RE 之间的互信程度。JID 由兴趣参数决定，此处不单独讨论兴趣参数(如转发内容、转发位置等)如何分配和计算。假设网络中存在 n 个 RE 和 m 种兴趣排列组合，则在时间 t_z 处第 i 个 RE 的兴趣参数可以表示为

$$I_{i\alpha}^{R}(t_z)=\{i_{i1}, i_{i2}, \cdots, i_{im}\}, \alpha\in[1, 2, \cdots, m] \tag{4-24}$$

然后，所有 RE 在 t_z 时刻的兴趣参数集合可定义为

$$I_{v\alpha}^{\mathrm{ALL}}(t_z)=[I_{1\alpha}^{R}(t_z), I_{2\alpha}^{R}(t_z), \cdots, I_{v\alpha}^{R}(t_z)]^{T}, v\in Z^{+} \tag{4-25}$$

每个 RE 的兴趣值不仅与当前时间有关，还与前一时刻转发时间有关。因此，兴趣值可视为 e 阶 Markov 过程。假设每个 RE 在 t_z 时刻的兴趣值与在 t_z 之前 e 时刻的转发兴趣相关，则兴趣值 $I_{i\alpha}^{R}(t_z)$ 可以表示为

$$I_{i\alpha}^{R}(t_z)=P_i(T_z=t_z \mid T_{z-1}=t_{z-1}, T_{z-2}=t_{z-2}, \cdots, T_{z-e}=t_{z-e}) \tag{4-26}$$

$$\text{s. t.} \quad \sum_{\alpha=1}^{m} I_{i\alpha}^{R}(t_z)=1 \tag{4-27}$$

其中，T_z，T_{z-1}，T_{z-2}，…，T_{z-e} 表示 RE 的数据转发时刻。

基于上述分析，如果 SUE 需要通过某个 RE 转发数据，SUE 端的兴趣值为 $I_{s\alpha}^{S}(t_z)$，则 $I_{s\alpha}^{S}(t_z)$ 和 $I_{i\alpha}^{R}(t_z)$ 间表示相互信任关系的 JID 属性表达式定义为

$$a_1=w_1\|I_{s\alpha}^{S}(t_z)-I_{i\alpha}^{R}(t_z)\|_2 \tag{4-28}$$

其中，w_1 表示 JID 的权重。

② 转发历史比率(FHR)。FHR 是次重要属性，它表示 RE 是否愿意转发接收到的数据包。FHR 由转发包和接收包的数量决定。假设 t 时刻 RE 转发包和接收包的数量分别为 $f_p(t)$ 和 $r_p(t)$，则 FHR 可定义为 a_2，其表达式为

$$a_2 = w_2 \frac{\sum_{t=t_1}^{t_z} f_p(t)}{\sum_{t=t_1}^{t_z} r_p(t)} \tag{4-29}$$

其中，w_2 表示 FHR 的权重。

③ 中继物理状态(RPS)。RPS 是第三个中继识别因子属性，用 a_3 表示。它表示 RE 是否有能力转发接收到的数据包。RPS 由 RE 的剩余电源能量和蜂窝链路带宽决定。令 $\mathrm{RB}(t_z)$ 和 $\mathrm{RB}(t_{z-1})$ 分别表示 RE 在 t_z 和 t_{z-1} 时刻的剩余能量，$\mathrm{BW}(t_z)$ 和 $\mathrm{BW}(t_{z-1})$ 分别表示 RE 在 t_z 和 t_{z-1} 时刻的带宽，则 RPS 可定义为剩余电池和带宽的并集，通过下式可以计算得出：

$$a_3 = w_3 \left| \frac{\mathrm{RB}(t_z)}{\mathrm{RB}(t_{z-1})} \right| \cup \left| \frac{\mathrm{BW}(t_z)}{\mathrm{BW}(t_{z-1})} \right| \tag{4-30}$$

其中，w_3 表示 RPS 的权重。当前时刻的剩余能量和带宽与前一时刻的剩余能量和带宽的比值表示 RE 的物理状态的变化趋势。当 RPS 的阈值为 R_{th} 时，如果 RE 的 RPS 值比 R_{th} 低，表明 RE 没有转发当前时刻数据的条件；如果此值比 R_{th} 高，则表示该 RE 当前时刻处于可选择状态。

(2) 权值计算。

在定义了属性表达式之后，如何确定每个属性的权重是需要解决的关键问题。利用三角模糊函数将三个属性权重划分为三个层次，即优先级(Priority Level，PRI)、中间级(Intermediate Level，INT)和一般级(General Level，GEN)。根据文献[16]所采用的方法，本书将三角模糊函数的取值范围定义为：PRI=[0.6　0.8　1]，INT=[0.2　0.4　0.6]，GEN=[0　0.1　0.2]。根据 3 个属性的重要性程度，分别用 PRI、INT 和 GEN 作为 w_1、w_2、w_3 的三角模糊数。设权重集合为 $\widetilde{\Omega}=\{w_k, k=1, 2, 3\}$，并令集合 $\widetilde{\Omega}_k=\{w_k^l, w_k^m, w_k^r\}$ 表示属性三角模糊权重 w_k 的左值、中值及右值。根据三角模糊数隶属函数的定义，给出属性权重的隶属函数表达式为

$$\mu_{\widetilde{\Omega}_k}(x) = \begin{cases} \dfrac{x - w_k^l}{w_k^m - w_k^l}, & w_k^l \leqslant x \leqslant w_k^m \\ 0, & x < w_k^l \quad \text{or} \quad x > w_k^r \\ \dfrac{x - w_k^r}{w_k^m - w_k^r}, & w_k^m \leqslant x \leqslant w_k^r \end{cases} \tag{4-31}$$

(3) 自私中继确认。

确定属性及其权重后，可以进行自私中继确认。当 SUE 发送消息并需要选择 RE 时，它将会把自己的属性值与其周围 RE 的属性值进行比较。令 a_k^{S} 和 a_k^{R} 分别表示 SUE 和 RE 的第 k 个属性值，$k \in (1, 2, 3)$，由下式可以计算出 SUE 和 RE 之间的属性差为

$$\delta(a_k^{\mathrm{S}}, a_k^{\mathrm{R}}) = 1 - \frac{|a_k^{\mathrm{S}} - a_k^{\mathrm{R}}|}{a_{k\max} - a_{k\min}} \tag{4-32}$$

式中，$a_{k\max}$ 和 $a_{k\min}$ 表示定义间隔区间内属性 k 的最大值和最小值。

基于此，可以通过下式得到 SUE 和 RE 之间的总属性差值为

$$\Delta_{S,R}=\sum_{k=1}^{3}\delta(a_k^S,\ a_k^R) \tag{4-33}$$

如果属性差的阈值为 Δ_{th}，当 $\Delta_{S,R}$ 比 Δ_{th} 小时，这样的 RE 被认为具有自私行为，并且不能作为转发数据的中继设备。也就是说，自私中继被确认的条件为

$$\Delta_{S,R}\leqslant\Delta_{th} \tag{4-34}$$

除了整体属性差异需要满足阈值条件外，每个单独的属性也应该满足阈值条件，具体如下：

$$\sum_{k=1}^{3}w_k\delta(a_k^S,\ a_k^R)\leqslant\Delta_{th} \tag{4-35}$$

$$w_k\delta(a_k^S,\ a_k^R)+\sum_{j=1,\ j\neq k}^{3}w_j\delta(a_j^S,\ a_j^R)\leqslant\Delta_{th} \tag{4-36}$$

$$\delta(a_k^S,\ a_k^R)\leqslant\frac{1}{w_k}\left[\Delta_{th}-\sum_{j=1,\ j\neq k}^{3}w_j\delta(a_j^S,\ a_j^R)\right] \tag{4-37}$$

如果 RE 的单个属性满足式(4－25)，则它也被认为是自私的 RE。因此，通过比较 RE 的单一属性和联合属性，可以有效地实现非合作通信中自私行为的重新识别，为中继选择奠定基础。

(4) 中继设备选择。

当具有自私行为的节点被确认后，剩下的 RE 可以作为 D2D 数据转发的中继。然而，在剩余的中继节点中选择哪一个是最合适的是本小节要解决的问题。基于此，提出了一种基于 TOPSIS (Technique for Order of Preference by Similarity to Ideal Solution)的中继选择方法，该方法比较了 SUE 和可选择中继之间的兴趣属性差异，并选择最小兴趣差异设备作为中继选择。

由式(4－30)可知，RE 的兴趣集合可扩展为

$$I_{i\alpha}^R(t_z)=\begin{pmatrix} i_{11} & i_{12} & \cdots & i_{1m}\\ i_{21} & i_{22} & \cdots & i_{2m}\\ \vdots & \vdots & & \vdots\\ i_{n1} & i_{n2} & \cdots & i_{nm}\end{pmatrix} \tag{4-38}$$

设 $i_{i\alpha}$ 表示节点 i 的 α 兴趣值，利用向量变换对属性进行归一化，计算公式如下：

$$u_{i\alpha}=\frac{i_{i\alpha}}{\sqrt{\sum\limits_{\alpha=1}^{m}i_{i\alpha}^2}} \tag{4-39}$$

设 SUE 的兴趣值为 $U_\alpha^S(t_z)=[u_1^S,\ u_2^S,\ \cdots,\ u_n^S]$，则比较 SUE 和候选 RE 之间兴趣值的卡方距离，如下所示：

$$L_i=\sum_{\alpha=1}^{m}\frac{(u_{i\alpha}-u_\alpha^S)^2}{u_{i\alpha}+u_\alpha^S} \tag{4-40}$$

其中，L_i 表示两种设备之间的兴趣差。

基于此，构建 L_i 在当前时刻 t_z 和前一时刻 t_{z-1} 的兴趣差函数，因此中继选择因子可表示为

$$\xi_i = \frac{L_{t_z, i} - L_{t_{z-1}, i}}{L_{t_{z-1}, i}} \tag{4-41}$$

通过上述分析，$\boldsymbol{\Xi}$ 代表中继选择矩阵，由中继选择因子 ξ_i 决定。当 SUE 需要选择 RE 进行中继通信时，其中继选择因子矩阵为 $\boldsymbol{\Xi}=\{\xi_1, \xi_2, \cdots, \xi_m\}$。最终，选择 $\boldsymbol{\Xi}$ 中最小值对应的 RE 作为中继节点。综上所述，基于自私行为分析的超密集 D2D 中断选择算法(relay selection algorithm based on selfish behavior analysis in ultra-dense D2D，RSSBA)得以实现[18]。

在仿真实验中，假设系统中 D2D 通信链路和蜂窝通信链路的阴影衰落均服从对数正态分布，平均值为 0，标准差分别为 12 dB 和 10 dB，采用 5G 通信系统 METIS 2020 中 LOS 的 UMI 路径损耗模型，从自私中继节点识别成功率、数据转发成功率和网络平均吞吐量及系统平均时延等方面，将 RSSBA 算法与文献[19]中的 SRSCN(Social-aware Relay Selection Strategy for Cooperative Networking)算法和文献[20]中的 TPSM(Trust-oriented Partner Selection Mechanism)算法进行比较，而选择这两种算法进行对比的原因在于它们在定义中继设备时均体现出了设备的自私性，与上述方法研究内容具有相似性和可比性。

识别成功率是指在网络中存在一定比例自私中继节点的条件下，执行算法后能够有效识别出自私中继节点的效率。识别成功率比较仿真结果如图 4-12 所示。当网络中的自私中继比(Selfish Relay Ratio，SRR)从 15%上升到 75%时，三种算法的识别成功率持续下降，RSSBA 从 98%下降到 52%。与 SRSCN 算法和 TPSM 算法相比，在最不理想的条件下(SRR=75%)，该算法能保持 50%以上的识别成功率，而另外两种算法均不能达到此标准。所以，在相同的仿真环境下，基于属性权重计算和属性相似度比较的 RSSBA 算法能够更有效地识别网络中的自私中继。

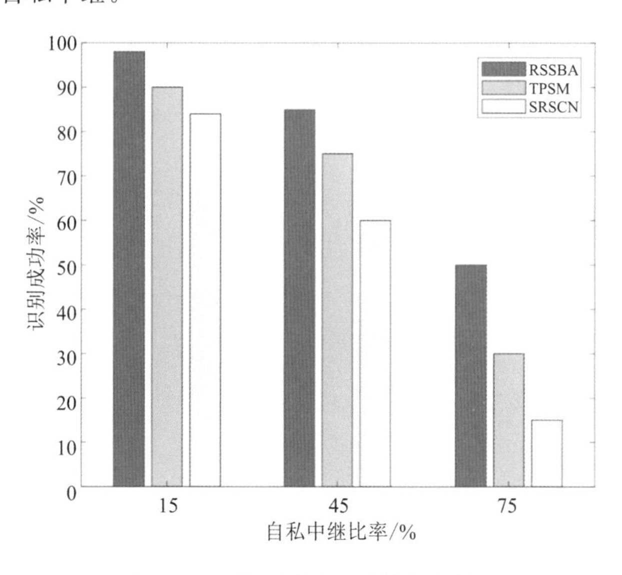

图 4-12　识别成功率比较仿真结果

转发成功率是指转发成功的数据包在 RE 的所有接收数据包中所占的比例。从图 4-13 中可以看出，当 SSR 为 15%、45%和 75%时，RSSBA 算法的转发成功率分别为 96%、70%和 39%。即随着网络中中继节点数量的增加，转发成功率逐渐提高。与 TPSM 算法相比，转发效率最大约提高了10%。与SRSCN算法相比，转发效率最大约提高了20%。其原因在于，在排除具有自私行为的中继节点后，采用基于TOPSIS的中继选择方案对剩余节点的兴趣属性进行重新评估，最终确定转发数据的RE，大大提高了数据转发的成功率。

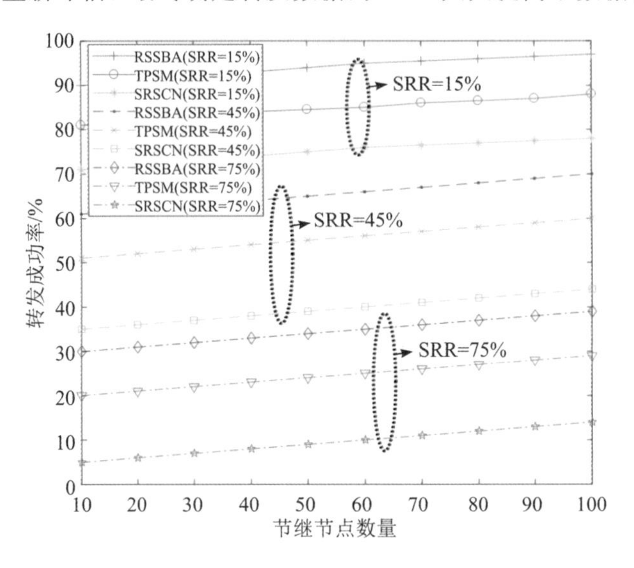

图4-13 不同SSR下的转发成功率

图4-14对比了网络系统吞吐量方面的表现。本书将文献[21]提出的资源分配方法与三种中继选择算法相结合，验证了基于中继选择的网络吞吐量改进程度。由图4-14可以看出，随着RE数量的增加，RSSBA算法增长幅度优于另外两种算法。这是因为RSSBA算法基于TOPSIS对排除具有自私行为后的RE再一次做出筛选，从而实现了整个算法处理效率的优化，系统的平均吞吐量随着中继节点的增多最大可达4.3 Mb/s。

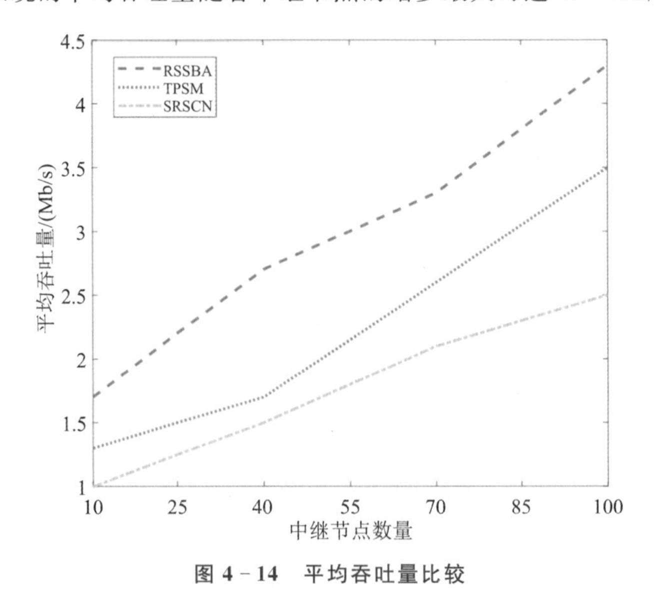

图4-14 平均吞吐量比较

图4-15从中继选择的角度给出了网络的平均吞吐量的CDF(Cumulative Distribution Function)曲线。从图中可以看出，RSSBA算法的性能明显优于其他两种算法。RSSBA算

法的最大吞吐量分别比SRSCN算法和TPSM算法的最大吞吐量提高了47%和33%。此外，仿真数据证明，在数据转发过程中使用中继辅助可以有效地提高网络吞吐量。

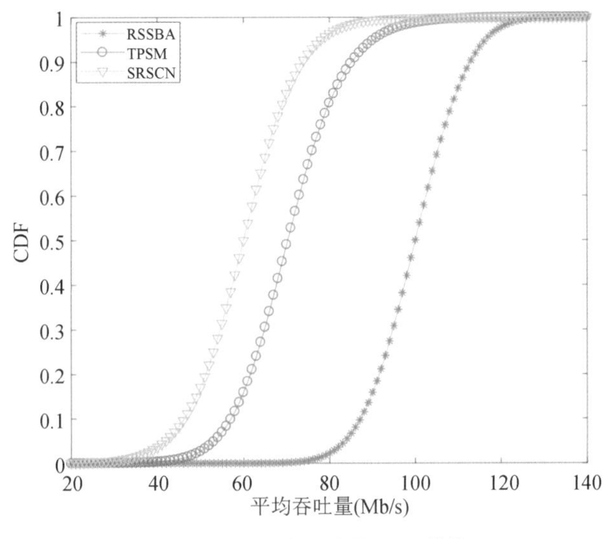

图4-15 平均吞吐量CDF曲线

如图4-16所示，当网络中的自私中继比从15%上升到75%时，三种算法的平均时间延迟逐步上升。对比SRSCN算法和TPSM算法，可以看出RSSBA算法的平均时延明显较低。这是因为RSSBA算法通过二次选择，使得选择出的转发数据中继节点更能满足网络传输的需求，降低了网络排对计算时间，由此说明RSSBA算法更适用于网络密集化的通信系统。

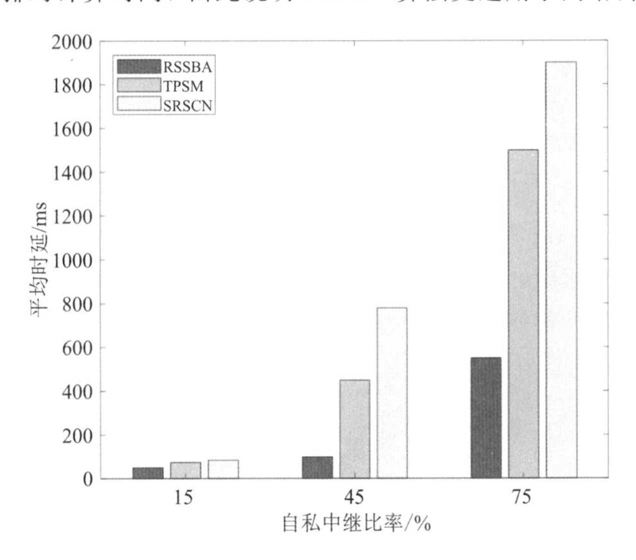

图4-16 平均时延比较

中继设备选择方案通过比较D2D用户设备和中继设备的属性差异，筛选出具有自私行为的中继设备，并将其排除在转发数据的范围之外。然后计算中继选择因子在剩余中继设备中的排名，选择中继选择因子最优的设备作为转发数据的中继，实验分析验证了算法的有效性。

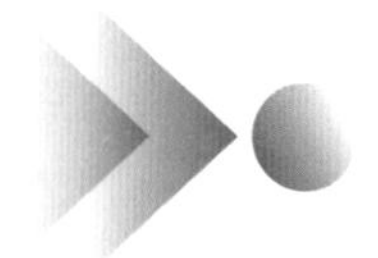

4.4 中继选择中的功率控制

功率控制技术是一种管理 D2D 通信系统用户之间干扰和提升性能的重要方法。增加发射功率可以提高用户接收信号的强度，但增加发射功率的同时会增加用户之间的干扰。如果持续增加发射功率会使网络系统内用户间的干扰更加复杂，进而导致系统性能降低。如果合理分配发射功率，则可以增加系统内共享频谱资源的用户数量，使资源频谱利用率得到提高。合理地控制发射功率首先应该达到协调干扰的目的，其次是因为目前的终端设备大都为电池供电，电池容量的有限性促使研究热点引向 D2D 通信系统的能量效率优化。

功率控制可以分为静态控制和动态控制。

静态控制是在确保蜂窝用户与 D2D 用户服务质量的前提下，在 D2D 用户发起会话，基站在获得信道状态信息(Channel State Information，CSI)后计算出干扰信息、通信链路增益信息等数据后进行分析，预设最大功率阈值对 D2D 发射功率进行设置，且该设置在 D2D 通信完成前不会改变。静态控制方法较为简单，但是没有考虑到用户、信道等方面实时动态变化的情况，因此很难使系统性能一直保持在最佳状态。

动态控制是指根据 D2D 用户的 SINR 和被其复用的蜂窝用户的 SINR，对 D2D 用户的发射功率进行实时控制、调整。因为动态控制可以根据用户位置、信道环境等信息对功率进行动态调整，所以动态控制可以有效提高系统性能，但动态控制方法的信令开销远大于静态设置方法。

中继辅助 D2D 通信系统如图 4－17 所示，模拟场景是单蜂窝小区场景。假设小区有一个基站、N 个可作为中继的空闲蜂窝用户 RUE、M 个蜂窝用户 CUE 以及 X 个 D2D 通信对(SUE、DUE)。为了缓解频谱资源稀缺问题，D2D 通信复用蜂窝通信的频谱资源，同时为了避免更多的通信干扰，规定每个 D2D 通信链路使用不同蜂窝用户的信道频谱。当 D2D 通信加入中继节点后，D2D 链路便分为两跳通信方式。由于基站所能承受的干扰值远大于蜂窝用户所能承受的干扰值，于是假设 D2D 通信对所复用的蜂窝资源为上行链路资源。在 D2D 通信过程中，只需考虑蜂窝用户干扰和系统噪声干扰问题，且假设蜂窝用户的位置及其发送功率是固定的[22]。

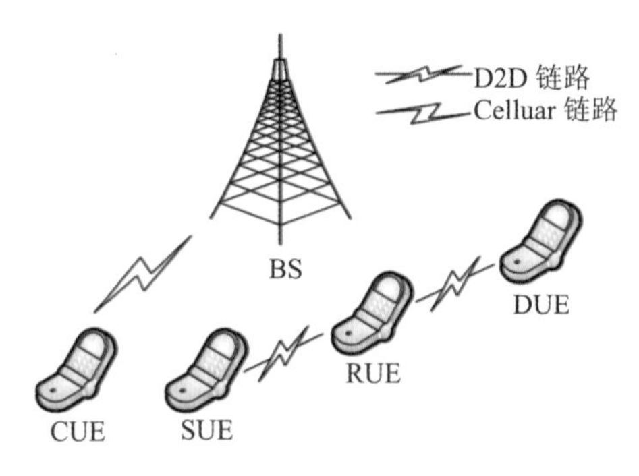

图 4－17 中继辅助 D2D 通信系统

当D2D发射器和D2D接收器之间的链路质量较差时，只能通过中继进行通信，每个蜂窝用户都预先分配正交通道。在中继过程中，D2D链路对蜂窝上行频谱资源进行多路复用。在D2D通信中，本节所述方法只考虑蜂窝用户干扰和系统噪声干扰。此时，在D2D中继通信的第一和第二跳链路中，两跳链路的信噪比(SINR)为γ_{sr}和γ_{rd}，且必须大于链路阈值γ_{th}。

$$\gamma_{sr}=\frac{P_S|H_{s,r}|^2}{P_C|H_{c,r}|^2+N_0}\geqslant\gamma_{th} \tag{4-42}$$

$$\gamma_{rd}=\frac{P_r|H_{r,d}|^2}{P_c|H_{c,d}|^2+N_0}\geqslant\gamma_{th} \tag{4-43}$$

同时，在D2D传输过程中必须保证蜂窝链路的通信质量，因此

$$\gamma_{cb}^{s}=\frac{P_c|H_{c,b}|^2}{P_s|H_{s,b}|^2+N_0}\geqslant\gamma_{th_2} \tag{4-44}$$

$$\gamma_{cb}^{r}=\frac{P_c|H_{c,b}|^2}{P_r|H_{r,b}|^2+N_0}\geqslant\gamma_{th_2} \tag{4-45}$$

式中，γ_{th}、γ_{th2}分别代表D2D通信链路以及蜂窝通信链路的信道阈值；γ_{sr}、γ_{rd}是D2D通信链路两跳的SINR；γ_{cb}^{s}、γ_{cb}^{r}是蜂窝通信链路的SINR；P_s、P_r、P_c分别是SUE、RUE、蜂窝用户的发送功率；$H_{s,r}$是SUE到RUE之间的信道增益；N_0为高斯白噪声功率。

一旦通信链路的最小SINR阈值不能得到满足，通信链路会发生中断，中断概率如下：

$$P_{out}=P_r\left(\frac{P_s|H_{s,r}|^2}{P_c|H_{c,r}|+N_0}<r_{th}\right)+P_r\left(\frac{P_s|H_{s,r}|^2}{P_c|H_{c,r}|+N_0}\geqslant r_{th}\right)\cdot P_r\left(\frac{P_r|H_{r,d}|^2}{P_c|H_{c,d}|+N_0}<r_{th}\right) \tag{4-46}$$

因此，D2D源节点到中继节点、中继节点到目的节点的中断概率等于其接收信干噪比的累积分布函数，即

$$P_{out}^{1st}=P_r\left(\frac{P_s|H_{s,r}|^2}{P_c|H_{c,r}|^2+N_0}<\gamma_{th}\right)=\int_0^{\gamma_{th}}f_{rc}(\gamma_{sr})\,d_{\gamma_{sr}} \tag{4-47}$$

$$P_{out}^{2nd}=P_r\left(\frac{P_r|H_{r,d}|^2}{P_c|H_{c,d}|^2+N_0}<\gamma_{th}\right)=\int_0^{\gamma_{th}}f_{rc}(\gamma_{rd})\,d_{\gamma_{rd}} \tag{4-48}$$

式中，P_{out}^{1st}、P_{out}^{2nd}为D2D链路第一跳、第二跳的中断概率；$f_{rc}(\gamma_{rd})$为概率密度函数。

利用文献[23]中的引理1可获得γ_{sr}和γ_{rd}的累积分布函数，由此可以得到源节点到中继节点、中继节点到目的节点的中断概率为

$$P_{out}=1-\frac{P_s}{P_s+\gamma_{th}P_c}\cdot\frac{S_{i,j}P_r}{S_{i,j}P_r+\gamma_{th}P_c} \tag{4-49}$$

为了减少探测成本，引入社交阈值这一概念。社交权重与社交阈值如下所示。

$$S_{i,j}=\frac{T_{i,j}}{\sum_{k=1}^{L}T_{i,k}}\cdot\frac{n_{i,j}}{\sum_{k=1}^{L}n_{i,k}} \tag{4-50}$$

式中，$S_{i,j}(0\leqslant S_{i,j}\leqslant 1)$为$SUE_i$与$RUE_j$之间的社交权重；$T_{i,j}$、$n_{i,j}$是$SUE_i$与$RUE_j$

的通话时间及次数；$T_{i,k}$、$n_{i,k}$ 是 SUE_i 与所有 RUE 之间的通话时间及次数。

$$w_i' = \frac{\sum_{k=1}^{L} S_{i,k}}{L} \tag{4-51}$$

式中，w_i' 为社交阈值。所有中继节点只有满足 $S_{i,j} \geqslant w_i'$ 才可以作为候选中继，否则剔除该中继节点。

在基于社交阈值剔除不必要中继节点之后，对每个候选中继节点执行 QoS 分析。当中继设备执行协作通信以满足通信的最小 SINR 要求时，中继设备的发射功率范围为

$$P_r \geqslant \frac{\gamma_{th}(P_c|H_{c,d}|^2 + N_0)}{|H_{r,d}|^2} \tag{4-52}$$

$$P_r \leqslant \frac{P_c|H_{c,b}|^2 - \gamma_{th_2} N_0}{\gamma_{th_2}|H_{r,b}|^2} \tag{4-53}$$

因为引入社交权重，中继设备的发射功率范围为

$$S_{i,j}P_r \geqslant \frac{\gamma_{th}(P_c|H_{c,d}|^2 + N_0)}{|H_{r,d}|^2} \tag{4-54}$$

$$S_{i,j}P_r \leqslant \frac{P_c|H_{c,b}|^2 - \gamma_{th_2} N_0}{\gamma_{th_2}|H_{r,b}|^2} \tag{4-55}$$

从式(4-54)可以看出，随着发射功率的增大，D2D 通信链路的中断概率 P_{out} 在逐渐减小。在社交权重不变的基础上，我们可以提高理想状态下 P_r 的大小。因此，在社交中继选择算法中引入了一种基于货币激励的拍卖策略。货币激励措施鼓励中继用户增加其发射功率。

在拍卖过程中，D2D 用户充当货币资源的持有者，候选中继站根据所提供协作功率 P_r 的出价进行出价，D2D 用户选择出价最低的中继节点作为最优中继。拍卖算法流程如下：

(1) 出价。中继节点根据能够提供的发射功率进行出价，且每个中继只能出价一次。

$$C_i = \lambda_i P_{ri} \tag{4-56}$$

式中，P_{ri} 是中继节点 i 所提出的发射功率；λ_i 是中继节点 i 提出的单位功率价格；C_i 是中继节点 i 的报价。

(2) 交易。D2D 用户希望在支付中继节点货币后，尽可能多得到剩余资金，即最低出价原则。其表达式如下所示：

$$C_{max} = C_s - C_i \tag{4-57}$$

式中，C_s 是 D2D 源节点的货币持有量；C_i 是中继节点的报价，二者的差值即为剩余货币 C_{max}。C_{max} 越大，代表选择该节点的满意度越高。

为了评估上述算法的性能，将所提出的基于拍卖原理的社交中继选择算法(D2D Social Selection Relay Algorithm Combined with Auction Principl，SRSA)和现有 D2D 中继算法进行比较，包括随机中继选择(Random Relay Selection，RRS)和基于最大吞吐量的中继选择(Relay Selection based on Maximum Throughput，MTRS)[23]。考虑单个蜂窝小区环境，并且小区中用户的地理位置服从随机分布。

图 4－18 比较了具有相同中继数量的每个算法的平均检测时间。从图中可以看出，SRSA 算法的平均检测时间低于 MTRS 算法，但高于 RRS 算法。其原因是 SRSA 算法提出了一个社会阈值 w'_i。根据社会权重 $S_{i,j} \geqslant w'_i$，可以排除具有弱合作意图的中继节点，并且可以减少探测的数量。

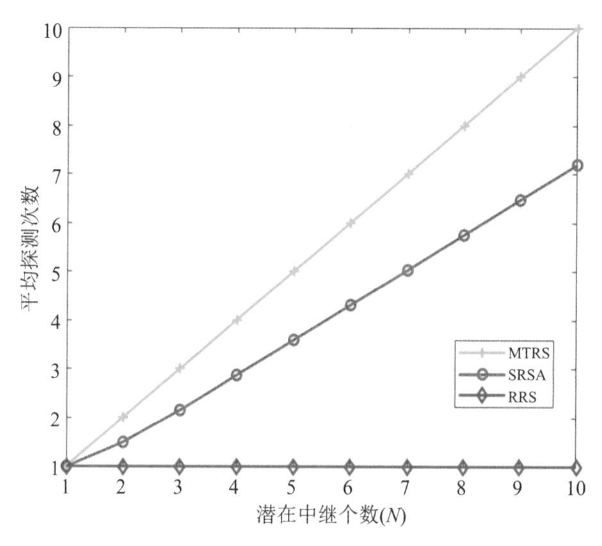

图 4－18　各算法的平均探测次数

从图 4－19 可以看出，随着空闲用户的增加，SRSA 算法比 RRS 算法大大提高了系统的总吞吐量。根据中断概率 P_{out} 与实际功率 $S_{i,j}P_r$ 的反比关系，在社交中继算法中引入拍卖算法。该算法不仅降低了中断概率，而且提高了 D2D 链路的信噪比。因此，SRSA 算法提高了通信链路的吞吐量。

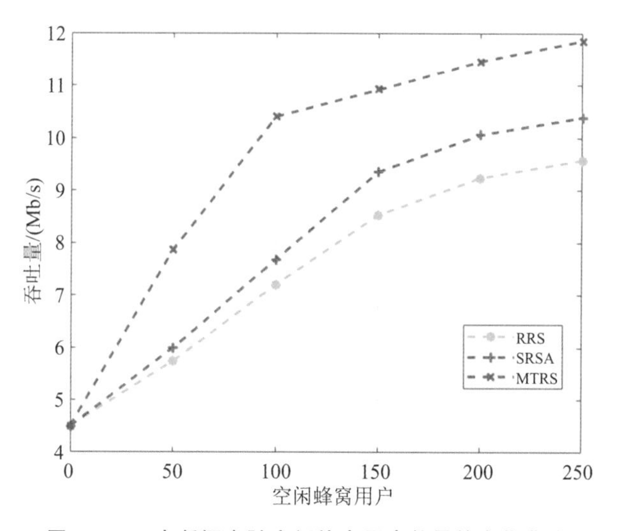

图 4－19　中断概率随空闲蜂窝用户数量的变化曲线

从图 4－20 可以看出，SRSA 算法的中断概率要优于 MTRS 算法和 RRS 算法，因为不愿意合作的节点根据 $S_{i,j} \geqslant w'_i$ 可以剔除。然后根据 P_{out} 与 $S_{i,j}P_r$ 的反比关系，在社交中继算法中引入拍卖算法来改进 $S_{i,j}P_r$ 的大小。因此，SRSA 算法的中断概率是最小的。然而，RRS 和 MTRS 算法都没有考虑用户的合作意愿。

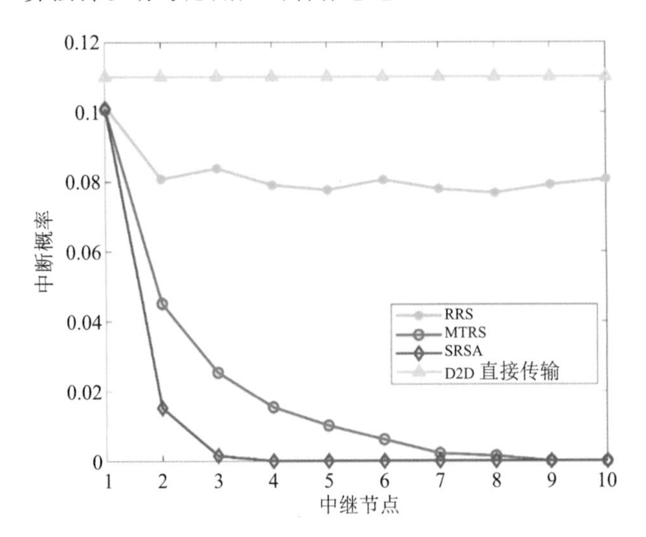

图 4-20　中断概率随空闲蜂窝用户数量的变化曲线

图 4-21 比较了发射功率对中断概率的影响。当中继数量相同时，随着中继节点发射功率的增加，系统中断概率降低。在发射功率相同的情况下，随着中继数量的增加，系统中断概率也会降低。因此，SRSA 算法可以在一定程度上降低中断概率。

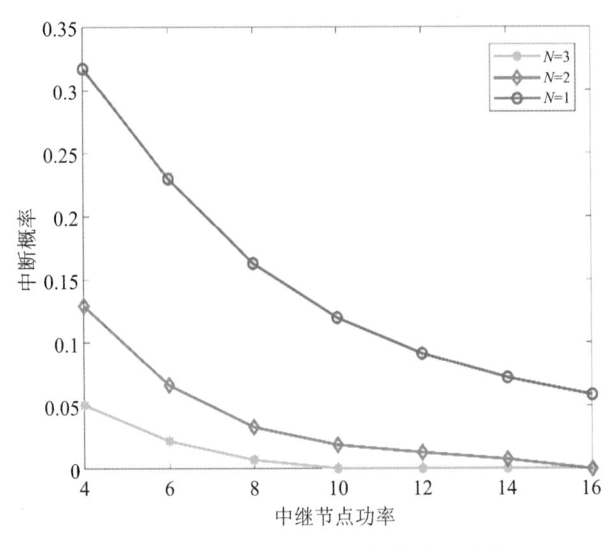

图 4-21　系统中断概率与发射功率的关系

本章小结

本章对 D2D 通信的优缺点进行了简要概述，针对通信距离远、信道衰落大造成的通信中断问题，分析了中继协作的必要性。根据通信场景的不同，对现有协作中继的网络拓扑结构及转发模式进行了概括。根据通信链路的优化需求，本章比较分析了现有中继算法的特点，最后通过典型方案进行了例证说明。

协作通信系统中源节点和中继节点发送信息都要消耗功率，由协作传输获得的分集增益是以消耗源节点和中继节点的功率为代价的。以往采用的等功率分配方案并不能最大程度利用节点的功率。针对这种情况，拍卖算法通过货币奖励来反馈通信系统，在保证蜂窝网络性能的同时，提高了 D2D 通信的可靠性。

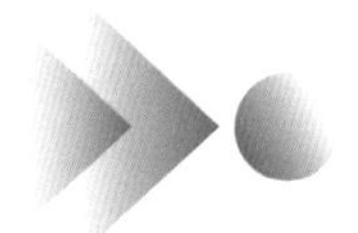

思考拓展

1. D2D 通信转发模式包括哪几种？其区别主要是什么？
2. 简单介绍一下资源共享方式有几种。
3. 有哪些常见的中继网络拓扑结构？它们的优缺点分别是什么？
4. D2D 功率控制可分为静态功率设置与动态功率设置，请简要说明二者之间的区别。
5. 能效指什么？能效的表达式是什么？
6. 某信息源的符号集由 A、B、C、D、E 组成，设每一符号独立出现，其出现概率分别为 1/4、1/8、1/16、3/16、5/16。试求该信源符号的平均信息量。
7. 设一幅黑白数字相片有 400 万个像素，每个像素有 16 个亮度等级。若用 3 kHz 带宽的信道传输它，且信号噪声功率比等于 20 dB，试问需要多少传输时间？
8. 香农公式表示通信系统的________和________是一对矛盾。
9. 设高斯信道的带宽为 6 kHz，信号与噪声功率的功率比为 63，则利用这种信道的理想通信系统之间信道容量和为多少？
10. 已知八进制数字信号每码元占有的时间为 1 ms，则其信息速率为多少？

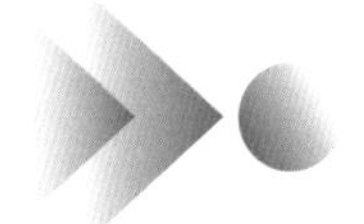

本章参考文献

[1] ASADI A, MANCUSO V, GUPTA R. DORE: An Experimental Framework to Enable Outband D2D Relay in Cellular Networks[J]. IEEE/ACM Transactions on Networking, 2017: 1-14.

[2] MA X, RUI Y, YU G, et al. A distributed relay selection method for relay assisted Device-to-Device communication system[C]. IEEE International Symposium on Personal Indoor & Mobile Radio Communications. IEEE, 2012.

[3] MIRMOTAHHARY N, FAKOORIAN S, ASADI H, et al. Joint Optimization of Node Cooperation and Energy Saving in Wireless Sensor Networks with Multiple Access Channel Setting[C]. New Technologies, Mobility and Security, 2008.

NTMS'08. IEEE, 2008.

[4] YANG G, YAN C, LIU K. Cooperation Stimulation for Multiuser Cooperative Communications Using Indirect Reciprocity Game[J]. IEEE Transactions on Communications, 2012, 60(12): 3650 - 3661.

[5] SHALMASHI S, SLIMANE S B. Cooperative Device-to-Device Communications in the Downlink of Cellular Networks[C]. IEEE Wireless Communications & Networking Conference. IEEE, 2014.

[6] LIU J, ZHANG S, KATO N, et al. Device-to-device communications for enhancing quality of experience in software defined multi-tier LTE-A networks[J]. IEEE Network, 2015, 29(4): 46 - 52.

[7] NEELY M J. Optimal pricing in a free market wireless network[C]. Infocom IEEE International Conference on Computer Communications IEEE. IEEE, 2007.

[8] SUN Q, TIAN L, ZHOU Y, et al. Energy efficient incentive resource allocation in D2D cooperative communications[C]. IEEE International Conference on Communications. IEEE, 2015.

[9] WANG X, CHEN M, KWON T T, et al. Mobile traffic offloading by exploiting social network services and leveraging opportunistic device-to-device sharing[J]. IEEE Wireless Communications, 2014, 21(3): 28 - 36.

[10] WANG F, LI Y, WANG Z, et al. Social-Community-Aware Resource Allocation for D2D Communications Underlaying Cellular Networks[J]. IEEE Transactions on Vehicular Technology, 2015,65(5): 3628 - 3640.

[11] WONG G, JIA X. A novel socially-aware opportunistic routing algorithm in mobile social networks[C]. International Conference on Computing. IEEE, 2013.

[12] ZHAO Y, YONG L, MAO H, et al. Social-Community-Aware Long-Range Link Establishment for Multihop D2D Communication Networks[J]. IEEE Transactions on Vehicular Technology, 2016, 65(11): 9372 - 9385.

[13] KIM J H, LEE J W. The mode selection scheme for group device-to-device communications underlay cellular networks[C]. International Conference on Information & Communication Technology Convergence. IEEE, 2014: 259 - 260.

[14] ZHANG H, WANG Z, DU Q. Social-Aware D2D Relay Networks for Stability Enhancement: An Optimal Stopping Approach[J]. IEEE Transactions on Vehicular Technology, 2018, 67(9): 8860 - 8874.

[15] LI V, ZHANG Z, WANG H, et al. SERS: Social-Aware Energy-Efficient Relay Selection in D2D Communications[J]. IEEE Transactions on Vehicular Technology, 2018, 67(6): 5331 - 5345.

[16] ARGYRIOU A. Forwarding interfering signals in wireless ad hoc networks under

MRC receiver processing, 2015 IEEE International Conference on Communications (ICC), 2015 : 6222 - 6227, doi: 10.1109/ICC.2015.7249315.

[17] MIN H, SEO W, LEE J, et al. Reliability Improvement Using Receive Mode Selection in the Device-to-Device Uplink Period Underlaying Cellular Networks, in IEEE Transactions on Wireless Communications, 2011, 10(2): 413 - 418.

[18] 王义君，张有旭，刘大鹍，等. 基于自私行为分析的超密集 D2D 中继选择算法[J]. 通信学报，2021, 42(4): 119 - 126.

[19] ZHANG M, CHEN X, ZHANG J. Social-aware relay selection for cooperative networking: an optimal stopping approach[C]. 2014 IEEE International Conference on Communications (ICC). IEEE press, 2014: 2257 - 2262.

[20] YAN J J, WU D P, SANYAL S, et al. Trust-oriented partner selection in D2D cooperative communications[C]. IEEE Access, 2017, 5: 3444 - 3453.

[21] 王义君，张有旭，缪瑞新，等. 5G 中基于系统中断概率的 D2D 资源分配算法[J]. 吉林大学学报(工学版), 2021, 51(1): 331 - 339.

[22] ARGYRIOU A. Forwarding interfering signals in wireless ad hoc networks under MRC receiver processing, 2015 IEEE International Conference on Communications (ICC), 2015: 6222 - 6227, doi: 10.1109/ICC.2015.7249315.

[23] HUANG H, XIANG, W, TAO Y, et al. Relay-Assisted D2D Transmission for Mobile Health Applications. 2018, 18: 4417. https://doi.org/10.3390/s18124417.

第 5 章 D2D 同步技术

D2D 通信的主要挑战之一是实现超可靠的低延迟通信和低成本同步，同步是 5G 通信技术中分布式 D2D 通信的一个基本问题。在传统的蜂窝网络中，同步是由网络基础设施设备来完成的，以解决终端之间相互通信时需要协调独立时钟和任务的挑战。因为网络没有中心点来协调用户设备，所以这些挑战在 D2D 网络中更为关键。在蜂窝通信中，用户设备不需要知道它们是在同步服务单元中通信，还是在异步服务单元中通信，因为所有的用户设备之间的交互都是在微基站的协助下进行的。但如果终端之间直接通信，则需要参与通信的双方乃至多方执行同步。

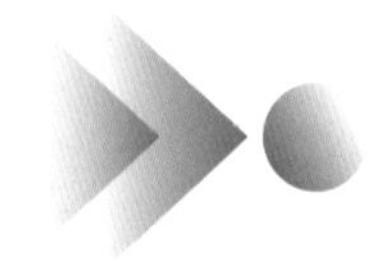

5.1 概述

同步作为数字网络的主要应用之一。同步技术主要有以下几种方式，如图 5-1 所示。

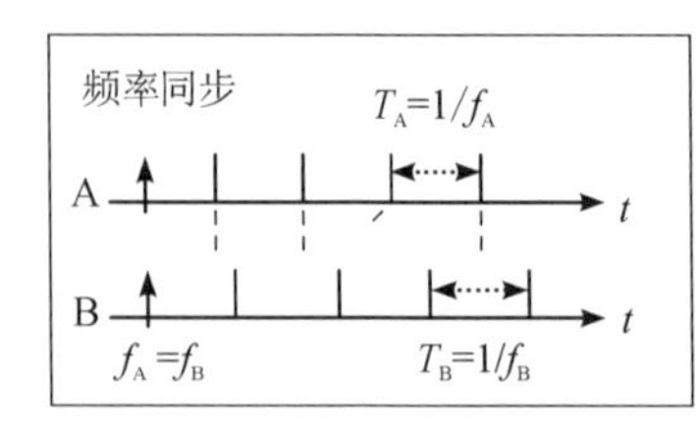

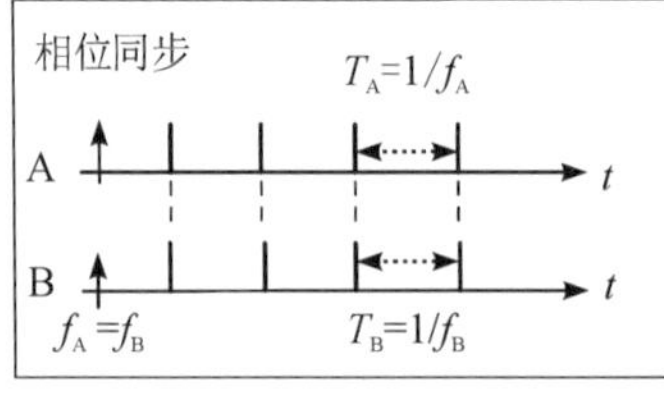

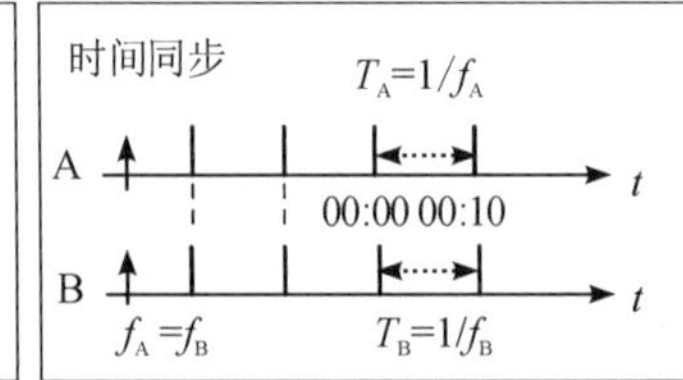

图 5-1 频率同步、相位同步与时间同步

（1）频率同步：设备 A 和设备 B 以相同的速度接收到信号前沿，但不是在同一时刻。频率同步作为一种精度较高同步方式几乎遍布在所有的同步系统中，如同步以太网[1]只需要频率同步作为主要的同步技术。

（2）相位同步：设备 A 和设备 B 在同一时刻、但不同时间间隔接收到信号前沿。相位同步在计算机网络、电子、机械、机电等领域有着广泛的应用。例如，在多处理器集群中，相位同步已广泛用于控制分布式时钟发生器系统。

(3) 时间同步：设备A和设备B在同一时刻、同一时间间隔接收到信号前沿。在计算机网络环境中，时间同步主要有两种类型，称为内部同步和外部同步。在内部同步中，网络设备之间是同步的，不需要外部资源。外部同步是指网络设备通过外部源(如GPS)同步终端[2]。

在3GPP中，D2D通信技术在3GPP的release-12版本中被定义为长期演进网络中的近端服务，该协议对D2D的同步、设备发现以及通信都有具体的解决方案。由此看出，蜂窝网络的覆盖对于D2D同步是有巨大影响的，虽然移动性对UE会产生多普勒频移以及脱离蜂窝网络覆盖，但是从整体上来看还伴随着蜂窝网络的切换。因此，本章以LTE网络为基础[3]，重点介绍D2D同步相关技术。

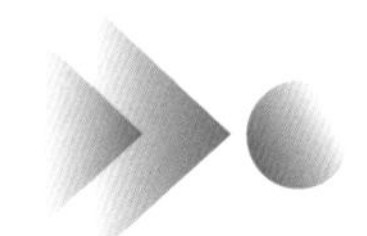

5.2 同步的分类

从场景上看，D2D同步可分为基站覆盖、异构网络[4]和分布式网络下的同步，即全部UE被蜂窝网络覆盖、部分UE被蜂窝网络覆盖，以及所有UE无法被蜂窝网络覆盖，如图5-2所示。

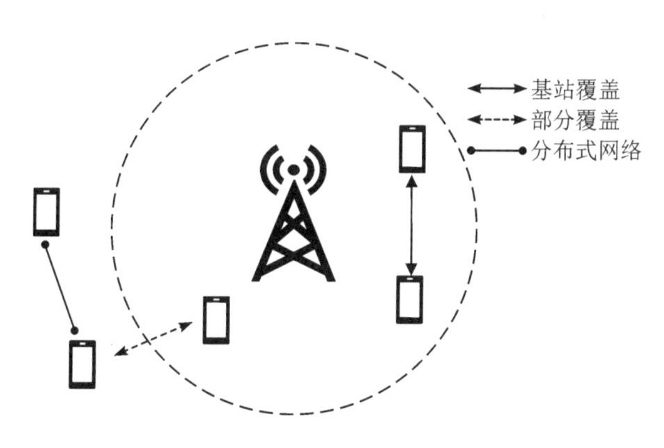

图5-2 三种场景下的D2D同步

从分布角度来看，在D2D网络中有两种主要的定时同步方法，即集中式同步[5]和分布式同步[6]。

在集中式同步方法中，启用D2D通信的终端在终端集群中扮演协调者的角色，以便将其传输范围内的参考计时器交付给其他启用D2D的终端。例如，在蜂窝网络中，固定接入点(Access Point，AP)，即基站会定期广播一个时间信号，以便UE能够同步自己到这个公共参考时间。这种集中式的同步方式速度快，通过定期纠正设备时钟也很容易进行维护。此外，同一AP可以在通信过程中调配设备，通过调整它们的时钟来补偿传播时延。

在分布式同步方法中，支持D2D通信的UE要为其传输范围内的其他UE提供计时参考。因为没有固定AP可用，加上移动AP带来的不确定性，如果AP失去与网络的连接，则其他UE要重新选择AP，这就给分布式同步带来巨大的挑战，而这也正是D2D同步的关键。一个称为同步集群簇头的 UE 为邻近的终端提供同步参考，一旦 UE 希望发送或接收 D2D 信号，首先应检测其附近是否有同步集群簇头，如果检测到该集群簇头发送的 D2D 同步信号，终端将同步到这个同步集群簇头进行传输和接收。当检测到来自不同源的多个 D2D 同步信号时，终端应选择其中一个源作为 D2D 信号传输的参考源，在此之后，所有获得了推荐参考计时器的 UE 都将参与启动并将参考计时器保持在其传输范围内。

与集中式同步方法相比，分布式同步方法的主要缺点之一是在提供时间参考时，严重依赖簇头（Cluster Head，CH）节点。如果 CH 节点与集群分离或者 CH 节点固定不变，则需要重新选择一个新的同步源，集群中的所有通信可能会暂停，如图 5－3(a)所示。另外，在选择一个新的 CH 节点之后，由于传输范围的限制，可能很难保证整个集群都能搜索到新的 CH 节点。因此，有必要引入一种机制来中继或传输 CH 节点传输范围之外的参考计时器，如图 5－3(b)所示。分布式同步的第三个缺点是簇间通信将变得更加困难，其原因在于集群内所有支持 D2D 的 UE 不仅可以从其 CH 节点接收到同步信号，还可以从相邻的 CH 节点接收到同步信号，如图 5－3(c)所示。因此，应该为附近独立创建的集群提供一种机制，使其从自身获取单个参考计时器，并识别附近不需要的参考计时器信号，然后将它们移除。

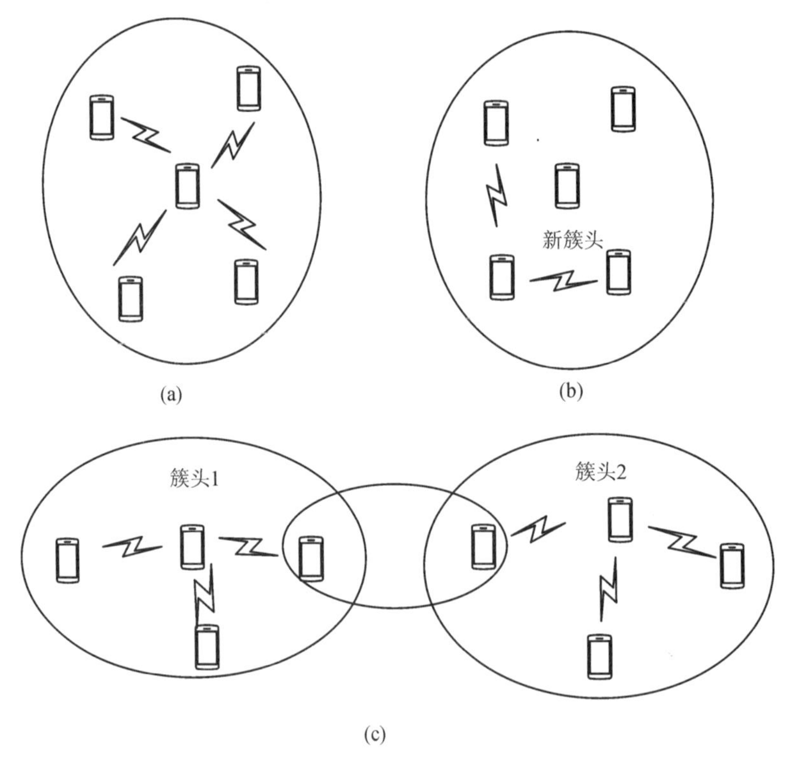

图 5－3　集群与分布式同步

尽管分布式同步通常比集中式同步处理速度更慢，但对于因移动性导致的连接故障和网络重构，分布式同步更具有鲁棒性。在分布式 D2D 通信中，没有可用的通用参考时间，设备必须采用分布式同步技术。在这种情况下，分布式锁相环实现的基于脉冲的同步是首选，因为它更具有灵活性[7]。值得注意的是，传播延迟、时钟偏差、双工方案的选择，都会影响基于脉冲的同步方案性能。

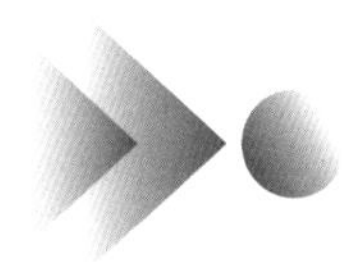

5.3 LTE 同步与 D2D 同步

2017年12月，IEEE标准802.15.8 (STD-15.8)[8]的通过是向开发分布式D2D网络迈出的重要一步。STD-15.8为分布式D2D网络提供了物理(Physical，PHY)层和媒体访问控制(Media Access Control，MAC)层规范。

D2D同步是以LTE同步技术为基础，沿用了LTE的帧结构、同步信号生成规则、收发规则等技术，但对LTE同步信号进行了改造以适应D2D通信中的应用场景。在LTE同步技术中，初始同步和新小区识别过程采用了3GPP规定的两种物理信号，分别是主同步信号(Primary Synchronization Signal，PSS)和辅同步信号(Secondary Synchronization Signal，SSS)。这两种信号在每个小区中广播，从而完成时间和频率的同步，并且通过在物理层广播信道(Physical Broadcast Channel，PBCH)携带一定的信息。

在D2D通信中，D2D同步信号在6个物理资源块(PRB)中间填充4个单载波频分多址(Single Carrier-Frequency Division Multiple Access，SC-FDMA)符号。因此，子帧中保留了7个SC-FDMA符号(扩展循环前缀)或9个SC-FDMA符号(普通循环前缀)。

图5-4所示为正常循环前缀情况下的PSS和SSS映射。值得注意的是，为了优化和简化时间和频率偏移估计，PSS和SSS的位置可能会变化。

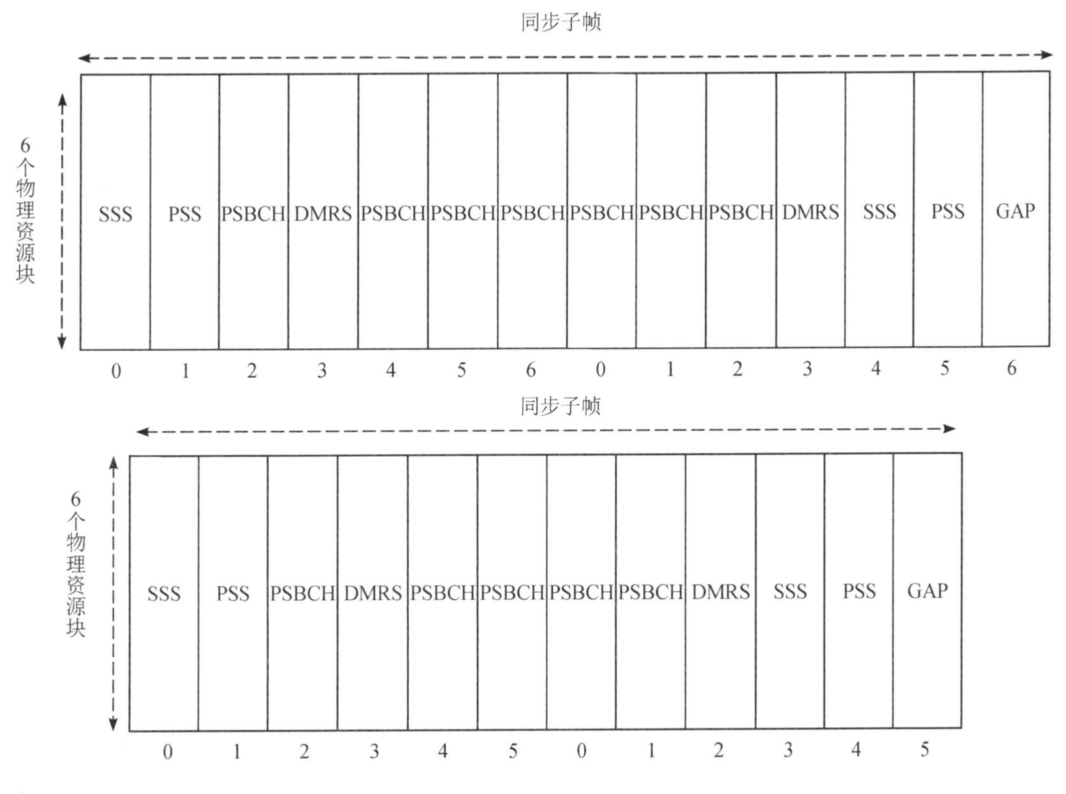

图5-4 扩展CP和普通CP的D2D同步信号

由图 5 - 4 可知，D2D 同步信号在进行近距离发射操作时，不需要传输 PD2DSCH (Physical D2D Synchronization Channel)。但是如果期望的操作是直接通信，则将传输 PD2DSCH。为了在覆盖范围外的情况下找到 UE，启用 D2D 通信的 UE 将搜索所有同步信号 ID，并测量这些 ID 的侧链参考信号接收功率(Side link Reference Signal Receiving Power，S-RSRP)。利用解调参考信号(Demodulation Reference Signal，DMRS)测量 S-RSRP。

因此，在同步子帧中，DMRS 使用 2 个 SC-FDMA 符号，剩下的 7 个 SC-FDMA 符号用于实际的 PD2DSCH 数据。PD2DSCH 将使用在同一子帧传输的同步信号(PSS 和 SSS)进行解调。PSS/SSS 信号与 PD2DSCH 信道具有相同的周期性，在 RAN1 中将其固定为 40ms 以获取同步资源。换句话说，每 40 ms 出现一个 D2DSS(Device-to-Device Synchronization Signal)子帧。对于覆盖内/覆盖外两种情况，每个 PD2DSCH 信道传输放置在一个 D2DSS 子帧。两种将 PD2DSCH 映射到 D2DSS 子帧的方法如下：

方法 1：PD2DSCH 可以映射到整个子帧中所有未占用的 SC-FDMA 符号。

方法 2：PD2DSCH 可以映射到子帧中一组 SC-FDMA 符号。

从理论上讲，方法 2 优于方法 1，因为所有可用的符号都可以用于传输另一个信道。然而，考虑到 4 个 SC-FDMA 符号用于 PD2DSCH 码率，对于扩展 CP 和普通 CP，只有 1 或 3 个未使用的 SC-FDMA 符号将分别留在方法 2 中。很明显，用如此有限的符号通过另一个渠道进行传输是具有挑战性的。因此，方法 1 是可取的，每个 D2DSS 子帧中所有未占用的 SC-FDMA 符号将被用来传输其解码基于 DMRS 的 PD2DSCH。在基于 DMRS 的解调中，使用第四个 SC-FDMA 符号(普通 CP 情况)或第三个 SC-FDMA 符号(扩展 CP 情况)传输 DMRS。在这种情况下，PD2DSCH 可用的 SC-FDMA 符号的数量为 7(正常 CP 情况)或 5 (扩展 CP 情况)，如图 5 - 4 所示。值得注意的是，如果 PD2DSCH 不携带资源池信息，则将使用 DRMS 进行 PD2DSCH 信道估计。

从系统的角度来看，STD-15.8 定义了一个超框架结构，它由 4 个连续的时间周期组成，4 个时间周期对应于 4 个过程。4 个时间周期分别为同步周期、发现周期、核对周期和通信周期。在同步过程中，UE 执行时钟同步，使所有 UE 保持相同的边界信息。发现周期是一个 UE 通过消息交换发现邻居中其他 UE 的过程。在核对周期中，预期的 UE 使用发现过程中获得的信息与发现的 UE 进行比对。最后，进入数据传输环节。

UE 只有在同步完成后才能进入发现过程。为此，STD-15.8 定义了同步状态(Sync-state)和非同步状态(UnSync-state)。如果 UE 在 3 个连续的超帧中正确接收到同步报文，则 UE 被定义为同步状态。如果 UE 连续 5 个超帧没有检测到同步报文，则 UE 被定义为非同步状态。由此，同步过程可以分为以下 3 个步骤。

(1) 初始同步过程。在开始操作时，UE 是通过至少 5 个连续的超级帧来扫描邻近 UE 的同步报文。同时，UE 根据同步报文获取的参考时间调整同步定时器，然后，如果 UE 判断自己处于同步状态，则转换到维持同步过程。否则，UE 将过渡到重同步过程。

(2) 保持同步过程。在此过程中，UE 处于同步状态。如果在同步周期内收到了同步报文，则调整同步定时器。UE 在通道争用的同步周期内发送同步报文。如果 UE 判断自己处于同步状态，它就会停留在这个过程中。如果 UE 判断自己处于非同步状态，则向重新同步过程过渡。

（3）重同步过程。在这个过程中，UE 在一个超帧上发送和接收同步报文，并调整自己的同步定时器。同时，如果 UE 判断自身处于同步状态，则向维持同步过程过渡。否则，UE 将继续进行重同步过程。

通过上述规范，符合 STD-15.8 的设备可以在同步过程中切换自己的过程，并在同步状态下进入下一个过程。在初始化同步过程中，UE 端获取系统信息，建立通信链路，通过从同步源 UE 发送的主侧链同步信号和次侧链同步信号实现同步。同步信号每 5 ms 发送一次。D2D 网络中的另一个设计目标是最小化所使用的蜂窝资源。因此，同步信号仅在无线电帧的一个子帧中发送，并每 4 帧发送一次(即周期为 40 ms)，这也降低了正在传输同步的 UE 的功耗。在通信开始时，UE 先检测载波频率偏移(Carrier Frequency Offset，CFO)、子帧和符号定时偏移(Symbol Timing Offset，STO)。在补偿第一段的时间和频率偏差后，通过组合在 PSS 和 SSS 上分别传输的集合信息和侧链标识来标识源终端的物理层侧链同步标识(Physical Side link Synchronization Identifier，PSSID)。PSS 和 SSS 的排列方式取决于普通或扩展循环前缀模式。为了完全识别 PSS 和 SSS，CP 模式的检测是必不可少的，它可以在时域或频域进行。在频域中，利用 PSS 和 SSS 传输之间的相对位置检测 CP 模式，在时域中，利用 CP 相关性检测来比较接收信号中相邻 OFDM 符号的循环前缀部分，有助于接收端正确地解调和还原发送端发送的信息[9]。D2D 侧链使用一对 PSS 和 SSS 作为同步信号，每 40 ms 在两个连续的 OFDM 符号中周期性地传输。物理侧链广播信道(Physical Side Broadcast Channel，PSBCH)可用于同步测量，以确定信号覆盖的地理区域的 UE 是否成为同步源。

UE 通过对其进行解码获取物理层小区标识和每个传输符号的循环前缀长度，从而得到小区使用的是频分双工(Frequency Division Duplex/Duplexing，FDD)，还是时分双工(Time Division Duplex/Duplexing，TDD)。这两种双工模式所对应的是两种不同的无线帧结构，如图 5-5 和图 5-6 所示。

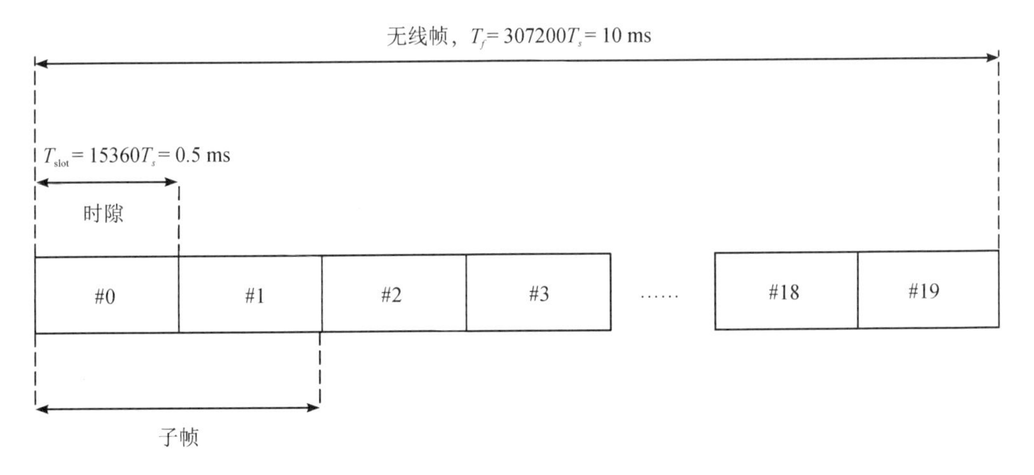

图 5-5 FDD 无线帧结构

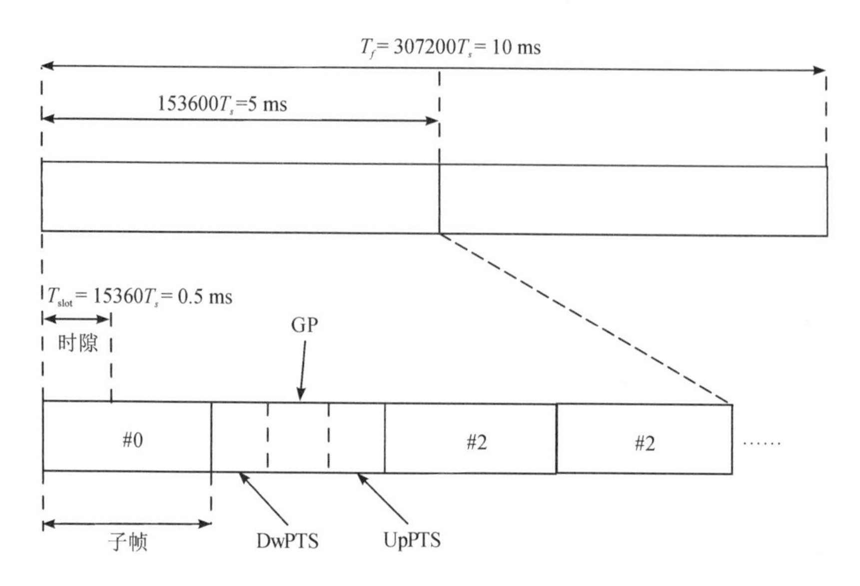

图 5-6　TDD 无线帧结构

从图 5-6 中可以看出，在 TDD 帧结构里，除了无线帧和子帧外，还有一个半帧的概念，一个 TDD 无线帧包括 2 个半帧，而每个半帧包括 5 个子帧。其中，1 号子帧和 6 号子帧与其他帧有明显的不同，这两个子帧是特殊子帧，每个特殊子帧包括 3 个特殊时隙：即下行导频时隙(Downlink Pilot Time Slot，DwPTS)、保护间隔(Guard Period，GP)、上行导频时隙(Uplink Pilot Time Slot，UpPTS)。

为了节省网络开销，LTE 允许利用特殊时隙 DwPTS 和 UpPTS 传输系统控制信息，GP 用于上行和下行的隔离。小区半径越大，GP 也随之增大。如果采用 FDD 无线帧结构，遇到上下行数据不均衡的情况，就会出现资源浪费情况，采用 TDD 无线帧结构，虽然会带来一些管理上的开销，但总体上还是提高了资源的利用率。在 TDD 帧结构里面，根据不同的场景，可以定制不同的时隙配比方式。综上所述，TDD 相对于 FDD 的优势有：

(1) 能够灵活配置频率，使用 FDD 不易使用的零散频段。

(2) 可以通过调整上下行时隙转换点，灵活支持非对称业务。

(3) 具有上下行信道一致性，基站的接收和发送可以共用部分射频单元，降低了设备成本。

(4) 接收上下行数据时，不需要收发隔离器，只需要一个开关即可，降低了设备的复杂度。

当然，TDD 也存在诸多缺点，具体如下：

(1) TDD 系统上行链路发射功率的时间比 FDD 短，因此 TDD 基站的覆盖范围明显小于 FDD 基站。

(2) TDD 系统收发信道同频，无法进行干扰隔离，系统内和系统间存在干扰。

(3) 为了避免与其他无线系统之间的干扰，TDD 需要预留较大的保护带，影响了整体频谱效率。

(4) 因为高速运动下信道变化快，TDD 分时系统导致 UE 报告的信道消息有延迟，所以 TDD 系统在高速场景下不如 FDD。

在进行 FDD 频段分配时，一般是成对分配：一个用于频段发送；另一个用于频段接收。TDD 只分配一个频段，从表面上看，TDD 节约了频段资源；但从整个系统来看，FDD LTE 和 TDD LTE 的区别很小，如果采用 FDD 和 TDD 融合组网，在某些特殊的应用场景下是一个很好的解决方案。

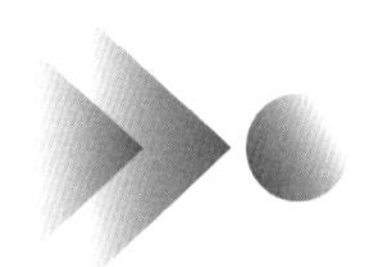

5.4　分布式同步策略

5.4.1　分布式同步的挑战

假如有一个 D2D 网络，该网络中的 UE 部分或者全部都不在基站覆盖范围内，可以随时加入或者离开该网络，并且所有的 UE 不知道任何关于附近 UE 的数量和位置信息。由于没有固定 AP 提供一个通用的定时参考，这些 UE 以完全分布式的方式同步时钟，在物理层上通过无线电频率交换定时脉冲。这种通信方式设定为半双工通信，即 UE 在任何时间都只能发送或者接收数据。网络中的每个 UE 都配备了一个物理时钟，它有自己的频率和偏移量。假设物理时钟模型有一个仿射函数，则设备 i 的物理时钟可以表示为[10]

$$T_i(t)=f_i+\theta_i,\ \forall_i \in \nu \tag{5-1}$$

其中，t 为全局时间；f_i 为物理时钟频率；θ_i 为物理时钟偏移量。

需要注意的是，f_i 和 θ_i 都是由物理时钟决定的，不能测量或调整。此外，对于每个设备 i，在时钟短期稳定性良好的情况下，假设 f_i 在考虑的时间段内为常数。此外，每个设备 i 维护一个本地辅助时钟和一个逻辑时钟，其值分别用 $C_i(t)$ 和 $L_i(t)$ 表示。$L_i(t)$ 表示设备 i 的实际同步时间。$C_i(t)$ 和 $L_i(t)$ 都是当前物理时钟值 $T_i(t)$ 的函数。物理时钟 $T_i(t)$、辅助时钟 $C_i(t)$ 和逻辑时钟 $L_i(t)$ 三者的仿射模型如图 5-7 所示。图中，α_i、β_i 和 a_i、b_i 被称为回归系数；$C_i(t)$ 和 $L_i(t)$ 是当前物理时钟 $T_i(t)$ 的函数。

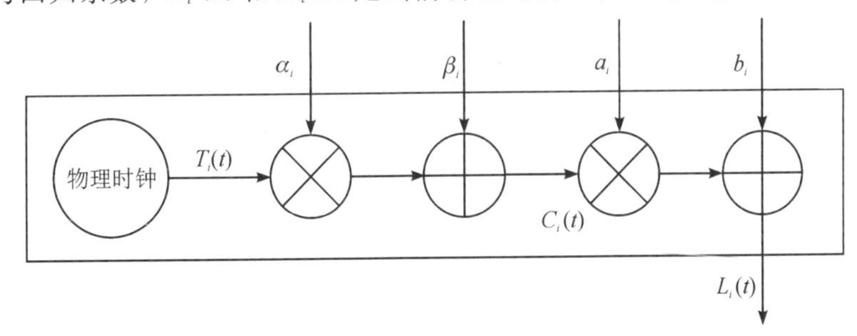

图 5-7　物理时钟 $T_i(t)$、辅助时钟 $C_i(t)$ 和逻辑时钟 $L_i(t)$ 三者的仿射模型

在部分覆盖下，网络覆盖中的设备已经与基站完美同步，称为 Synchro Leader(SL)。在这个场景中不需要选举 SL 的过程，网络覆盖中的设备自动被认为是 SL，因为这些设备已经与 BS 同步。假设 SL 知道这些设备的身份，它们有相同的时钟值 $L_i(t)$，且被称为 Synchro Follower(SF)的其他设备没有连接到 BS，则需要一个额外的机制来实现同步。因

此，这里的目的是使 SF 的时钟值与 SL 的时钟值同步。

$$L_i(t) \approx a_i C_i(t) + b_i \tag{5-2}$$

式(5-2)的“近似”是由于时间戳的不准确性。在这种情况下，a_i 和 b_i 被称为回归系数。需要注意的是，这里所表述的问题与回归分析密切相关。

在无基站覆盖下，由于所有设备都不在网络覆盖范围内，所以没有设备作为同步领导者，所有设备都被划分为同步跟随者。此外，由 $a_i=1$ 和 $b_i=0$，得出

$$L_i(t) = C_i(t) \tag{5-3}$$

相应地，目的是将所有同步跟随者的逻辑时钟 $L_i(t)$ 或各自的辅助时钟 $C_i(t)$ 同步到一个共同的虚拟时钟，即

$$C_V(t) = f_V t + \theta_V (f_V > 0) \tag{5-4}$$

实际上，f_V 和 θ_V 的值是多少并不重要；相反，真正重要的是所有的逻辑/辅助时钟都收敛到一个共同的值。这一目标符合协商一致的概念。换句话说，如果有

$$\lim_{t \to +\infty} \frac{C_i(t)}{C_V(t)} = 1,\ \forall_i \in \nu \tag{5-5}$$

则可以说时钟同步得以实现。

本书 5.2 节分析了三种同步的场景，其中后两个覆盖场景中存在不同的挑战，因为它们没有完全相同的同步目标。具体来说，它们有以下 5 个挑战。

(1) 对于部分覆盖同步场景，如何快速可靠地传播 SL 的时钟值，特别是当存在多个 SL 时尤为重要，此时冗余的 SL 也会成为传播的优势。

(2) 对于覆盖外同步场景，如何设计分布式操作来实现全局时钟的一致性。

(3) 在覆盖外同步场景中，当一个新设备加入一个几乎同步的组时，如何保证新设备不会对该组产生较大的影响。

(4) 即使使用 MAC 层时间戳，仍然会存在延迟，时间戳过程本身也存在不确定性。因此，如何处理这些不正确的时间戳来实现高精度的同步是关键问题。

(5) 在这两个不同的场景以及它们各自的同步挑战中，SF 最初并不知道它们所处的覆盖场景。对于 SF 来说，如何确定要遵循哪种类型的同步方法仍是需要解决的重点。

为了使同步者与被同步者同步，主要的挑战包括挑战(1)和挑战(4)，其中的关键要求是快速传播并准确估计 SL 的时钟值。

在快速传播中引入了两种策略：Pseudo-sync leader(PSL)和合作同步[11]。当一个设备开始充当 PSL 时，传输的概率会因此增大。具体来说，一个同步 SF 和同步 SL 进行同步后就会成为 PSL，PSL 和 SL 的行为是相似的，其他设备也可以利用 PSL 的时间戳来估计 SL 的直接值，因此可以引入合作同步的步骤。既然 PSL 完成了时间同步，那么它完全可以同步到其他节点，如此一来，SL 的时钟值可以迅速传播到离它较远的设备上。当存在多个 PSL 时，合作同步的优势会更加明显。合作同步非常适合高度动态网络，因为它完全消除了特定设备对之间连接的约束。

正如挑战(4)所述，时间戳在实际运用中通常是不完美的。为了消除时间戳的不准确性，有两种机制来实现在不完美时间戳存在下的精确估计：递归估计和分层结构。设备必

须收集足够数量的有效时间戳，来估计回归系数。所谓有效时间戳，指的是接收设备用于SL设备时钟的时间戳。PSL即使收到了一个时间戳，也不会使用来自SF的时间戳，因为其目标是与SL同步。SL有完美的时钟，PSL和SF会有不完美的时钟。为了衡量时钟的相对质量，为每一个节点引入一个等级，其与SL的跳距有关，但不完全相同。如果节点是前导的，则等级为1。如果节点不是SL，则根据收到的有效时间戳的数量来调整等级。所谓有效发送器，是指产生有效时间戳的发送器。如果发送者是PSL，则时间戳对PSL有效；如果发送者的层级数低于接收者的层级数则无效。

5.4.2 自适应分布式同步

5.4.1节分析了自适应分布式同步各项挑战以及应对的策略。不难看出，要做到快速准确同步，需要应用场景的切换与配合。近年来的研究中，针对自组织网络系统的同步协议发展迅速[12]-[16]，但很难将其直接应用到D2D通信系统中。

在D2D通信系统中，这些协议存在一定的结构局限性，可能会导致性能低下。由于D2D通信网络可以采用蜂窝基站来提高性能和减少资源并且能够支持可变数量的设备，因此本小节介绍一种新的D2D系统定时同步方法[17]。在该方法中，根据可用的蜂窝基站的存在情况可采用不同的方式实现同步。本方法首先考虑了蜂窝上行过程中基于随机访问过程的蜂窝辅助(Cellular Assist，CA)同步方法。当蜂窝基站不可用时，用户设备执行独立(Stand-alone，SA)同步方式。在SA-D2D中，介绍三步同步过程和一种参考时钟决策规则，并验证该方法能否在短时间内实现高精度同步。

从同步的角度看，D2D通信网络与自组织网络的区别在于它可以包含蜂窝基站。利用现有的蜂窝基站，D2D网络可以大大提高同步效率。为了实现能源高效运行，必须对设备之间的多个链路进行定时同步。在D2D通信系统中，设备之间的多个链路的定时同步必须提前，以实现节能操作。为了让设备发现彼此，它们必须在空间和时间上会合。只有同步系统的发现周期频繁且占空比低[18]，才能实现稳定且及时的定时同步。

对于非蜂窝辅助同步，在自组织网络中研究了众多协议，这些协议大多是基于异步或分层结构的。然而，当涉及大量设备时，上述协议在实际实现中具有一定的局限性。特别是在分层结构中，当一个簇头消失、设备移动以及设备数量变化时，组织和维护协议结构需要大量的开销。因此，可以考虑对D2D通信系统进行参考广播同步(Reference Broadcast Synchronization，RBS)。在RBS中，UE定期使用网络的物理层广播向它们的邻居发送同步信号，然后接收方使用信号的到达时间作为比较它们时钟的参考点。无论网络环境如何变化，它都具有结构简单、利用率高的显著优势，此时便可实现之前提到的同步信号快速传播。

基于前文提出的CA同步方法和SA同步方法，图5-8表示了可以在蜂窝环境中发生的两种简单的D2D通信类型：CA-D2D和SA-D2D。在CA-D2D方式中，终端定期从特定的eNB接收信息，用于D2D通信。当基础设施因特殊原因中断时，可能导致多个终端无法接收到下行信号，如公共安全和应急组网情况的终端应该在SA-D2D方法中执行同步[19]。为了适应所有这些情况并在现实的D2D通信中提供稳定的环境，应该同时考虑CA和SA

同步方法。

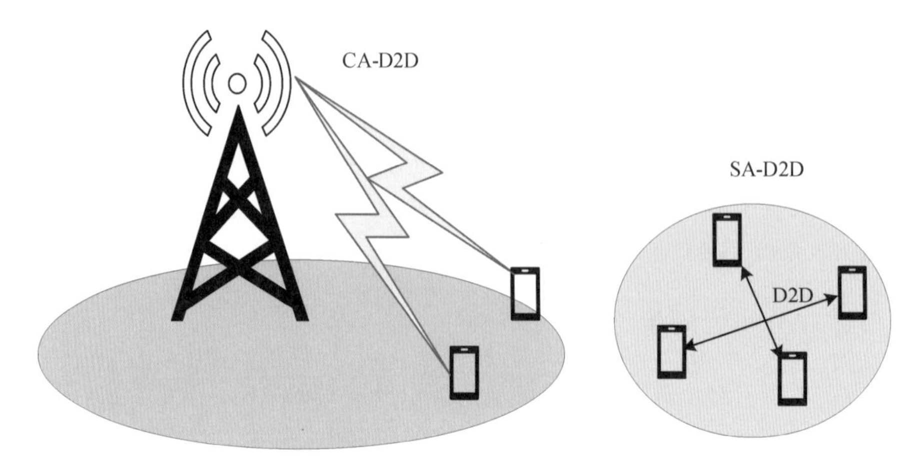

图 5-8　D2D 通信类型

图 5-9 所示为 SA-D2D 通信的框架结构。每一帧周期性地在同一位置有一个同步时隙。此外，它还包括对等发现槽、寻呼槽和流量槽，用于控制信息和数据传输/接收。通过同步时隙，每个终端可以发送或接收一个全局同步信号(Global Synchronization Signal, GSS)。在整个系统过程中，终端将参考时钟作为自身的时钟；在传输间隔中，终端只以参考时钟的速度向其他终端发送自己的 GSS；在接收间隔中，终端只侦听邻 UE 的 GSS 一帧。

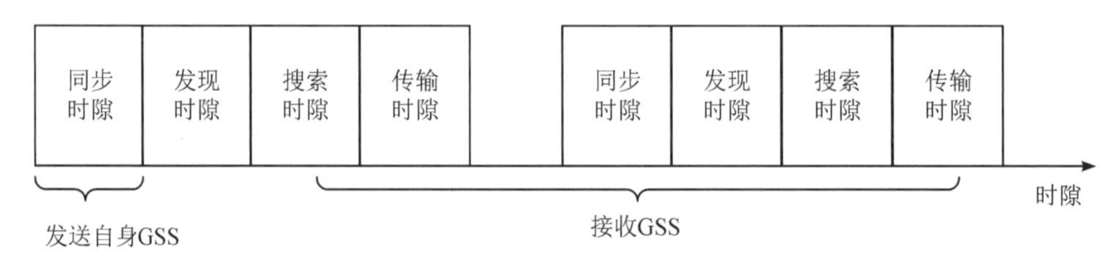

图 5-9　SA-D2D 通信的框架结构

一般情况下，UE 通过接收 eNB 的下行同步信号进行初始同步。在初始同步时，每个终端可以根据 eNB 和 UE 之间的距离获得自己的参考时钟，但它并不适用于 D2D 通信系统。因为同步信号所需的循环前缀长度是传播延迟的两倍，而传播延迟是由终端之间的往返时间引起的，这会导致每个终端分配更多的资源。因此，使用一个随机访问进程[20]可以在 eNB 和 UE 之间进行上行同步来解决此类问题。

图 5-10 所示为 LTE 系统中 eNB 与终端上行同步的随机接入过程。当终端开机时，通过下行广播通道(Downlink Broadcast Channel, DBCH)检测主同步信号和次同步信号，进行下行定时同步。然后，通过上行物理随机接入通道(Physical Random Access Channel, PRACH)向 eNB 传输一个唯一的前导序列 ID。接下来，eNB 检测随机访问(Random Access, RA)序列，并估计每个 UE 的参考时钟的时钟偏移(Timing Advance)，UE 应该改变自身的参考时钟以在 eNB 上进行同步。在 LTE 系统中，eNB 通过检测 RA 序列来度量 eNB 和 UE 之间的往返时间，并将往返时间的倒数作为 TA 信息。在这个过程中，eNB 命

令终端调整帧定时偏移，并通过下行共享通道(Downlink Shared Channel，DL-SCH)授予上行访问权。终端会自行调整 TA，通过上行共享通道(Uplink Shared Channel，UL-SCH)来请求获得部分资源。

如上所述，在随机接入过程中，终端可以获取 TA 信息以执行上行链路同步。但是，该过程无法同步所有终端。经过随机访问过程后，可以仅从 eNB 接收机的角度来实现 RA 序列的对准。因此，适合于 D2D 通信的随机访问过程为：在蜂窝通信的随机接入过程中，终端直接应用 TA 信息；而对于 D2D 通信的同步，UE 在定时调整过程中使用 TA 值的 50%，TA 值等于 eNB 和 UE 之间的时间差。

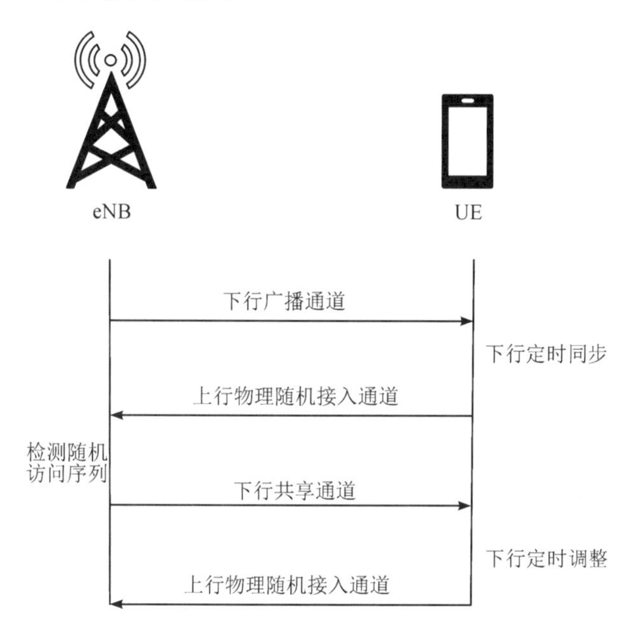

图 5-10　随机存取过程

下面给出 CA-D2D 通信类型的同步方法。假设 eNB 和 UE 之间的距离为 30 个样本。在原始随机访问过程中，UE 在 30 个样本的位置发送信号，eNB 在第 0 个样本的位置接收信号。即根据终端所在的地理位置，每个终端的传输时间不同。UE 在 15 个样本的位置发射信号。这意味着每个 UE 的传输时间被应用为估计时间差的 50%。通过提出的基于 TA 信息使用不同的流程，可以实现所有终端具有相同的参考时钟，而不需要额外的流程。

在随机存取过程中，终端开机后至少需要 2 帧观察邻居终端的 GSS。当接收到的 GSS 功率大于检测阈值时，UE 将参考时钟初始化为最大功率 GSS 的到达时间。下一次传输中，在初始化的参考时钟上传输本地的 GSS。但当初始观测间隔内没有超过检测阈值的 GSS 时，UE 在初始观测间隔结束后发送 GSS。

在初始观测区间中，确定 Tx-Rx 区间的顺序。由于 Tx-Rx 的重复结构，Tx-Rx 的顺序在 GSS 交换过程中非常重要。例如，如果两个终端具有相似的参考时钟和相同的 Tx-Rx 重复顺序，则不能交换 GSS。因此，建立规则来确定 Tx-Rx 的顺序非常重要，Tx-Rx 顺序规则如表 5-1 所示。

表 5-1 Tx-Rx 顺序规则

最大 GSS 位置	Tx-Rx 命令
第一帧	Rx-Tx
第二帧	Tx-Rx
无 GSS 检测	(Tx-Rx)或者(Rx-Tx)

初始观测间隔结束后，按预定顺序重复执行 Tx-Rx 间隔。在发送时间间隔内，UE 在其参考时钟的位置发送其 GSS。在这个区间内不可能观测到 GSS。在整个 Rx 区间内，UE 只观察邻居 UE 的 GSS。它不能在 Rx 时间间隔内发送 GSS。当一个 Tx-Rx 周期结束后，终端会根据接收到的 GSS 生成一个新的参考时钟。然后，只有当新的参考时钟比原来的时间早时，它才会改变参考时钟。为了适应网络的变化(如 UE 的产生、消失或移动等)，UE 应该周期性地执行至少 2 帧的连续观测间隔。UE 只考虑 GSS 的最大功率所在的帧数。最后，可以根据最大功率 GSS 改变 Tx-Rx 区间的顺序，也可以保持之前的顺序。

为了在 Tx-Rx 周期内获得一个新的参考时钟，可以应用多个决策规则。功率加权[21]是参考时钟由 GSS 到达时间的接收功率加权平均决定的决策规则之一，如下式所示。

$$\hat{T}_i^{\mathrm{T}}=\frac{\sum_{j=0}^{N_{\mathrm{D2D}}-1}(P_{ij}T_{ij}^{\mathrm{R}})}{\sum_{j=0}^{N_{\mathrm{D2D}}-1}P_{ij}},\ \text{if } P_{ij}>\gamma_{\mathrm{detection}} \tag{5-6}$$

其中，$\hat{T}_i^{\mathrm{T}}$ 为第 i 个 UE 的新参考时钟；T_{ij}^{R} 为第 j 个 UE 到第 i 个 UE 的 GSS 接收到的时间；P_{ij} 为 GSS 到达 T_{ij}^{R} 时的接收功率；γ 为检测阈值，此时 UE 考虑了所有相邻 UE 的距离。

但在广域网中，由于 GSS 传输范围的限制，会导致所有终端被分成若干个异步组的分组状态。对于同步来说，通过式(5-7)所述的等增益平均对所有接收到的功率大于检测阈值的 GSS 的到达时间进行等平均处理，可解决此种情况。

$$\hat{T}_i^{\mathrm{T}}=\frac{1}{N_{\mathrm{D2D},\,i}}\sum_{j=0}^{N_{\mathrm{D2D}}-1}T_{ij}^{\mathrm{R}},\ \text{if } P_{ij}>\gamma_{\mathrm{detection}} \tag{5-7}$$

其中，$N_{\mathrm{D2D},\,i}$ 为 UE 在第 i 个 UE 的 GSS 比 γ 检测的功率大的数量。

同时，在广域网环境下，同步所有终端的时间过长，因此可使用一个只考虑最大功率的 GSS 的决策规则来进行群同步。

在使用常规决策规则的情况下，可以在网络中传播终端之间的参考时钟差，此时 UE 会考虑所有邻居 UE，包括距离其最远的邻居 UE。在这种情况下，可以通过所提方法的两种状态来减少传播效应。首先，在决策规则中不考虑距离较远的 UE，可以通过分组过程来切断传播问题。同步锁(Synchronization Lock，SL)是参考时钟在一定间隔内不断保持的一种状态，是指在某一帧间隔内参考时钟的平均值与下一帧间隔内参考时钟的平均值之差在某一样本内。在本章中，检测终端是否进入SL状态，可以通过式(5-8)判断。SL条件通过这种方法，可以使两个SL组同步，并且可以应用于所有SL组。

$$\sum_{f=F_{\text{curr}}-(L_{\text{SL}}-1)}^{F_{\text{curr}}-\frac{L_{\text{SL}}}{2}} \frac{\hat{T}_i^{\text{T}}(f)}{\frac{L_{\text{SL}}}{2}} - \sum_{F_{\text{curr}}-\frac{L_{\text{SL}}}{2}+1}^{F_{\text{curr}}} \frac{\hat{T}_i^{\text{T}}(f)}{\frac{L_{\text{SL}}}{2}} < S_{\text{SL}} \tag{5-8}$$

综上所述，UE在D2D系统中的同步流程如图5-11所示。UE尝试在几秒钟内检测下行信号，以使用CA方法。如果没有下行信号，则采用SA方式。

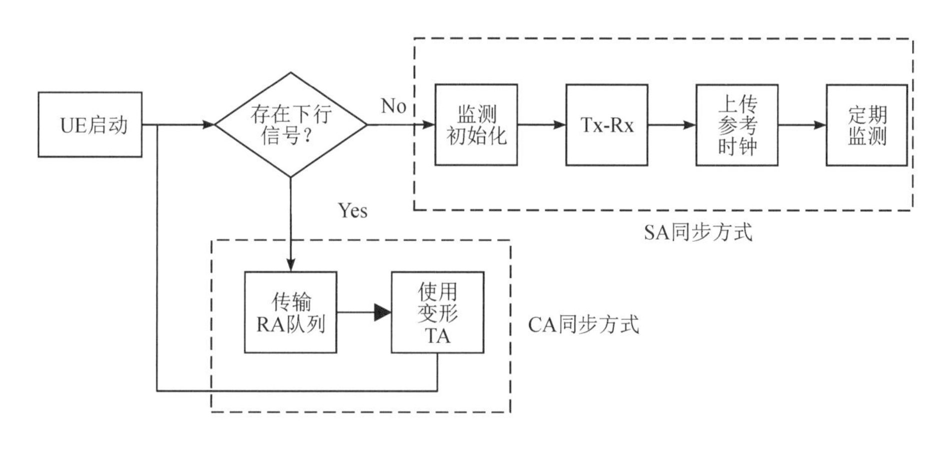

图5-11　同步流程

5.4.3　结果分析

根据前面所提出的D2D同步的帧结构，假设信道特性在一个同步周期内不发生变化，采用的仿真参数为：UE数量50，UE均匀随机分布在300 m×300 m的区域内。链路范围阈值被设置为70 m，即UE不能从距离超过70 m的UE接收同步分组。70 m范围内的两个UE可以彼此连接，而信号强度随距离呈指数下降。需要注意的是，所有UE都可以通过多跳连接，这是所有UE完成D2D同步的必要条件。为了正确反映同步所需的时间，模拟时间被归一化为帧的数量。

为了改进STD-15.8的同步过程，考虑不良同步包(同步失败)的影响。不良同步分组被定义为在同步周期之外接收的同步分组。引入了一个新的不良同步比参数$r_{\text{B_sync}}$为

$$r_{\text{B\_sync}} = \frac{N_{\text{B\_sync}}}{\rho + N_{\text{sync}}} \tag{5-9}$$

其中，N_{sync}是接收同步包的UE数量；$N_{\text{B_sync}}$不良同步包的数量；ρ是为了避免分母为零而添加的参数。通过引入阈值$Th_{\text{B_sync}}$来判定不良同步状态，若出现$r_{\text{B_sync}} > Th_{\text{B_sync}}$，则UE被判定为不良同步。

图 5-12 和图 5-13 分别显示了 50 个 UE 和 200 个 UE 完成同步数量与总数量之比。在这两张图中，自适应分布式同步方法(Proposed Method)与 STD-15.8 的性能进行了比较。由图可知：自适应分布式同步方法可以实现 100%的同步率，但前提是不良同步包比例的阈值要设定得极低。图 5-12，50 个 UE 的同步率分别为 0.2、0.4，图 5-13，200 个 UE 的分别为 0.6 和 0.4。相比之下，当同步达到稳定状态时，STD-15.8 仅为 50 个 UE 和 200 个 UE 实现了大约 75%和 68%的同步率。此外，图 5-13 中的高密度 UE 数量比图 5-12 中的低密度 UE 数量要更快地实现了同步，特别是对于所提出的方法。

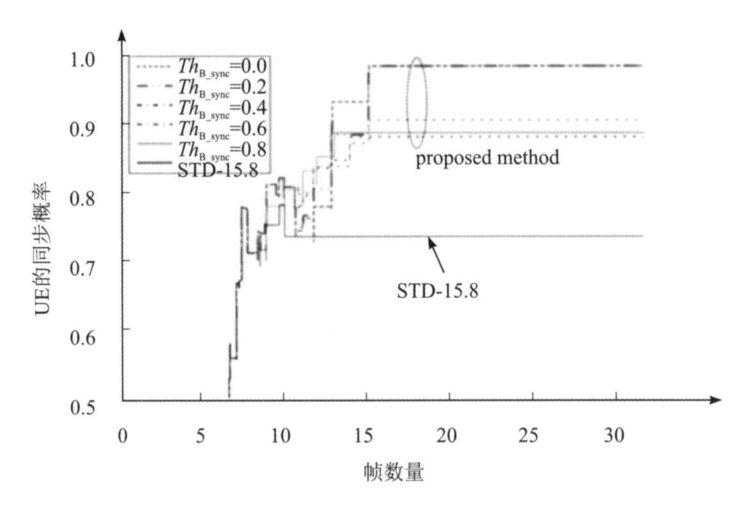

图 5-12　UE 数量为 50 时的同步概率

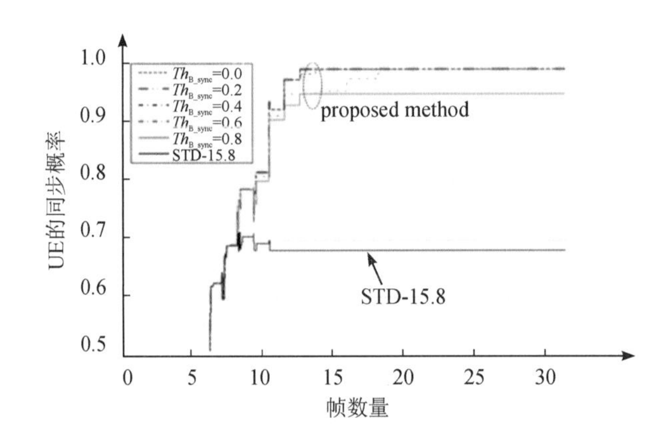

图 5-13　UE 数量为 200 时的同步概率

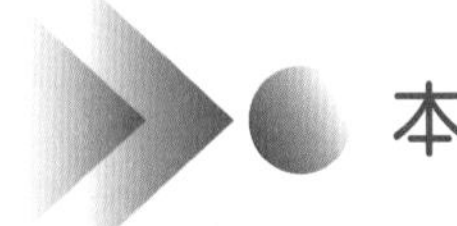

本章小结

本章针对 D2D 同步中的同步分类进行了综述，其可分为集中式与分布式两种，其中重点阐述了分类中的分布式策略，并探讨了 LTE 同步技术发展对 D2D 同步的影响。D2D 同步沿用了 LTE 的帧结构、同步信号生成规则、收发规则等技术，但是对同步信号进行了改造，以适应D2D通信中的三种覆盖场景。在分布式策略中，本章分析了目前存在的困难与挑战。针对自组网系统中同步协议的结构局限性，本章讨论了蜂窝辅助同步与D2D独立同步，以在短时间内实现高精度同步。本章还仿真测试了分布式D2D同步技术与STD-15.8的性能对比，结果表明：分布式D2D同步技术的同步性能优于STD-15.8。

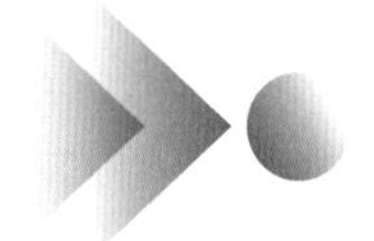

思考拓展

1. 频率同步、相位同步与时间同步的区别是什么？一般用在什么应用场景？
2. 下列关于LTE TDD无线帧结构描述正确的是（　　）。
   A. 帧长度为10 ms
   B. 1帧由两个半帧构成
   C. 每一个半帧由8个常规时隙和DwPTS、GP、UpPTS三个特殊时隙构成
   D. 一个时隙长度为0.5 ms
3. 请画出TDD帧结构并做简要说明。
4. PSS和SSS序列共同组成PCI，请问LTE系统的PCI个数为多少？
5. 根据图5-7写出$C_i(t)$的表达式，如果再引入a_i和b_i，那么$L_i(t)$还可以怎样表示？
6. 对于部分覆盖同步场景，如何快速可靠地传播同步领导者的时钟值？
7. 对于部分覆盖同步场景，存在多个同步领导者对同步系统来说是弊大于利，还是利大于弊？对于分布式同步场景而言呢？请简要阐述理由。
8. 在整个D2D同步流程中，蜂窝辅助同步和独立同步流程是什么？
9. 同步信号经过无线信道以及收发两方终端晶振存在偏差，假设$x(n)$表示发送端信号，考虑加入加性高斯白噪声$\omega(n)$的多径信道$h(n)$，以及由多普勒频移和发送接收端之间的载波频率误差引起的频偏δ_f，采样周期为T_s，接收信号可以表示为什么？

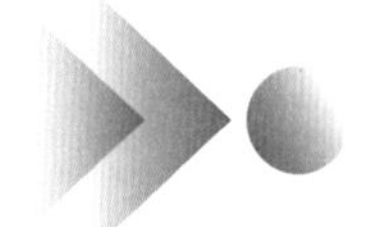

本章参考文献

[1] HANN K, JOBERT S, RODRIGUES S. Synchronous ethernet to transport frequency and phase/time[J]. IEEE Communications Magazine, 2012, 50(8): 152-160.

[2] ABBASI M, SHAHRAKI A, BARZEGAR H R, et al. Synchronization techniques in "Device to Device-and Vehicle to Vehicle-Enabled" cellular networks: a survey[J]. Computers and Electrical Engineering, 2021, 90: 0045-7906.

[3] ALTHUMALI H, OTHMAN M. A survey of random access control techniques for machine-to-machine communications in LTE/LTE-A networks[J]. IEEE Access, 2018, 6: 74961-74983.

[4] KUANG Z, LIU G, LI G, et al. Energy efficient resource allocation algorithm in

energy harvesting-based D2D heterogeneous networks[J]. IEEE Internet of Things Journal, 2018, 6(1): 557-567.

[5] WU H, GAO X, XU S, et al. Proximate device discovery for D2D communication in LTE advanced: Challenges and approaches[J]. IEEE Wireless Communications, 2020, 27(4): 140-147.

[6] SUN W, GHOLAMI M R, STRÖM E G, et al. Distributed clock synchronization with application of D2D communication without infrastructure[C]. 2013 IEEE Globecom Workshops (GC Wkshps). IEEE, 2013: 561-566.

[7] KARATALAY O, PSAROMILIGKOS I, CHAMPAGNE B, et al. A distributed pulse-based synchronization protocol for half-duplex D2D communications[J]. IEEE Open Journal of the Communications Society, 2021, 2: 245-261.

[8] LI H B, TAKIZAWA K, MORIYAMA M, et al. Synchronization Improvement on IEEE 802. 15. 8 for Distributed D2D Wireless Networks[C]. 2018 IEEE 88th Vehicular Technology Conference (VTC-Fall). IEEE, 2018: 1-5.

[9] YOU Y H, LEE S, LEE K Y. Effective Time, Frequency, and Sidelink Synchronization for Cellular Device-to-Device Communications[J]. IEEE Systems Journal, 2020, 15(2): 2938-2947.

[10] CANNON M J. On the design of D2D synchronization in 3GPP Release-12[C]. 2015 IEEE International Conference on Communication Workshop (ICCW). IEEE, 2015: 633-638.

[11] SUN W, F BRÄNNSTRÖM, EG STRÖM. Network Synchronization for Mobile Device-to-Device Systems[J]. IEEE Transactions on Communications, 2017, 65(3): 1193-1206.

[12] ALSHUDUKHI J S, AL-MEKHLAFI Z G, ALSHAMMARI M T, et al. Desynchronization Traveling Wave Pulse-Coupled-Oscillator Algorithm Using a Self-Organizing Scheme for Energy-Efficient Wireless Sensor Networks[J]. IEEE Access, 2020, 8: 196223-196234.

[13] CARLINI E M, GIANNUZZI G M, PISANI C, et al. Experimental deployment of a self-organizing sensors network for dynamic thermal rating assessment of overhead lines[J]. Electric Power Systems Research, 2018, 157: 59-69.

[14] LENG J, JIANG P, XU K, et al. Makerchain: A blockchain with chemical signature for self-organizing process in social manufacturing[J]. Journal of Cleaner Production, 2019, 23410: 0959-6526.

[15] BAI W, XU Y, WANG J, et al. Cognitive Neighbor Discovery With Directional Antennas in Self-Organizing IoT Networks[J]. IEEE Internet of Things Journal, 2020, 8(8): 6865-6877.

[16] SHENG B, ZHENG J, YOU X, et al. A novel timing synchronization method for OFDM systems[J]. IEEE Communications Letters, 2010, 14(12): 1110-1112.

[17] LEE K H, WON K H, CHOI H J. Timing synchronization method for device-to-device communication system[C]. Proceedings of the 7th International Conference on Ubiquitous Information Management and Communication. IEEE, 2013: 1-6.

[18] CORSON M S, LAROIA R, LI J, et al. Toward proximity-aware internetworking[J]. IEEE Wireless Communications, 2010, 17(6): 26-33.

[19] LEE D, HWANG W, WON K, et al. A carrier frequency synchronization method for device-to-device communication network[C]. 2013 19th Asia-Pacific Conference on Communications (APCC). IEEE, 2013: 239-244.

[20] HAN B, SCIANCALEPORE V, HOLLAND O, et al. D2D-based grouped random access to mitigate mobile access congestion in 5G sensor networks[J]. IEEE Communications Magazine, 2019, 57(9): 93-99.

[21] WU Q, LI G Y, CHENW, et al. Energy-efficient D2D overlaying communications with spectrum-power trading[J]. IEEE Transactions on Wireless Communications, 2017, 16(7): 4404-4419.

第 6 章　D2D 缓存与卸载技术

在 D2D 通信中，通过用户设备预先或者实时缓存网络中的内容，称为无线 D2D 缓存。在缓解核心网络压力的同时，无线 D2D 缓存已被证明在 D2D 网络中能够获得显著的卸载增益、较低的访问时延、良好的用户体验。本章分析了移动互联网的增长趋势，阐述了当前 D2D 缓存与卸载所面临的挑战与机遇，给出了不同通信场景下采用的缓存与卸载策略，并通过测试对比了不同策略的特点。

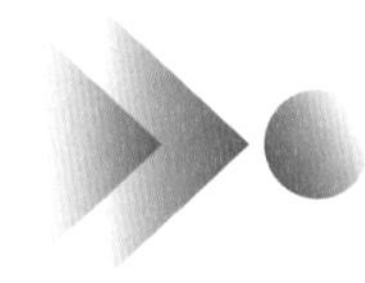

6.1　概述

从电报到固定电话再到现在的智能手机，信息的传递已经不局限于从传递者到接收者，而是更加注重所传递的信息能够让人身临其境、随发随到，即服务质量(QoS)更优[1-3]。为了达到这一目的，信息的载体从字符到文本，再到如今的所见即所得——视频、虚拟现实(Virtual Reality，VR)。思科的技术报告指出，2015 到 2021 年移动流量增长了 8.7 倍，其中，视频流量占据互联网总流量主要部分，如图 6-1 所示。根据中国工业和信息化部公布的数据可知，在过去几年中，移动互联网数据量增长了 40 倍，其中视频流量超过一半。与此同时，随着越来越多的用户生成内容(User Generated Content，UGC)平台的出现，视频文件的数量和大小都在增加。由于视频应用的普及和其所涉及文件的大容量，视频内容交付是当前缓存领域一个非常重要的研究内容[4]。

庞大的数据与计算任务给通信网络带来了巨大的影响，具体表现在：

(1) 存储空间问题。随着移动互联网设备的普及，带宽需求越来越大，请求次数与日俱增，给基站和服务器带来巨大负荷。

(2) 回程链路。在现在的通信网络下，用户发送请求到服务器，要先经过基站，然后将需要的资源传送到核心网，大量流行度较高的重复内容经过回程链路会造成核心网络的拥堵。

(3) 服务质量。当大量请求在队列中时，不仅会造成排队等候的时延，还会造成用户为减少请求时间被迫降低分辨率和码率，从而产生高压缩使得部分信息细节丢失。服务质量主要体现在请求时延、信息压缩等方面。

图 6-1　移动互联网流量趋势

社交媒体、实时数据处理设备和其他智能设备产生的数据量正在快速增加。鉴于此，各大电信运营商在向最终用户提供服务时面临许多挑战。因此，现有的蜂窝网络需要提高带宽，为终端用户提供高数据速率。当蜂窝网络中的宏基站、微基站等基础设施无法满足快速增加的增长需求时，面向用户端的研究应运而生。随着 D2D 和 M2M 通信的快速发展，智能交通系统、智能电子医疗和智能教育等各种智能应用的使用呈指数级增长。5G 面临的主要挑战是高带宽、低延迟、高数据速率、D2D 通信以及连接设备数量的增加。D2D 通信使用户之间可以直接连接，而无须与回程进行任何连接。D2D 将 UE 视为内容共享的数据枢纽。为了减轻核心网压力，在用户设备上进行缓存，尤其通过 D2D 缓存进行内容共享成为必然。

如 Zigbee(低速短距离无线传输技术)、SigFox(低功耗广域技术)、WiFi(无线局域网技术)和 LoRaWan(长距离广域网技术)等短距离无线通信技术需要在分布式位置连接多个设备，这仅适用于部分 5G 网络场景。在过去许多年里，通过语音和视频通话产生和传送了大量的数据。因此，需要具有成本效益和高能效的通信媒介来处理数据。例如，在收发机上使用 SigFox 的优点是非活跃性，只有当数据被传输时才会激活，以节省能源，这显然不适用于具有实时性的移动通信。Zigbee 拥有与 WiFi 网络具有相同的带宽，但由于它是通过限制交换的数据量提供更高的安全性，并减少能耗，因此不太适用于大容量的数据传输。Zigbee 的优点在于时延低、能耗小，主要用于工业应用。LoRaWan 电池供电设备接入互联网，它提供低功耗网络，是物联网设备的首选。移动互联网的重点是提供移动性、本地化、双向通信和端到端安全性。由于每个终端的缓存容量有限、能量有限、功率有限，所以需要考虑和评估内容的受欢迎程度和数据量，以确定哪些内容需要缓存，从而有效利用终端资源。

D2D 缓存技术不仅保证了频谱复用的提高，而且提供了低延迟、最优功耗、公平性和高吞吐量。因此，D2D 缓存技术成为了 5G 蜂窝网络(短距离)的关键推动者。

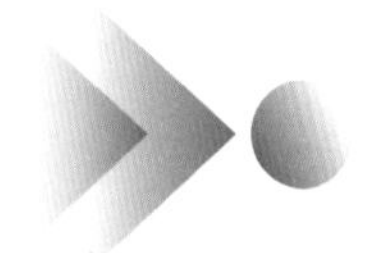

6.2 D2D 缓存

D2D 缓存是指用户设备不直接使用 BS 数据进行数据中转。与本地缓存、微基站缓存和宏基站缓存不同的是，D2D 缓存是通过直连链路的形式向附近 UE 请求已经缓存好的内容，而自身也会缓存相关数据以满足其以后的数据请求，或者满足邻近用户的数据请求，其过程如图 6-2 所示。

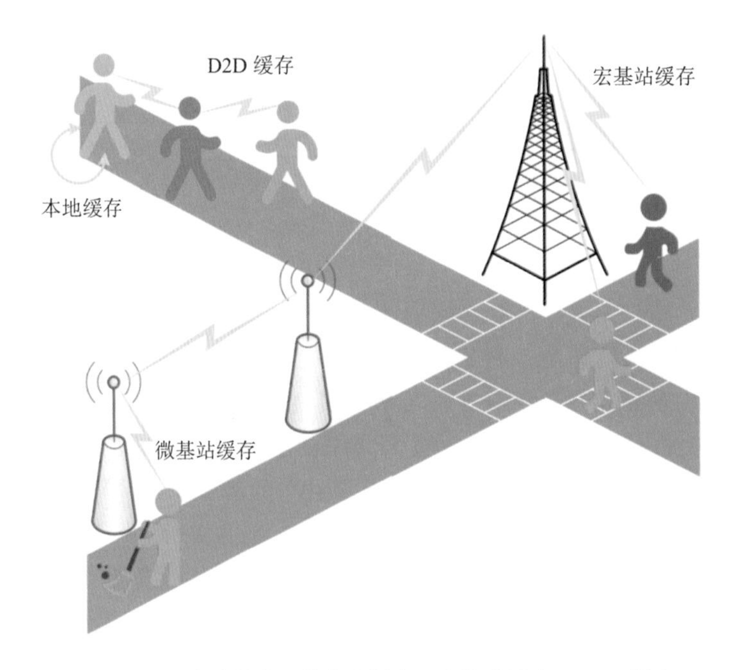

图 6-2 本地缓存、微基站缓存、宏基站缓存和 D2D 缓存

对比图 6-2 中的三种缓存方式，D2D 缓存有以下优点：

(1) 提升通信系统整体容量。由于 UE 无论是从数量还是分布密度上，都远大于宏基站和微基站，其中微基站也可以由边缘计算服务器等其他设施替代，且无须刻意配置，伴随着用户的移动遍布绝大多数区域。虽然它的收发功率、能量效率、存储能力都落后于 BS 和边缘服务器，但是其在数量和分布上的优势足以弥补这些缺陷。因此，D2D 缓存可以缓解基站压力、降低系统的整体通信功率、增加系统的带宽利用率。

(2) 服务时延。从用户的利益出发，在优化布局问题的工作中，减少用户请求的响应时间和延迟是重中之重。移动中的用户通常连接时间短且频繁切换，这使得数据包特别是视频文件在切换和连接时面临更多的延迟。宏观上讲，这里的延迟是指发起请求到结束任务的全过程时延。考虑到用户可能在发起请求后由于时延较长、不可抗因素等原因产生放弃行为，从发起请求到开始接收并处理数据的启动时延往往是 D2D 缓存所考虑的重点。

许多研究把缓存重心放在基站端，而随着移动互联网设备指数型增长，基站的缓存能力远远抵不上数以亿计的移动设备。一方面，通过任务的缓存，利用用户之间的 D2D 任务结果共享，可以减少服务小区 MEC 服务器的传输压力和计算压力。另一方面，通过任务请求阶段的即时卸载和资源优化，可以提升系统服务效率。

与传统蜂窝网络下从基站导入资源相比，D2D 缓存无须 BS 与 UE 的数据链路，只需保留信令通道，如图 6-3 所示。由于用户缓存一般发生在非高峰时段，在用户请求之前，根据前一阶段的用户请求的统计结果进行优化，使得下一阶段用户请求时通过缓存方式直接服务的概率大大增加了。而任务卸载和资源优化则在用户请求后，根据所有用户的请求情况和资源竞争情况进行即时优化，能够满足用户实时性处理要求。

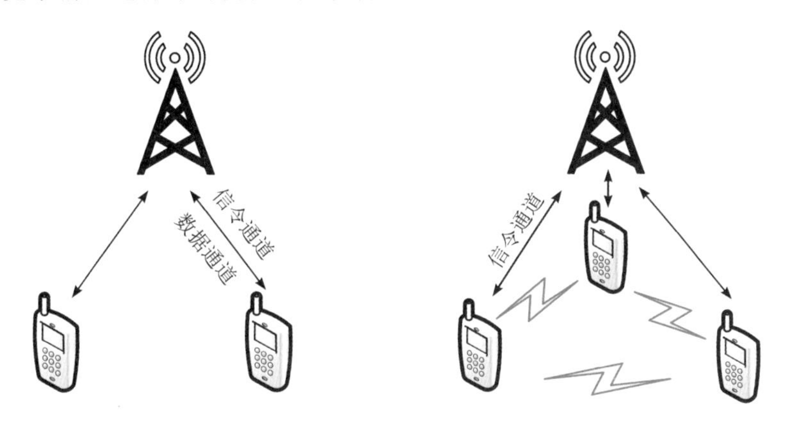

图 6-3　蜂窝通信与 D2D 通信的缓存形式

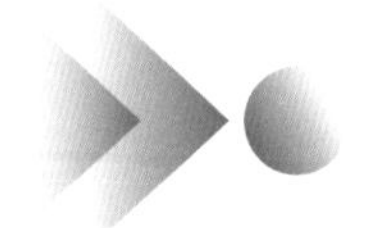

6.3　缓存策略

在边缘节点缓存内容时，为了更好地适应不同的场景和性能要求，学者们提出了不同的缓存策略。根据不同的缓存特性，缓存策略可划分为六个类别[5-9]，如图 6-4 所示。

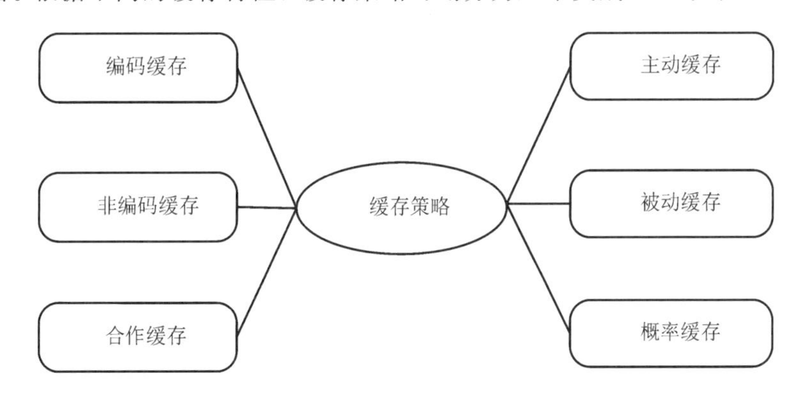

图 6-4　缓存策略分类

表征缓存策略的关键性指标如下：

1）缓存命中率

满足用户请求的缓存数据量与用户请求的总数据量之间的比值称为缓存命中率。较高的缓存命中率能够明显地降低用户请求时延，但也会加重设备的存储负担和功率负荷。因此衡量一个缓存策略不能单一地看缓存命中率，而是需要在满足较高命中率的前提下尽可能地不增加系统的其他开销。

2）服务时延

服务时延约等于请求时延。在 D2D 通信系统中，一般来说，用户时延在很大程度上取决于缓存命中率。高缓存命中率能够使得用户无须从核心网发起数据请求，在物理层面缩短了请求时延。

3）数据吞吐量

数据吞吐量是指网络中的最大传输速率，包括蜂窝直连通信技术在内。在整个通信系统中，用户的共享意愿、设备的传输效率也将在很大程度上影响数据吞吐量。

4）能量效率

能量效率是指数据传输速率与能耗之比。在传统蜂窝网络中，通常利用基站灵活性的工作和休眠转换机制来节约能耗。而 D2D 缓存通过利用缓存内容的可重复利用性，减少重复传输，从而提高能量效率。

5）空间利用率

用户设备的存储空间是有限的，较为完善的缓存替换策略能够节省有限的缓存资源。空间利用率也和缓存命中率相关。

6.3.1 被动缓存与主动缓存

被动缓存是在用户请求内容之后确定是否缓存内容。主动缓存是根据当前网络流量动态，在非高峰时段，主动缓存将热门内容存储在选定的缓存节点中，从而缓解网络流量压力。根据请求内容的流行度排名，将最受欢迎的内容缓存到有限的存储单元中，通过满足请求数量和减少流量来提高系统性能，主动缓存的性能会优于被动缓存。但是当需要缓存的内容难以定义流行度分布时，被动缓存的性能可能会优于主动缓存。在高峰时段，为了满足用户的需求，主动缓存的成本可能非常高。为了长期保持负载均衡，充分利用存储资源，利用预测的用户需求和 UE 提供的计算和存储资源平滑无线网络流量，从而提高主动缓存内容的质量，降低系统成本。然而，预测内容流行度和用户行为的准确性是主动缓存面临的最大挑战，不准确的预测信息将严重影响缓存系统的性能。在异构网络的大规模缓存中，主动随机缓存可以提供缓存文件的多样性，从而提高网络性能。同时，使用 BS 联合传输可以增加用户成功接收到请求内容的概率[10]。

正是由于预测用户行为和内容流行程度的准确性对缓存系统的性能有着很大的影响，许多主动缓存工作都需要准确的预测信息。如何达到足够准确的预测精度仍然是一个难题。正因如此，根据已有的文件流行度分布，很容易反映出短时间内用户的偏好，如果一个缓存算法能在下一个时段适当地改变以更新缓存的文件，就能满足用户的下一时段的数据请求。

LRU(Least Recently Used)算法是根据缓存的历史使用时间戳信息来决定替换哪一个缓存块的，并不知道接下来谁会使用哪个缓存块，因此经常会导致出现不合适的缓存替换操作。依据图 6－5 中倒数第二个访问操作，缓存组中的 4 号数据块已经被标记，此时，缓存处于满的状态，因此需要将 4 号数据块所在的缓存块替换出去，但是缓存并没有记录该数据块最近被频繁使用，所以还是将其替换，导致后面对 4 号数据块的访问还是会发生缓存块替换操作。

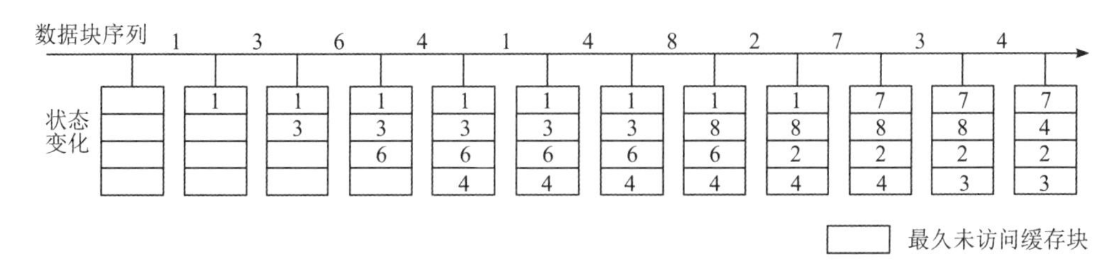

图 6－5　LRU 缓存替换算法

即使是使用这种缓存块替换策略，UE 也无法大量缓存网络中的大尺寸的文件和中等文件，因此在进行缓存之前要先进行文件分段。特别是对于视频文件和压缩文件，分段对缓存性能影响很高。如果一味地采用平均分段原则，虽然缓存粒度会更加精细，提高了一些灵活性，但对于大尺寸的文件仍不太适宜，且对降低请求时延没有较好的效果。

好的缓存替换策略的目标是持续地访问尽可能多的数据，而其得益于缓存序列的不断更新，基于最近最少使用的多级缓存系统满足了这一要求。缓存索引列表在缓存服务器的存储中被划分为若干个具有不同优先级的级别。如果被请求的视频不在整个缓存列表中，它将被缓存并标记为最低优先级级别。对于标记为低优先级的视频，只有一步一步突破每个优先级的访问活动阈值，才能进入最高优先级。当该级别的缓存空间不足时，当前最不活跃的视频将被移到较低级别的缓存索引列表中，多级 LRU 缓存结构如图6－6 所示。例如，当二级缓存的视频升级到一级缓存时，如果一级缓存的存储空间不足，则长时间未被访问的视频将会被淘汰。

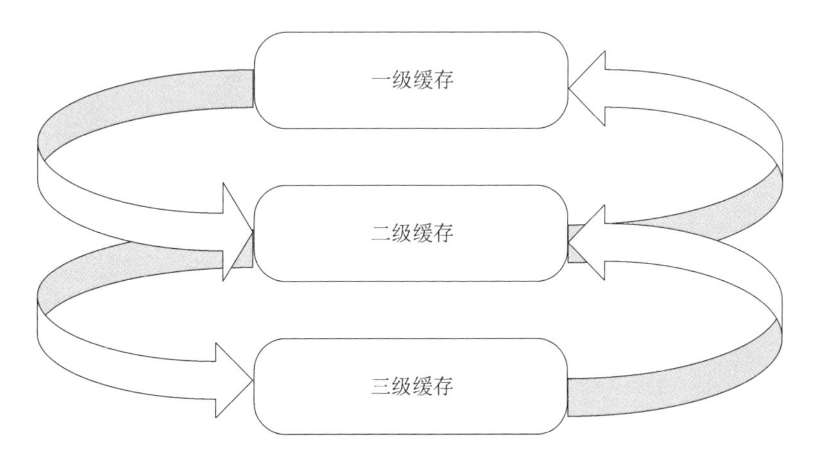

图 6－6　多级 LRU 缓存结构

如图 6－7 所示，假设同一基站覆盖下有 N 个 UE，其分布服从密度为 λ 的泊松点过程，如下所示。

$$\lambda=\frac{N_{\mathrm{UE}}}{\pi R_{\mathrm{BS}}} \tag{6-1}$$

其中，R_{BS} 是单个基站的覆盖半径，每个 UE 存在最大通信距离 R_{D2D}。

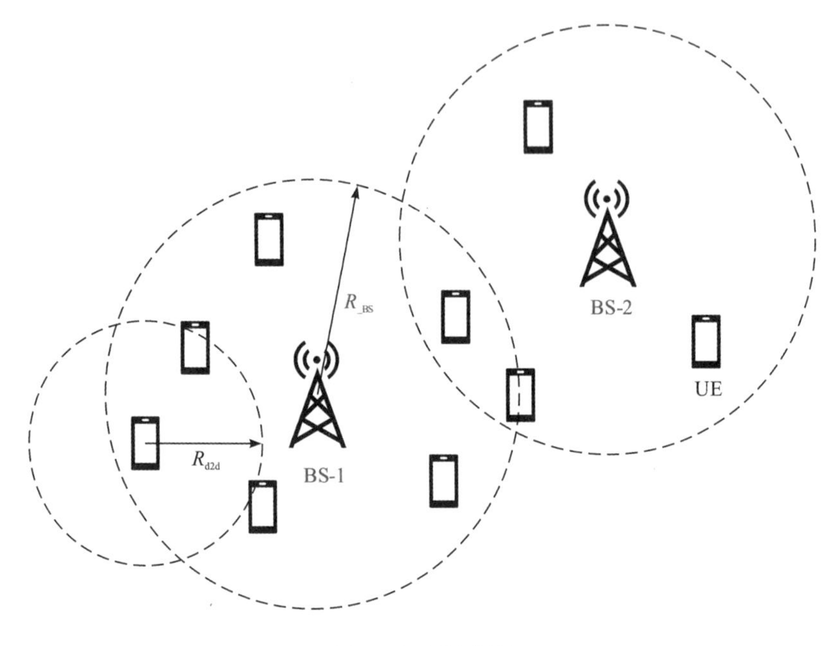

图 6-7 UE 分布

相邻 BS 之间虽然无法共享数据，但是借助于相交区域内的 D2D 设备，能够实现资源的最大化利用，覆盖更广的通信范围，这也是 D2D 缓存的又一个优势。

5 分钟或以下的视频被归类为短视频，5 到 20 分钟的视频被归类为中等长度视频，超过 20 分钟的视频被归类为长视频。在大部分文件分段中，文件分为前缀缓存和后缀缓存[11]。在此基础上，可以改变前缀缓存的大小。如图 6-8 所示，按不同长度的分割策略，前缀缓存的大小可分为三种情况。

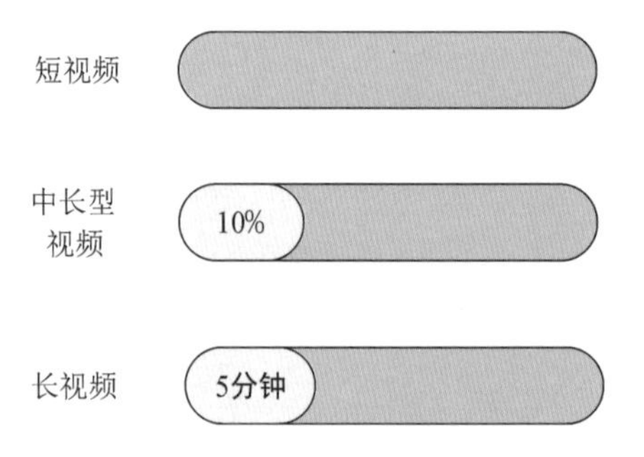

图 6-8 不同长度的分割策略

由于短视频在流媒体中所占比例很大，过度细化会增加缓存系统的压力，因此不会对其进行分段。同样，将中长型视频的前缀缓存大小设置为视频的前 10%。对于长视频，将此大小设置为视频的前五分钟，因为主要视频内容服务提供商的体验时间通常小于 5 分钟，并且长视频的用户放弃率在三种长度中最高。

由于用户在请求之前会优先考虑自搜索，如果文件提前缓存在用户自己的设备上，则

可以减少大量延迟和系统开销，因此自缓存命中率可表示为

$$P_{\text{self-hit}} = \sum_{j=1}^{M} P_{jk} P_j \tag{6-2}$$

其中，P_j 表示缓存第 j 个文件的概率。

除去少量的自我缓存外，绝大部分需要临近 UE 缓存来实现，D2D 通信缓存命中率可表示为

$$P_{t,i} = \frac{(\pi R_{\text{D2D}}^2 P_i \lambda)^t}{t!} \mathrm{e}^{-\pi R_{\text{D2D}}^2 P_i \lambda} \tag{6-3}$$

其中，R_{D2D} 表示 D2D 的通信半径；$P_{t,i}$ 表示在此范围内，存在 t 个用户缓存了某个用户所需要的文件 i。

因此，用户能在缓存了所需请求的终端中接收到文件 f 的概率为

$$P_f = 1 - \mathrm{e}^{-\pi R_{\text{D2D}}^2 P_i \lambda} \tag{6-4}$$

此时，D2D 缓存概率可表示为

$$P_{\text{D2D-hit}} = \sum_{i=1}^{M} P_k (1 - P_i)(1 - \mathrm{e}^{-\pi R_{\text{D2D}}^2 P_i \lambda}) \tag{6-5}$$

综上所述，系统的缓存命中率可表示为

$$P_{\text{hit}} = P_{\text{self-hit}} + P_{\text{D2D-hit}} \tag{6-6}$$

即

$$P_{\text{hit}} = \sum_{i=1}^{M} P_i P_k + P_k (1 - P_i)(1 - \mathrm{e}^{-\pi R_{\text{D2D}}^2 P_i \lambda}) \tag{6-7}$$

为了评估这种三级缓存策略的性能，使用 Python 进行仿真测试，实验结果如下。

图 6－9 显示了 D2D 命中率随 Zipf 参数变化的趋势。由图可以观察到，D2D 命中率随着 Zipf 参数的增加而增加。但是，在实际场景中不太可能存在高普及率，因为这将导致各个文件之间的激烈竞争。因此，该值可设置为 1.3，并作为后续模拟的参数。

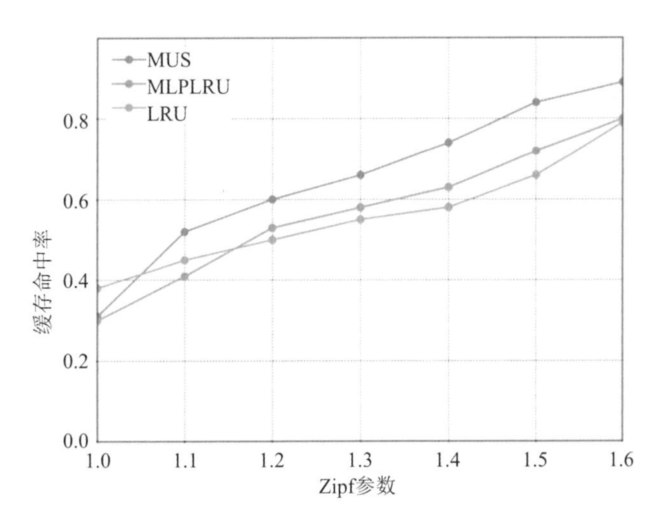

图 6－9　Zipf 参数对缓存命中率的影响

图 6-10 所示为内容数目对 D2D 缓存命中率的影响。由图可以观察到，当缓存内容的数量增加时，两种缓存算法都遵循相同的趋势。当缓存数量较少时，三者之间的差异不大，甚至 MUS(Monetary Unit Sampling)也稍微落后。当缓存数量增加时，MUS 的缓存命中率比其他两种方法高 20%左右。

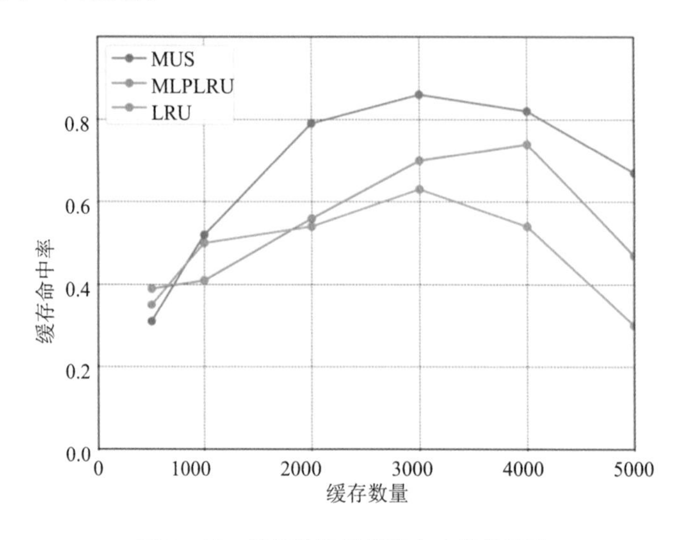

图 6-10 缓存数量对缓存命中率的影响

在 LRU、MLPLRU(Multi-LRU)和 MUS 的性能对比中，启动延迟远低于平均延迟。然而，对于大量的内容，MUS 策略在三种策略中具有较低的启动延迟。而且，当内容数达到 3000 个时，平均延迟比以前减少了 26%，波动稳定。在图 6-11 中，用户能够以较短的启动延迟获得所请求的视频，这意味着在发起请求之后，用户的放弃率可以大大减小，从而降低平均访问延迟。

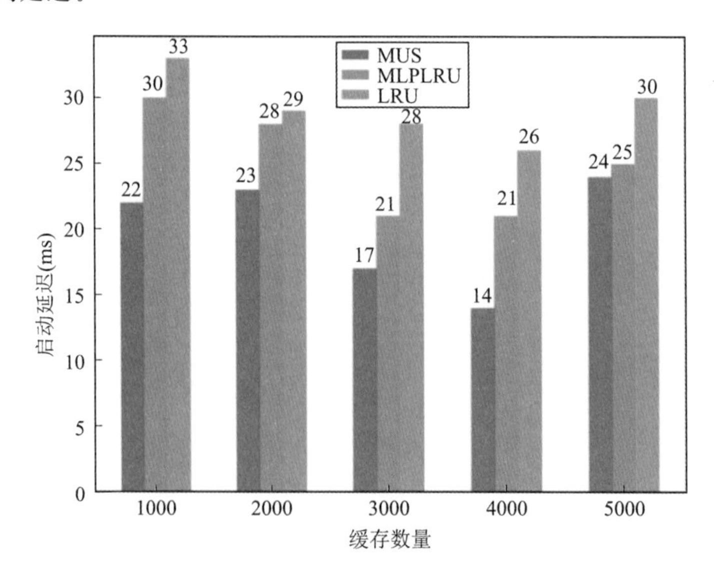

图 6-11 启动时延

图 6-12 可以证明这一结论。由于启动延迟减少，用户不会频繁请求，平均延迟不会随

着视频文件的增加而持续增加。

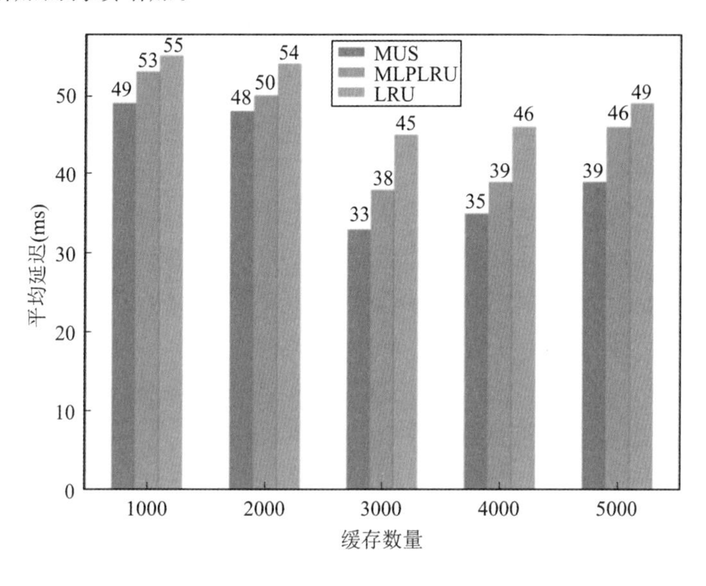

图 6-12 平均时延

考虑到用户的放弃行为，将分割策略从传统的平均分割改为非平均分割，这对于不同时段的放弃行为有一个自适应的效果，如前缀缓存的内容基本决定了用户是否放弃。由于分割策略不影响整个视频的流行度，本节提出了一种将前缀缓存和后缀缓存分批缓存到三层缓存空间的策略。实验结果表明，与 LRU 策略和 MLPLRU 策略相比，MUS 策略对视频流行度更为敏感，其启动延迟降低了 20%～46%，平均延迟降低了 10%～26%。另外，随着系统吞吐量的提高，当达到流量阈值时，系统的启动延迟相对稳定，用户放弃率也会降低，从而形成了良性循环。

6.3.2 集中式缓存与分布式缓存

1. 集中式缓存

集中式缓存是对缓存数据的集中管理。中央控制器监控全局网络状态，并在收到请求后分析通道状态信息和用户信息，做出缓存决策。中央控制器通过控制节点获取信息，控制不同节点之间的有效协作，减少控制节点到缓存节点的跳数。这将使从用户到服务器的路径最小化，从而提高缓存命中率、降低平均传输延迟。

随着用户业务请求的激增，中央控制器面临着大量的业务需要处理，这也给服务器与边缘节点之间的链路带来了很大的负担，影响了网络效率。分布式缓存是打破这一瓶颈的关键技术，它允许缓存节点仅根据邻近节点和本地信息做出最佳的缓存决策。在启用缓存的 BS 中，分布式存储可以减少未来移动网络的流量压力。由于存储空间有限，BS 必须根据内容流行程度的变化更新缓存的内容，以获得更好的缓存效率。考虑到 BS 缓存的多样性和冗余性，分布式缓存策略可以利用相关算法在给定的系统配置下获得最佳冗余率，并使网络传输的总成本最小化[12]。

传统云计算网络架构采用的是集中式缓存，数据交互需要跨越的地理距离较远，造成数据传输延迟较大，网络链路不稳定，而多接入边缘缓存是一种面向边缘海量应用数据存储的新型分布式缓存架构。多接入边缘缓存将数据分散存储在网络边缘存储设备或数据中心，极大地缩短了数据产生与存储之间的物理距离，从而避免了未来超高清视频等任务请求造成的网络拥塞风险。多接入边缘计算通过将传统云计算网络架构下的部分任务分流下沉至智能终端或边缘节点执行，实现从传统的仅提供连接到提供连接、存储、计算等更高维度的扩展，改变了移动运营商在未来移动互联网时代所处被动地位的状态。

边缘缓存能够根据用户需求及兴趣偏好等将核心网中频繁回传的业务数据缓存在本地，减少网络中重复并发流量，从而为边缘计算的应用提供了较为可靠的支撑。

多接入边缘缓存可充分利用接入网边缘丰富的存储资源为边缘计算提供高效数据存储，边缘缓存的高效数据存储主要表现在以下方面：

（1）多接入边缘缓存提供的数据预取与分组缓存可解决云存储远距离回程链路造成的高延迟、汇聚流量过大等问题。

（2）多接入边缘缓存借助内容流行度预测等方法，将流行内容的回程流量卸载至网络边缘，提供分布式数据存储服务，缓解云中心的存储和带宽压力，降低数据遭受网络攻击的风险。

（3）多接入边缘缓存是一种边缘计算与云存储融合的新范例。边缘节点可为边缘计算提供强大的计算能力和存储空间，让计算更靠近数据产生端，促进边缘计算与云计算的融合。

2. 分布式缓存

当 BS 不属于同一服务提供商时，集中式解决方案很难实现。分布式解决方案可以更快地响应本地更改，并且对其他节点的缓存决策影响较小。然而，由于缺乏对全局网络状态的分析，分布式解决方案往往无法获得最佳的结果，因此分布式缓存策略还需要继续深入研究，以确保系统的整体性能。

分布式缓存网络由本地数据终端、边缘数据中心、分布式云数据中心和集中式云数据中心 4 层结构组成，如图 6-13 所示。上层有分布式云数据中心，部署在距离集中式云数据中心较远但互联网用户数量多的城市或地区，为用户提供城域 EB 级数据存储服务。分布式云数据中心也称作分布式云，通常与大型集中式云数据中心协同执行存储任务。中间层为边缘数据中心，也称作边缘云，通常部署在蜂窝基站和人群密集处，为区域内提供 TB 级实时存储服务。多个小型物理数据中心可组合成一个逻辑数据中心。底层由数量庞大的本地终端设备组成，涵盖桌面电脑、智能手机、传感器、IoT 网关、传感网执行器以及智能路边单元等多种设备。设备之间可通过无线接入技术相互连接组成边缘存储网络。

多接入边缘缓存技术通过将计算存储能力与业务服务能力迁移至网络边缘，使应用、服务和内容可以实现本地化、近距离、分布式部署，从而可以在一定程度上解决 5G 网络热点高容量、低功耗大连接以及低时延高可靠等应用场景的业务需求。多接入边缘计算之所以能够在短时间内取得了较快发展，与算法、数据和传输网络等领域的兴起是密不可分的。

但是，边缘计算使计算设备和终端设备距离变近，让设备接入通信网，达成信息交互、数据收集和数据处理能力，构成物联网的基础，使物联网的主要运算能力脱离对云计算的依赖，提高数据处理计算效率。

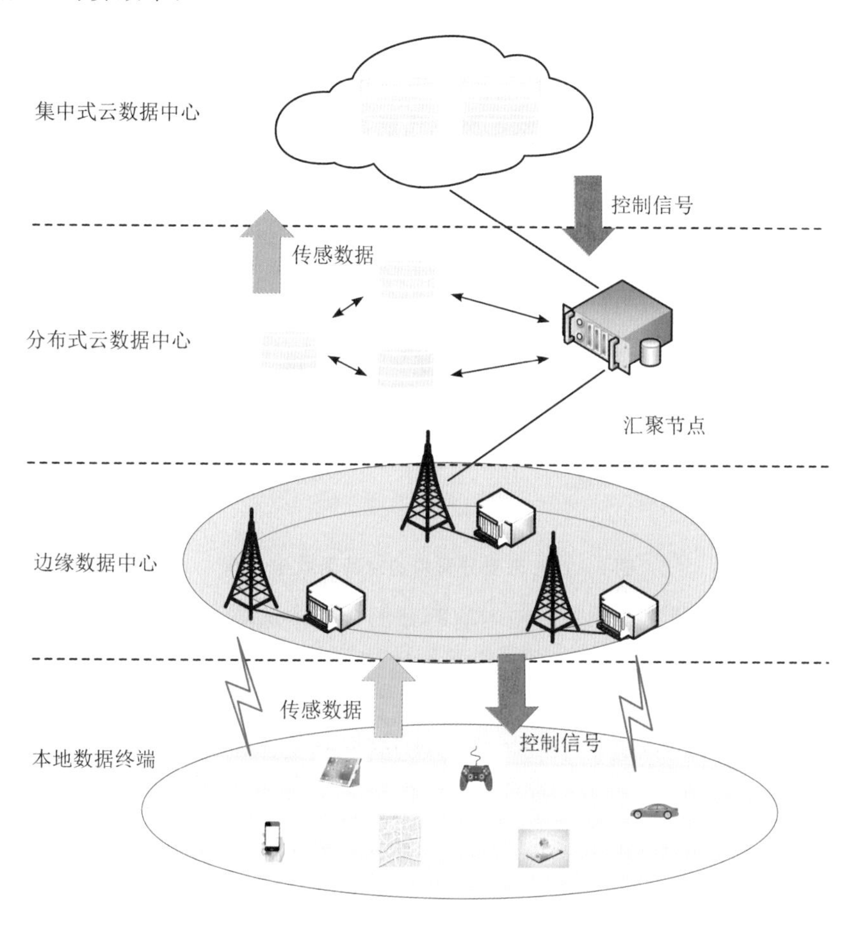

图6-13　分布式缓存网络架构

为了最大程度利用分布式缓存的多设备、高密度等优势，克服分布式设备的移动性带来的不稳定性，引入预测辅助设备这一概念，通过预测辅助设备预测周围的UE在接下来一段时间内可能访问的内容以更新缓存[13]。考虑到单个UE的能量效率和缓存空间，单个UE可能很难预测较长时间后的请求内容，但每个UE有可能准确预测在下一个时刻即将传输的内容[14-16]。例如，如果像电影这样的长视频被分成多个视频块，并且用户当前正在观看某个视频块，那么很可能会在短时间后请求下一个视频块。如果用户当前正在观看短视频，如TikTok、YouTube、BiliBili等UGC数据，那么该UE很有可能会在下次请求发起时访问相关视频类型。如果用户正在观看一个系列的某一部分，那么接下来要传输的内容就可能是该系列的下一部分[17]。

与基于长期内容流行度的内容缓存相比，使用基于单个UE的短期内容偏好的内容预取更加困难。除了长期流行度之外，还可以使用当前和最近传输的内容预测，从而实现更高的命中率。然而，在高峰期，由于几乎饱和的接入链路很难提供额外的数据，因此UE、

BS和UE周围的移动辅助设备无法通过接入链路直接预取内容。在相关研究中，使用移动辅助设备(如公交车、导航出租车和自动驾驶车辆等)的内容预取策略，这些移动辅助设备沿着可预测的路线行驶。

由分析分布式缓存的系统模型可知：在向所有基站提供高容量回程时，将微基站安装在彼此非常接近的位置可能成本太高。但是，如果微基站彼此不够紧密，或者高容量回程没有提供给所有基站，那么可用的无线电资源在许多区域则不能得到充分利用，如图6-14所示。即使这些地区的UE能够预测到接下来一段时间所访问的内容，但由于在高峰时间访问链路已经饱和，则无法预取内容。

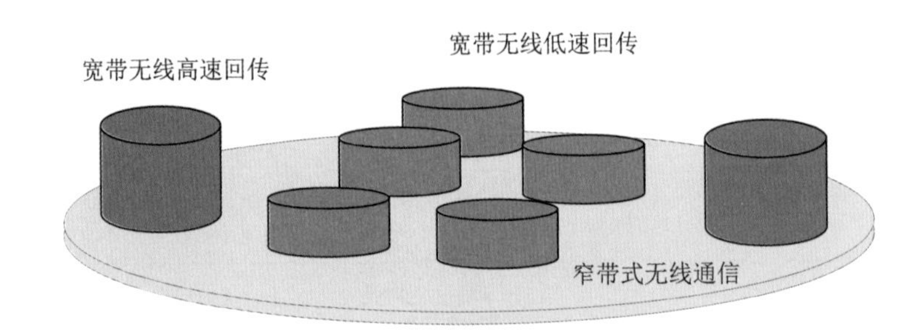

图6-14 未充分利用的空间无线电资源

需要注意的是，移动辅助设备是用来预测它们在将来的运动路径的。固定辅助设备没有移动，而UEs大部分时间是静止的，或是间歇性移动的。使用移动辅助设备对移动或固定辅助设备对UE附近的缓存进行更新，如图6-15所示。移动辅助设备要能够预取终端预测的内容，必须在其可以轻松下载内容的地方(如公交车站或十字路口等)安装大容量基站。

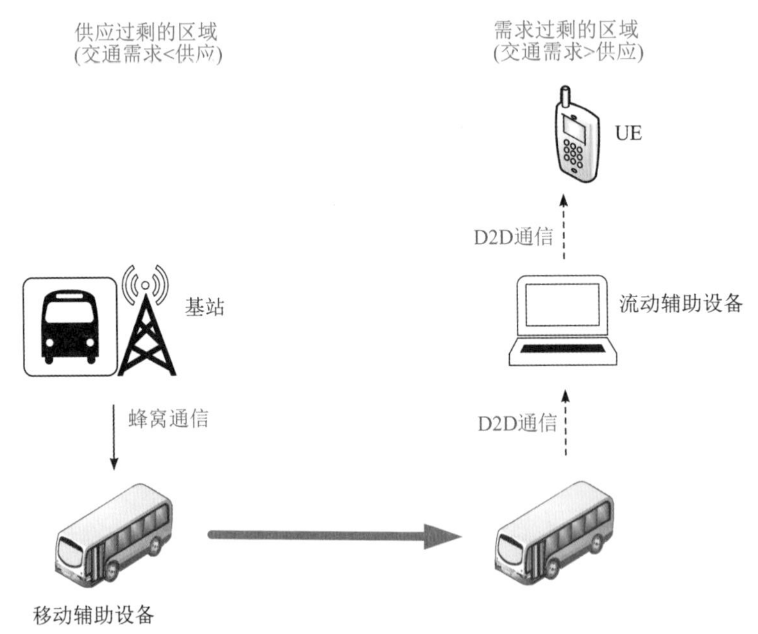

图6-15 用于内容预取的移动辅助设备

在讨论移动/固定辅助设备的缓存方案时，假设 UE 可以通过内容预测和内容推荐算法获得短期内容偏好。假设在道路沿线距离 d_{BS} 的两处安装能够提供足够数据容量的大容量基站，移动辅助设备在 X 轴上向两个方向移动，如图 6-16 所示。设立两个半径为 r_{BS} 的高容量基站，位于$(0, y_{BS})$和(d_{BS}, y_{BS2})。假定除高容量单元外的大部分区域对应于不提供高容量回程或未充分使用操作者可用的无线电波段的超需求区域，还假设高速 D2D 通信可以在使用相应基站而不使用的无线电波段的需求过多的地区实现。为了支持终端，移动辅助设备通过覆盖半径为 r_{D2D} 的 D2D 通信链接将内容发送给移动助手。

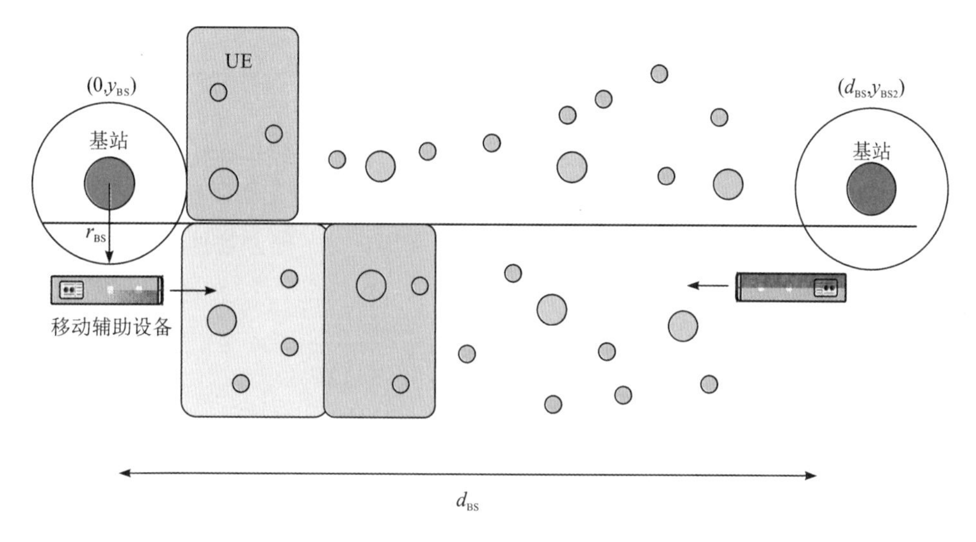

图 6-16 基站和助手

假设 UE 要么是静止的，要么是以给定的速率移动到目的位置。在不考虑缓慢的移动情况下，一旦 UE 发生移动，则认为其不在移动辅助设备的路径上。如果一个辅助设备是固定的，它就会保持在原地；如果它是移动的，它迁移到另一个地方的可能性就会随着时间的推移而增加。令 M_n 表示当一个移动辅助设备移动到另一个区域并形成一个新的 D2D 区域时，该区域所支持 UE 的预期数量。假设随着时间的推移，D2D 区域的旧终端会逐渐消失，新的终端会进入 D2D 区域。设 $E_{n,m}^{UE}(t)$表示第 m 个 UE 在 t 秒之前移出 D2D 区域的概率。假设从 0 逐渐增加到 1，即经过很长一段时间后，终端最终会离开 D2D 区域。假设在 t 秒之前预计新进入 D2D 区域的 UE 数目为 $M_n E_n^{new}(t)$，其中 $E_n^{new}(t)$从 0 逐渐增加到 1。经过一段时间后，D2D 区域内的 M_n 个旧终端将消失，平均而言，属于 M_n 个新终端将进入该区域。设 $R_{n,m}$ 为第 m 个 UE 在单位时间内的期望内容请求数。考虑到系统中所有 UE，单位时间内单个 UE 的平均内容请求数 R 可表示为

$$R = \frac{\sum_{n=1}^{N} \sum_{m}^{M_n} R_{n,m}}{\sum_{n=1}^{N} M_n} \tag{6-8}$$

尽管视频内容的数量可以认为是无限的，但考虑在同一时间缓存的内容数量可能是有限的情况。为了便于分析，假设所有内容都具有相同的大小。设 K_{total} 表示缓存考虑的内容

数量；K_0 和 K_n 分别表示辅助设备 0 和辅助设备 n 的缓存大小；$P_{n,m,k(t)}$ 表示内容偏好，定义为第 m 个 UE 在内容预测后的第 t 秒请求一段内容时，第 k 个内容被请求的概率。假设 $P_{n,m,k(t)}$ 可以根据当前和最近缓存的内容以及内容受欢迎程度和内容特征，通过内容预测和推荐算法得到。对于像新闻这样长度较短的内容来说，其受欢迎程度可能会随着时间的推移而迅速下降。即使对于平均受欢迎程度没有随时间变化的内容来说，UE 当前正在观看的内容也会持续变化，所以内容偏好 $P_{n,m,k(t)}$ 可能会随时间发生显著变化。设 $\mu_{n,m(t)}$ 表示第 m 个 UE 在所有 K_{total} 内容存储在一个非常大的缓存时的命中率，则其可表示为

$$\mu_{n,m(t)} \equiv \sum_{k=1}^{K_{\text{total}}} P_{n,m,k(t)} \tag{6-9}$$

图 6-17 所示为传统方案和本章方案的命中率对比。从图中可以看出，本章所提方案的性能优于传统方案，特别是当 UE 和 UE 的内容偏好不同(β 较小)时。即使当 UE 的内容偏好相似(β 较大)时，考虑短期内容偏好比考虑长期内容受欢迎程度要好得多。由于 UE 的移动性，移动帮助者的移动性并不是影响绩效的主要因素，固定帮助者和游牧帮助者的绩效没有显著差异。

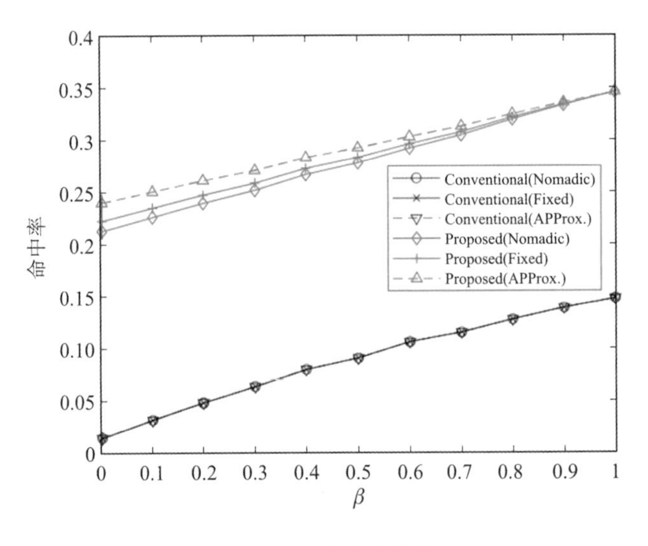

图 6-17 命中率性能

如果移动辅助设备的速度非常慢，或相邻的高容量基站之间的距离非常大，则性能可能会降低，因为移动助手传输内容的时间过长。图 6-18 显示了所述方案在速度 V 变化时的性能，其也可以看作是随着 V 固定而变化的 d_{BS}。除 V 外，其他变量与图 6-17 相同。如果移动辅助设备的移动速度较慢或大容量基站之间的距离较大，则在发送内容之前会有一段时间延迟，因此在传输时间期间内容偏好会降低，性能会变差。当大容量基站之间距离较小时，不仅可以提高内容预测精度，如图 6-17 所示，还可以提高路径预测的精度。因此，为了系统的正常运行，减小大容量基站的间距很重要。

在这种分布缓存中，假设移动辅助设备具有恒定的速度，并且能够准确地预测其移动路径，但是对于高密度的移动辅助设备，即使有些移动辅助设备偏离了预测路径，也可能存在其他能够提供内容的移动辅助设备。

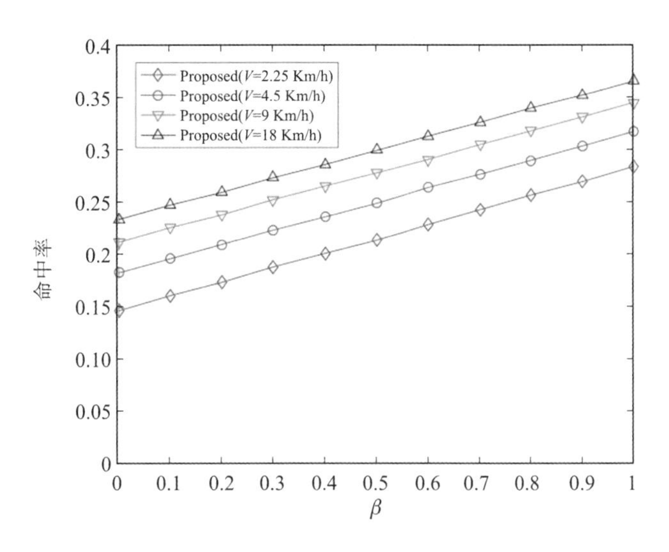

图 6－18　命中率与移动辅助设备的移动速度

6.3.3　编码缓存

编码缓存是指在缓存数据之前处理掉冗余的数据或者扩充已有的数据，实现对存储量的压缩和扩张，然后再进行缓存。以视频编码为例，视频编码有帧间编码和帧内编码，为了降低占用空间，帧间编码会把相邻若干帧的重复信息记录下来；帧内编码会把某些帧区域内的色相、明度、饱和度重复的部分记录下来，然后进行封装、传输，在接收端按照既定的解码协议重新读取出来。

D2D 网络中的编码缓存与网络拓扑的关系十分紧密。在网络技术的所有相关研究中，常用图论中的图来描述网络拓扑结构，图 6－19(a)中的节点与图 6－19(b)中网络拓扑图中的节点对应，图中的边表示网络节点之间的数据通信链路。定义图 6－19 中的网络拓扑图为

$$\boldsymbol{G}=(\boldsymbol{V},\ \boldsymbol{E}) \tag{6-10}$$

其中，$\boldsymbol{V}$ 表示图 $\boldsymbol{G}$ 中的顶点集合；$\boldsymbol{E}$ 为图 $\boldsymbol{G}$ 中的有向边集合。

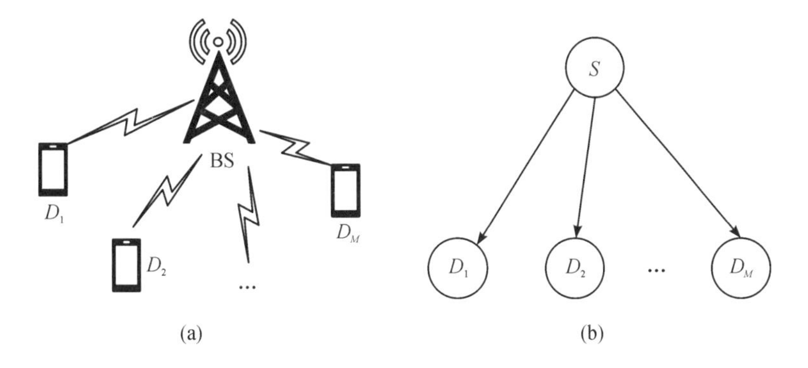

图 6－19　多播网络及对应网络图模型

网络拓扑图中每一个顶点与网络中的一个节点对应，同时，如果网络节点之间存在数据链路，则对应的网络拓扑图中与之对应的两个顶点之间存在一条有向边代表链路，边的方向表示节点间的数据流方向。

图 6－19(a)所示的单跳多播网络对应的网络图如图 6－19(b)所示，其中的顶点 D_i ($i=1, 2, \cdots, M$)分别代表网络中的 M 个接收终端；S 代表发送数据的基站，S 到其他各顶点之间的有向边表示基站向接收端发送数据的无线链路。网络编码缓存的前提条件是网络中间节点必须具备一定的计算能力和编码条件，中间节点接收到需要转发的数据后，对其进行编码运算。该编码运算过程可以是线性的，也可以是非线性的，再将运算后的数据转发给目标节点，目标节点通过相应的解码运算，还原出原始数据包。所有中间节点经过相同的编码转发过程，最终保证所有原始数据包被所有目标节点正确接收。为了能够清楚地描述网络编码的基本原理，需要借助一个网络拓扑图模型，如图 6－20 所示。

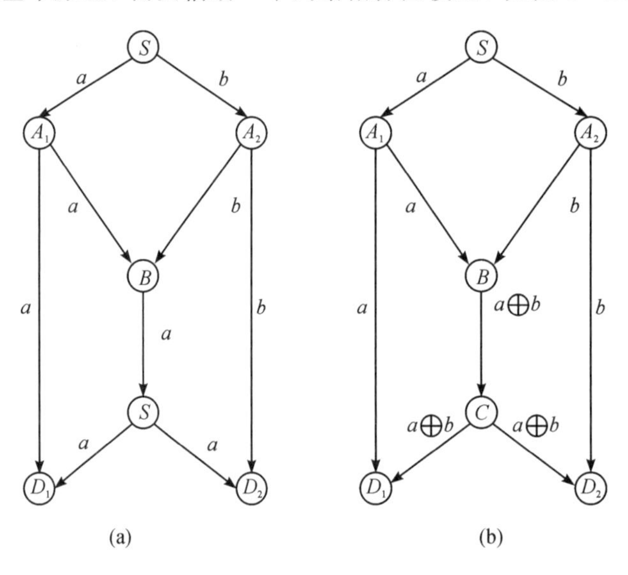

图 6－20　存储转发与网络编码转发

图 6－20 中的网络图是典型的"蝶形网络"模型。假设网络图中所示有向边代表的链路具有相同的链路容量，为便于计算分析，这里将每条数据链路的容量设为单位 1，实线及箭头表示节点间的传输链路及其方向。如图 6－20(a)所示，已知两个信宿节点 D_1 和 D_2 都需要数据包 a 和 b，由网络图可以看出，拥有两个数据包的源节点 S 与节点 D_1 和 D_2 之间没有可以直接通信的链路，只能通过 A_1、A_2、B 和 C 这些网络中间节点的转发才能收到数据包 a 和 b。如果中间节点只能存储和转发数据包 a 和 b，且每个发送时隙仅能转发一个数据包，那么有多个上游节点的中间节点 B，在一个时隙内只能将分别来自两个不同的上游节点的两个数据包 a 和 b 中的一个转发给下游节点 C，再经由节点 C 转发给信宿节点 D_1 和 D_2。若中间节点 B 选择转发数据包 a，那么在此之前，信宿节点 D_1 和 D_2 已经分别从中间节点 A_1 和 A_2 处获得了数据包 a 和 b。在经过中间节点的存储转发之后，接收端 D_2 收到新的有效数据包 a，但此时接收端 D_1 是再一次收到数据包 a，仍然没有收到其需要但是缺少的数据 b，才能保证接收端 D_1 能够接收到数据包 a 和 b。这样的传输过程中，经过中间节点的两次转发，两个接收终端 D_1 和 D_2 一共获得了 3 个有效数据包，导致平均传输容量仅为 1.5。但若是在传输过程中采用编码机制，如中间节点 B 在分别收到数据包 a 和 b 后，采用网络编码方式生成编码包 $a \oplus b$，继而转发给下游节点 C，再经过中间节点 C 的转发，到达信宿节点 D_1 和 D_2，D_1 由于已经获了数据包 a，经过 $a \oplus (a \oplus b)$ 解码操作便可还原数

据包 b，同理 D_2 通过 $b\oplus(a\oplus b)$ 解码出数据包 a。由此可得，终端 D_1 和 D_2 可以在 1 个传输时隙分别获得数据包 b 和 a，网络容量达到理论上限值 2。

本节以两个 D2D 终端用户为例，描述这两个终端用户之间建立 D2D 通信链路以及使用网络编码技术传输数据的过程。如图 6-21 所示，D2D 通信网络中有一个基站 BS，两个终端用户 User1、User2。

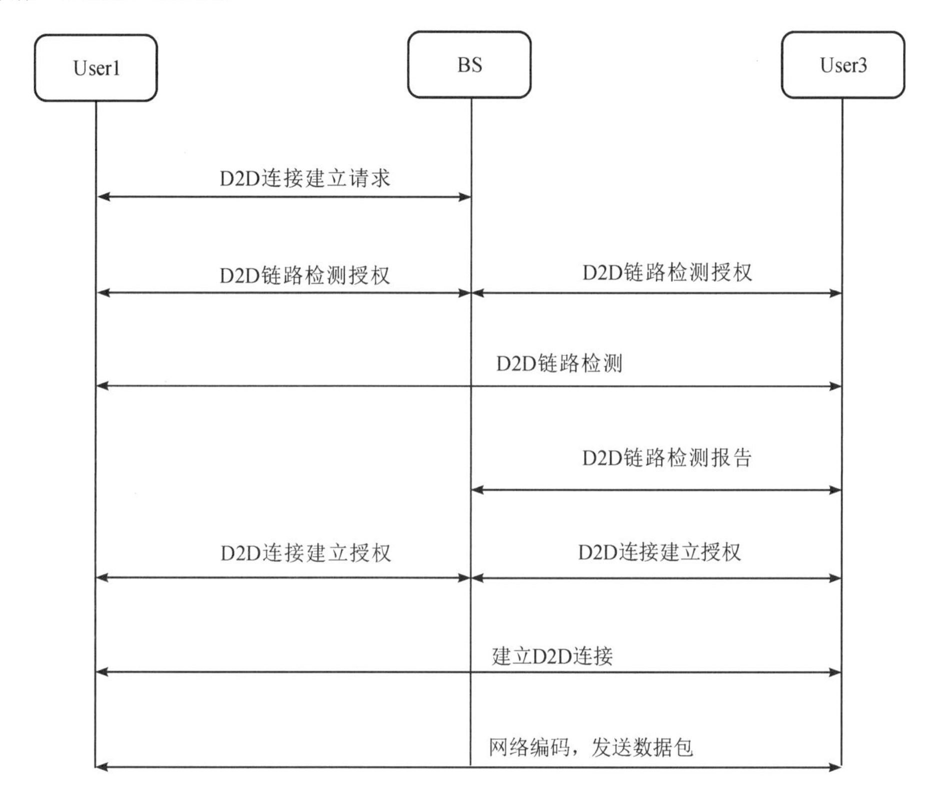

图 6-21　D2D 通信建立及编码传输过程

终端用户 User1 和 User2 之间建立 D2D 通信链路，并使用网络编码进行数据传输的过程如下：

(1) 用户 User1 向基站 BS 发送与另一个终端用户之间建立 D2D 链路连接的请求，在请求信息中包含其要建立 D2D 链路的终端用户对象 User2。

(2) 基站 BS 同时向两个终端用户 User1 和 User2 发送两者建立 D2D 通信链路前的链路检测授权。

(3) 终端用户 User1 和 User2 之间进行 D2D 通信链路质量检测，评估链路状态，查看 D2D 连接建立的条件是否满足，并由其中一个终端向基站 BS 发送检测结果报告。

(4) 如果报告中两个终端用户之间满足连接建立的条件，基站 BS 向两个终端用户发送 D2D 链路建立的相关授权信息，并给即将建立 D2D 链路的一对终端分配进行 D2D 通信时需要占用的资源。

(5) 终端用户 User1 和 User2 之间成功建立 D2D 连接，可进行 D2D 链路上的基于网络编码的数据交换。

(6) 终端用户之间数据通信完毕，由终端向基站发送传输结束和断开 D2D 连接请求。

(7) 基站 BS 接收到连接断开请求后，发送相应命令给请求终端，断开连接，释放链路资源；终端用户在建立 D2D 通信链路过程中，如果经检测后两个请求终端之间的链路质量较差，达不到建立 D2D 通信链路的要求，则无法建立 D2D 通信链路。终端用户即使放弃通过 D2D 通信链路传输数据，但仍然可以使用传统链路通过基站进行传统无线网络通信。

D2D 缓存内容在传输阶段往往采用多个 D2D 用户协作的方式，称为多播技术。与传统的有线网络相比，无线多播网络并不是从单一的信源节点到单一的目的节点，而是可能始于单个或者多个源节点，终于单个或者多个目的节点[18]。如果采用多个 D2D 用户对，则会大大提高传输效率。

综上所述，网络编码技术可为 D2D 缓存带来如下优势：

1）提高缓存吞吐量

提高缓存吞吐量是网络编码技术最突出的优势。该方式通过对需要发送的数据包进行有效的线性编码重组，可以使网络用更少的传输次数来传输更多的数据信息，吞吐量随之提升。因此，在链路传输容量受限的网络中，当中间节点对收到的信息执行编码转发时，网络传输容量上限才可能达到。网络编码机制能够实现路由网络无法达到的吞吐量优势，节省用户存储空间。

如图 6－22 所示，无线网络传输系统属于另外一种“蝶形网络”模型。该网络要实现节点 S_1 和 S_2 之间相互通信，节点 S_1 通过基站 BS 向节点 S_2 发送数据包 b_1，同时，节点 S_2 通过基站 BS 向节点 S_1 发送数据包 b_2。所以，即使在没有数据丢失的无线网络中，网络编码技术也可以在传输过程中获得吞吐量增益。因此，网络编码技术应用在 D2D 通信系统中时，能够提高缓存吞吐量的优势仍然存在。

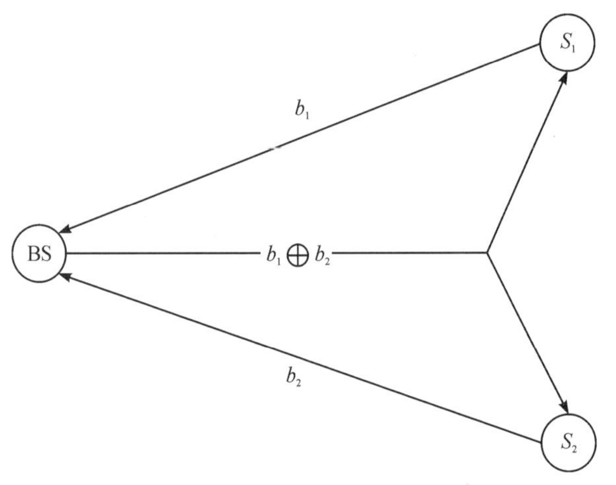

图 6－22 “蝶形网络”模型

2）提升网络健壮性

在无线网络中，由于衰落等因素，导致无线链路存在不稳定性，重传能够在一定范围内提高无线网络传输可靠性，但效果并不理想。相比有线网络链路，无线链路的数据丢失概率相对较高。特别是在无线多跳网络中，无线链路的数据丢失率随着数据传输过程中的路径跳数的增加而增加。除此之外，传统无线网络中，信源节点在等待接收节点的确认反馈时，如果发生超时的情况，发送节点会触发路由协议，网络中的路由发现算法会进行新的数据传输路径选择过程。网络编码的核心机制是网络中间节点收到数据信息后按照一定的算法规则进行编码整理，产生一个新的数据包后再转发给下一跳节点。在基于网络编码的无线网络传输过程中，正是因为这种编码操作，使得每个数据包之间产生了相关性和联系。即使传输过程中发生数据丢失，由于采用了网络编码技术，接收节点可以避免在整个传输网络中寻找新的路由，节点只需根据自身接收到的部分数据，以数据包之间的相关性及联系规则为基础，进行解码恢复即可。节点不会因为链路的不稳定而导致耗时又浪费资源的复杂路由重传过程，从而提升网络健壮性。因此借助无线网络传输可靠性这一优势，将网络编码技术应用于D2D通信网络后，也同样能够提升D2D通信网络的健壮性。

3）数据传输安全性

网络编码技术在某种程度上保证了网络传输安全性，因为网络编码在对数据进行编码运算后会增加数据信息的破译难度。如果采用网络编码技术，数据经过编码运算之后，经由多条路径传输到目的节点，即使被窃听到部分数据信息，窃听者也很难完全解码还原出所有原始数据信息，即使编码包($a \oplus b$)被截获，也无法获得原始信息a和b。网络编码为网络提供了一种可行的安全机制，以此来提高数据传输安全性，但安全程度取决于具体的编码构造算法。网络编码为D2D网络传输提供了一种切实可行的数据安全机制。

4）节约无线资源

在使用网络编码的D2D通信系统之中，网络系统容量提升，传输时隙减少，无线资源的需求量也随之降低。终端数量较多的大型D2D通信网络中，引入网络编码技术会使得无线资源需求明显减少，优势更加突出。

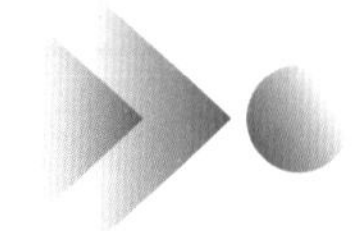

6.4 计算卸载

近年来，用户的需求已经从传统的通信模式转换为计算模式。换句话说，无线网络中的许多服务都涉及密集计算和通信。为了应对这一挑战，学者提出了移动边缘计算(Mobile Edge Computing，MEC)相关方法，将边缘服务器散落在靠近用户一侧，以加速数据处理并拓展存储容量。在MEC网络中，可以以无线传输为载体，将计算任务转移到网络中具有强大计算能力的近邻节点上。因此，通过衡量来自计算和无线通信的联合成本，设计有效的卸载策略将计算任务有效地卸载到附近节点中显得尤为重要[19]。

在MEC系统中，卸载是一种重要的技术。该技术可有效提高边缘节点的计算能力，缓解边缘节点计算和通信能力与任务负载不匹配的情况。通常，根据卸载对象的不同，卸载技术可分为两种，即设备与基础设施(如基站)之间的卸载以及D2D卸载。

设备与基础设施之间的卸载是指计算能力弱或计算资源短缺的设备将部分或全部计算任务卸载到与其距离较近的基础设施(如基站)上进行处理。

D2D卸载是指计算能力较弱或计算资源短缺的设备，利用D2D通信等技术，将部分计算任务卸载到与其邻近的计算能力强或空闲的设备进行处理。MEC环境中应用的卸载方法是将资源需求任务转移到附近的服务器以提高移动应用程序的效率。也就是说，在边缘服务器上进行计算任务可以减轻本地移动设备的工作负担并减少计算开销和成本。移动设备和 MEC 服务器都必须运行卸载框架来实现计算卸载。许多学者都深入地考虑了该方向，以提出实现针对不同卸载目标的新方法，研究点主要基于博弈论、机器学习、启发式算法和深度强化学习算法。

根据处理的任务不同，计算卸载可分为完全卸载和部分卸载，这是根据移动设备的任务卸载进行建模时任务划分粒度的不同定义的两种模型。

1. 完全卸载

完全卸载适用于高度集成或相对简单的任务，用户的任务程序被封装后卸载至辅助节点执行，这种方式无须对任务代码或数据块进行额外处理，能够简化卸载步骤。在完全卸载中，用户任务不能进行分割，必须完全在移动设备本地执行或者作为一个整体卸载到辅助节点执行。此时，用户的卸载策略可以用一个二进制变量 $\alpha \in \{0, 1\}$ 来表示。例如，$\alpha = 0$ 表示任务在本地执行；$\alpha = 1$ 表示任务通过卸载方式执行，因此完全卸载又称为 0－1 卸载。

2. 部分卸载

许多应用程序或任务通常由多个组件组成，或者会涉及数据块的处理(如视频中的目标检测涉及图像帧序列的处理)，这种情况适用于部分卸载。部分卸载允许在计算任务被划分为若干个子任务后，将这些子任务卸载至不同的实体上进行计算，服务链和 NFV (Network Function Virtualization)可以为实现部分卸载提供技术支持。

对于任务不可分的场景，必须将任务完整地卸载或者保留在本地进行。对于任务可分的场景，可以将任务分成若干个子任务，让部分子任务在多个计算节点进行处理。根据卸载位置分为移动场景下的任务卸载与协同式任务卸载。在移动通信中，用户在进行任务卸载时，可能会发生小区切换，为了使得服务继续进行，要么在切换之前完成任务，要么通过 MEC 服务器进行任务迁移。协同式任务卸载又可分为云一边协同下的任务卸载和多个实体计算单元协同下的任务卸载，其本质都是将任务迁移到除自身以外的计算实体，从而充分发挥自身和其他计算实体各自的优势，对于移动性较高的用户，选择层级较高的边缘服务器还可以减少任务迁移，提升任务卸载的效率以及降低计算时延。当执行部分卸载时，需要对任务进行预先分割和标注。用户通常倾向于将计算量较大的子任务作为卸载部分，其余部分则保留在本地执行，从而减少卸载带来的数据传输。在部分卸载的模型中，一般使用任务分割比例表示不同子任务间的划分，通过实时感知自身设备、通信信道和辅助节点的状态来决定任务分割比例，可以使卸载过程中的资源调度达到最优。

MEC 系统的计算卸载设计主要依赖于易于处理的计算任务模型。被广泛采用的两种任务模型是二值卸载和部分卸载。在二值卸载中，计算任务是不可分割的，因此应该通过用户的本地计算或卸载到 MEC 服务器作为一个整体来执行[20]。此情况实际上对应于高度集成或相对简单的任务，如语音识别和自然语言翻译。相反，对于部分卸载，计算任务需要被划分为两个或多个独立的部分，这些部分可以通过本地计算和卸载并行执行。此情况对应于具有多细粒度过程/组件的应用程序，如 AR 应用程序等。

6.4.1 系统模型

在支持计算卸载的环境中，具有移动设备的用户以不同的方式连接到高性能服务器。这种连接的最简单形式是通过基于 WiFi 的网络实现[21]，该网络使用无线路由器将移动设备连接到其他机器，如图6－23所示。该无线路由器不仅可以将设备连接到本地网络，而且还可以连接到其他数字设备，从而通过网络提供到远程服务器的连接。

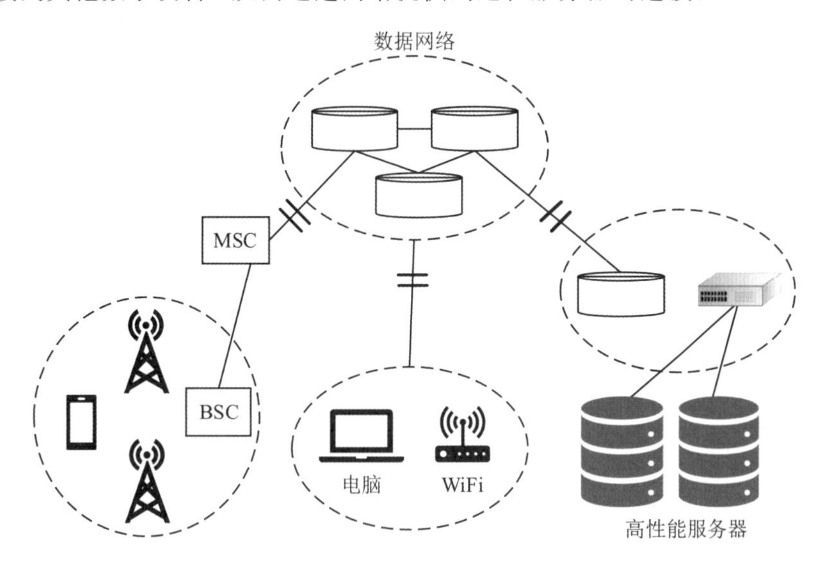

图6－23 卸载架构

类似地，在更复杂的形式中，具有移动设备的用户首先通过如基站收发信台(Base Transceiver Station，BTS)、基站控制器(Base Station Controller，BSC)和移动交换中心(Mobile Switching Center，MSC)之类的设备连接到无线网络以将数据传输到公共数据网络[22]。然后，通信数据通过网关传输到承载高性能计算机的任何本地网络。

在与高性能服务器建立连接之后，移动设备可以执行查找操作来搜索可能由高性能服务器提供的服务，也可以称为应用程序发起的第一个操作。但是，应用程序可以选择在后续的执行周期完成查找操作，这取决于做出卸载决策的时间和应用程序的需求。在此环境中的客户端机器通常是低功耗的移动设备，因此，计算卸载策略考虑了执行时间和能量需求方面的成本与效益分析。服务器机器大多是高端的独立服务器，或者连接成网格、集群、云或相应的组合连接。网格中的计算机是松散耦合的，而集群中的计算机是通过高效的互联接口紧密耦合的[23]。相比之下，云系统使用虚拟化来支持多个操作系统，以便远程用户可以访问云平台提供的服务。

为了使执行时间和能量最小化，计算从移动设备转移到服务器是通过应用特定的标准来执行，以确保转移是有益的。

为了最小化执行时间，设 O_r 为运行时活动的开销，包括数据传输和代码卸载的时间，即：

$$O_r = T_d + T_o \tag{6-11}$$

式中，T_d 为数据传输时间；T_o 为代码卸载所花费的时间(进行卸载决策、分区和代码迁移的时间)。

设 T_s 是在服务器机器上执行代码的时间，T_m 是在移动设备上执行代码的时间。如果式(6－12)成立，则计算卸载被认为对于最小化执行时间是有效的。

$$T_s + O_r < T_m \tag{6-12}$$

同样，对于能量的降低，E_d 表示数据传输所需的能量；E_o 表示卸载所需的能量。设

E_m 表示整个应用程序在移动设备上执行所需的能量；E_r 表示运行时活动所需的能量。如果 $E_r < E_m$，则计算卸载对于减少需求是有效的，其中 E_r 表示为

$$E_r = E_d + E_o \tag{6-13}$$

6.4.2 卸载方法

1. 强化学习

机器学习(Machine Learning，ML)是目前最热门研究领域之一，应用前景非常广阔。基于学习方式不同可将其分为监督学习、无监督学习和强化学习三种。强化学习的目标是最大化长期收益，计算卸载的目标是最小化所有任务执行的总消耗(包括时延能耗等)，所以可以使用强化学习的技术来解决计算卸载问题。

强化学习与监督学习和非监督学习不同，监督学习和非监督学习都是通过已经标记过的标签数据进行学习，而强化学习是一种试错学习，智能体在环境中不断探索，然后根据探索经验进行学习。强化学习根据环境的回报不断调整策略，其目的是得到最大的长期奖励[24]。图 6-24 所示为强化学习的学习模式。

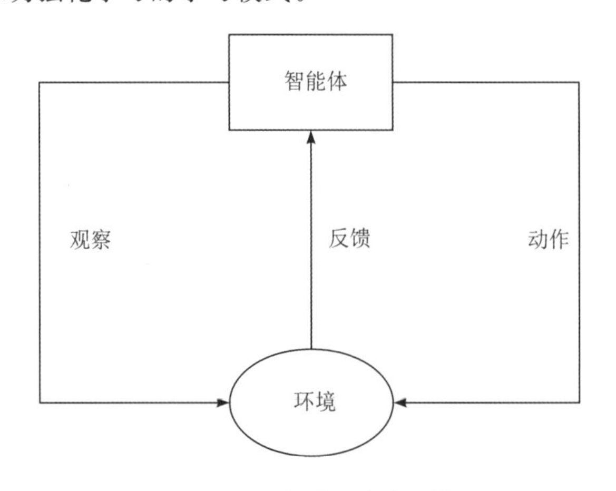

图 6-24 强化学习的学习模型

在人工智能领域，一般使用智能体(Agent)来表示具备行为能力的物体，如智能机、机器人、无人机、智能汽车和人等。强化学习所考虑的问题就是智能体和环境如何进行交互。例如，迷宫游戏，智能体开始迷宫游戏时，在探索过程中，迷宫地图是环境(Environment)，玩家角色是智能体，角色在探索地图的时候，需要采取不同的方向动作(Action)，地图环境会根据动作给出回报(Reward)，如果角色进入陷阱，回报为负；如果找到迷宫出口，环境则会给出正的回报。

强化学习的目标就是尽可能获得更高的回报。没有具体的目标，强化学习就没有了具体的学习方向，其中获得多少回报则是一个量化的标准，回报越多，说明动作策略越好。在每一个时间片内，智能体根据当前状态来确定下一步的动作。每一次观测的结果作为智能体当前所处状态(State)。所以，状态和动作之间存在映射关系，也就是状态和动作是对应的，可以是一个状态对应一个动作；也可以是一个状态对应不同动作的概率。从初始状态如何执行动作达到设定目标的过程称为一个策略(Policy)。初始状态时的智能体并不能明

确何为最优策略，因此初始智能体需随机探索得到一系列的状态、动作和回报。强化学习的算法就是根据这些经验不断改进策略，从而使得智能体更快地接近最优目标。

强化学习算法具体可分为以下类别：

1）基于有模型(Model-based)和基于无模型(Model-free)

以迷宫游戏为例，基于有模型的方法就是需要提前为机器人提供完整地图，事先知道其所处的环境，经过探索后可以根据历史经验选择最优策略。基于有模型的算法可以事先明确环境以及具体模型，智能体在与环境交互过程中可以知道执行具体的动作会进入何种状态，执行这个动作可以得到何种奖励以及何时进入终止状态。也就是说，Model-based 可以根据环境想象预判下一刻所发生的事情，然后选择最好的动作来执行。

基于无模型的方法预先不知道具体的模型。仍然以迷宫游戏为例，机器人事先不知道具体环境的情况，最初只能随机探索环境，然后根据现实环境的反馈进行下一步动作。这种方法不对环境建模也能寻找到最优的动作策略。目前有很多基于无模型的学习方法，如 Q-Learning、SARSA(state-action-reward-state-action)和 Policy-gradients 等都是从环境中探索得到反馈然后进行自我学习。

2）基于策略迭代(Policy-based)和基于值迭代(Value-based)

基于策略迭代(Policy-based)是通过在某一状态的动作概率分布来选择概率，通常动作的概率越大，选中的机会就会越高。通过训练能够增强使回报期望更高的动作的概率，更适用于连续动作空间的环境。典型的算法有策略梯度算法(Policy Gradients，PG)。

基于值迭代(Value-based)算法是通过计算出动作的回报期望作为动作选取的依据，通过输出动作的价值，选择具有最高价值的动作执行，适用于非连续的动作环境。常见的值迭代算法有 Q－learning 和 SARSA 算法等。

3）在线学习(Online-policy)和离线学习(Offline-policy)

在线学习算法(Online-policy)指智能体必须与环境实时互动，然后选择动作的时候一边学习，一边根据环境的变化实时调整策略，但是这种学习方式残差会比较大。

离线学习(Offline-policy)算法指智能体可以直接使用训练好的模型，也可以一边学习一边训练，也就是说其经验是可以共享的，可以使用自己的学习经验也可以使用别人的学习经验[25]。最典型的在线学习算法就是 SARSA，最典型的离线学习算法(如 Q-Learning 和 Deep Q Network 等)，目前均被广泛使用。

Q-Learning 算法是一种经典的强化学习算法，能够使智能体在应用环境下学习到最优的策略。该算法将每个请求的用户视为一个智能体，状态、动作和即时奖励设定如下：系统状态为 $\boldsymbol{S}$，卸载决策向量为 $\boldsymbol{A}$、计算资源分配向量为 $\boldsymbol{F}$，剩余计算资源向量为 $\boldsymbol{G}$，则：

$$\boldsymbol{S}=\{\boldsymbol{A},\ \boldsymbol{F},\ \boldsymbol{G}\} \tag{6-14}$$

在系统中，通过 Agent 决定哪些任务卸载，哪些任务在本地执行，对于每个任务分配多少计算资源，因此系统动作 a 表示为

$$a=\{a_i,\ f_i\} \tag{6-15}$$

其中，a_i 表示任务 T_i 的卸载方案；f_i 表示给任务 T_i 分配的计算资源。

在 t 时刻，智能体执行每个可能的动作后，在一定的状态下会得到一个奖励 $R(S,A)$，奖励函数应该关联目标功能，此时优化问题是最小化系统成本总开销，具体定义如下：

$$r=\frac{c_{\text{local}}-c(s,a)}{c_{\text{local}}} \tag{6-16}$$

其中，c_{local} 表示 t 时刻任务均在本地执行的系统成本总开销；$c(s,a)$表示当前状态下算法的系统成本总开销。

在 Q-Learning 算法中，智能体在 t 时刻观察当前环境状态 s，根据 Q 表或者随机选择动作 a，进入到状态 s，获得奖励 r，通过如下公式更新 Q 表与当前状态，并不断循环迭代，直至 Q 值收敛，得到最优策略为

$$Q(s_i,a_i)=Q(s_t,a_t)+\delta(r_t+\gamma\max(s_{i-1},a_{i-1})-Q(s_i,a_i)) \tag{6-17}$$

式中，δ 是学习率；$\gamma(0<\gamma<1)$是折扣因子。

2. 社交感知

D2D 通信可以有效地卸载基站流量，在 D2D 网络中不仅需要共享大众化内容还需要个性化内容缓存。社交感知算法不仅可以降低时延，还可以减少缓存替换次数降低缓存成本[26]。

一种新的基于组播的混合任务执行框架用于多接入 MEC。在这个框架中，位于网络边缘的一组移动设备利用网络辅助 D2D 协作来实现无线分布式计算和结果共享。为了建立有效的 D2D 链接，该框架具有社会意识。该框架的一个关键目标是为移动用户实现节能的任务分配策略。本节首先介绍社会感知混合计算卸载系统模型，然后介绍 MEC 卸载和 D2D 卸载的结合方法[27]。

在理解社交感知框架前，需要先了解 D2D 链接模型。在混合计算卸载系统中，每个用户可以与附近的另一个用户建立一个 D2D 链接。以两个移动用户为例，移动用户 1 和移动用户 2 当且仅当它们的距离小于阈值 R_d 时可以互相交流。

MEC 服务器在协助 D2D 通信卸载过程中作用显著。事实上，MEC 服务器可以为用户执行设备发现过程，检测其附近的用户集，并在用户之间建立 LTE-direct。值得注意的是，在不同的卸载决策过程中，用户之间可执行的 D2D 链接可能有所不同。用 $r_{i,j}^{\text{D2D}}$ 表示移动用户 i 到 j 的 D2D 传输速率为

$$r_{i,j}^{\text{D2D}}=B_m\text{lb}\left(1+\frac{p_i^{\text{D2D}}\left|h_{i,j}^{\text{D2D}}\right|^2}{\Gamma(g_{\text{D2D}})d_{i,j}^{\beta}N_o}\right),(i,j\in \text{M}) \tag{6-18}$$

其中，p_i^{D2D} 为用户 i 的 D2D 传输功率；$h_{i,j}^{\text{D2D}}$、g_{D2D} 分别为 D2D 链路的信道衰落系数和目标误码率；$d_{i,j}$ 表示移动用户 i 到 j 的距离。

可采用组播传输方案来有效传输通用的计算结果，并需要区分两种组播方式，即多速率和单速率。基于社交感知方案中的选择为自适应设置组传输速率，以适应具有最差信道质量的用户。D2D 多播集群由发射器集和接收器集组成。

在每次卸载决策开始时，移动设备将卸载决策所需的信息上传到 MEC 服务器。这一信息涉及卸载数据、社会关系信息、移动设备和网络特征。MEC 服务器根据接收到的信息，首先将移动用户划分为多个应用集群，如图 6-25(a)所示。

每个集群由用户执行同一个应用并共享各自的输入组成。输出(即计算结果)也可以在它们之间共享。为了在移动用户之间建立可靠的 D2D 通信，允许移动用户将资源和计算结果共享给其信任的用户。因此，MEC 服务器根据接收到的社交关系信息，为移动用户构建社交信任图，如图 6-25(b)所示。然后，观察当前的网络状态，计算每个组件分配策略的

即时成本。基于这些成本，触发卸载决策过程。决策行动的目标是选择 MEC 服务器或能够计算组件的移动用户集，如图 6－25(c)所示，选择了终端 2、终端 7 和 MEC 服务器。接下来，根据卸载决策，剩余的移动用户将其计算(即输入数据)卸载到相应的服务器上。需要注意的是，后者可以是 MEC 服务器(MEC 卸载)，也可以是附近的移动用户(D2D 卸载)。此时，选择的移动用户负责处理并将计算结果发送给其他用户(即每个组播集群中的发射机)。这类移动用户被称为发射器，相应的接收器称为卸载机(如在卸载机 UE2 的覆盖范围内的 UE1 和 UE3)。这个过程会重复执行，直至达到能量预算阈值或退出组件阶段。在这种情况下，应用程序已经在应用程序集群中执行。混合卸载框架的输出是应用程序中每个组件的序列细粒度组件分配策略。因此，卸载决策的目标，关键在于在一个应用集群中找到最优的组件分配策略，使移动用户的总能耗最小。

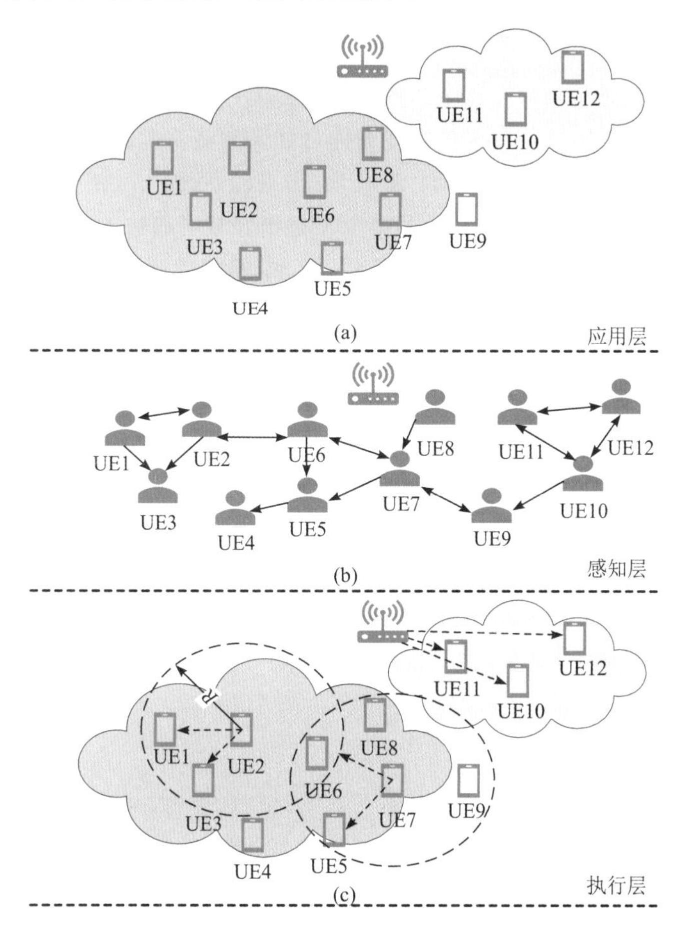

图 6－25　社会感知混合计算卸载系统

假设应用集群中移动用户的集合($\boldsymbol{M}_c \subset \boldsymbol{M}$)运行应用 $\boldsymbol{G}=(\boldsymbol{V}, \boldsymbol{E})$，应用集群中移动用户的状态空间定义如下。

$$\xi = \{\boldsymbol{S}=(\boldsymbol{V}, \boldsymbol{Q}, \boldsymbol{X}) \in \boldsymbol{S} \mid \boldsymbol{V} \subset \nu, \boldsymbol{Q} \in \tilde{n}, \boldsymbol{X} \in \chi\} \tag{6-19}$$

其中，$\boldsymbol{V}=\{\boldsymbol{v}_o, \boldsymbol{v}_n, (\boldsymbol{v}_0, \boldsymbol{v}_n \in \boldsymbol{V})\}$表示应用集群中移动用户要执行的组件阶段的集合。值得注意的是，$\boldsymbol{v}_o$ 和 $\boldsymbol{v}_n$ 分别表示可卸载组件和不可卸载组件的集合。

移动用户的电池电量矩阵表示为

$$\boldsymbol{Q}=q_1, q_2, \cdots, q_m, \cdots, q|\boldsymbol{M}_c| \tag{6-20}$$

其中，q_m 为移动用户 m 的电池电量。

为了评估移动用户的总能耗，在给定的分配动作 $\boldsymbol{A}$ 下，定义当前状态 $\boldsymbol{S}=(\boldsymbol{V}, \boldsymbol{Q}, \boldsymbol{X})$ 的即时成本 $\boldsymbol{C}(\boldsymbol{S}, \boldsymbol{A})$，表达式如下：

$$\boldsymbol{C}(\boldsymbol{S}, \boldsymbol{A})=\boldsymbol{C}_1(\boldsymbol{S}, \boldsymbol{A})+\boldsymbol{C}_R(\boldsymbol{S}, \boldsymbol{A}) \tag{6-21}$$

其中，$\boldsymbol{C}_1(\boldsymbol{S}, \boldsymbol{A})$为移动用户对不可卸载组件的直接本地执行成本(等于本地能耗之和)。可卸部件的即刻卸载成本的表达式为

$$\begin{aligned}\boldsymbol{C}_r(\boldsymbol{S}, \boldsymbol{A})= & \sum_{v\in v^o,\ \varepsilon_{u,v},\ \varepsilon_v,\ \omega\in\varepsilon}\Bigg(\sum_{m\in M_c^b}\frac{p_m^u|\varepsilon_{u,v}|}{r_m^{ul}}+\sum_{j\in M_c^s,\ i\in \boldsymbol{M}_c^d(j)} p_i^{\mathrm{D2D}}\frac{|\varepsilon_{u,v}|}{r_{(i,j)}^{\mathrm{D2D}}}+\\ & \sum_{m\in \boldsymbol{M}_c^s}\frac{p_m^c(\Phi v)}{f_m^u}+\sum_{m\in \boldsymbol{M}_c^s}\frac{p_m^{\mathrm{D2D}}|\varepsilon_{(v,\omega)}|}{r_m^{\mathrm{D2D}}}+\sum_{m\in \boldsymbol{M}_c^l}\frac{p_m^c(\Phi v)}{f_m^u}\Bigg)\end{aligned} \tag{6-22}$$

式中，$\boldsymbol{M}_c^b$ 表示应用程序集群中由 MEC 服务器提供服务的卸载程序集。

因此，式(6-22)中的第一项表示卸载者通过蜂窝卸载将其输入数据传输到 MEC 服务器的总能耗。考虑到 D2D 卸载，令 $\boldsymbol{M}_c^s$ 表示 offloadees 的集合，$\boldsymbol{M}_c^d(j)$表示 M_c^s 中第 j 个 offloadees 的卸载器集合。式(6-22)中的第二项是指卸载者通过 D2D 卸载将输入数据传输到附近的卸载者所需要的总能量消耗。式(6-22)中的第三项表示所选卸载者执行组件 v 的能量消耗。式(6-22)中的第四项表示卸载者在将计算结果广播给它们的卸载者时所需的能量。值得注意的是，如果有以下两种情况，即两者不在同一通信范围内(见图 6-25(c)中的 UE4)或者外接者缺乏社会信任(见图 6-25(c)中的移动用户 8)，则无法得到外接者的服务。式(6-22)中的最后一项表示局部执行时相应的能耗。

对于一些典型的计算密集型应用(如病毒扫描、图像检索等)，下行发送的结果比上行发送的小得多，比例可低至 1/30。此外，下行传输速率一般大于上行传输速率，如 LTE 标准的 2 倍，上行传输的功耗约为下行接收功耗的 5.5 倍。因此，下行传输时延远小于上行传输时延。结合上行时延和下行时延，下行接收能耗仅为上行传输能耗的 0.003 左右。由此可知，主要关注移动终端的上行链路能量消耗，忽略 MEC 服务器端的下行链路和计算能量消耗。

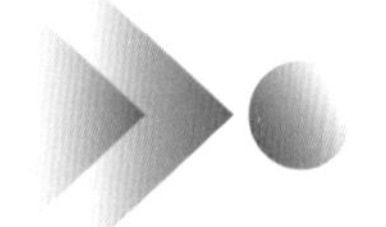

本章小结

本章阐述了 D2D 缓存与卸载的核心思想，并对多种缓存策略和卸载方法做出了详细探讨。为了缓解回程链路的压力，D2D 缓存分担了大部分移动数据，并降低了用户的访问延时，增加了整个通信系统的吞吐量。D2D 卸载技术将计算任务转移到网络中具有强大计算能力的分布式节点上，缓解了服务器的计算压力，释放了边缘服务器的性能。

随着智能设备和移动应用的爆炸式增长，移动核心网络面临流量和计算需求呈指数级增长的挑战。D2D 缓存与卸载技术是解决该问题的最有前途的解决方案之一，其主要目的是将用户需要的流行内容或计算任务放置在网络边缘，借用空闲空间以减少用户等待时间，并通过减少重复数据量来减轻网络负载。

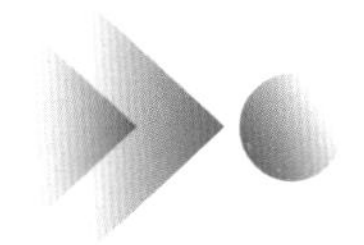

思考拓展

1. 假设每个 MEC 都有 $k(k=\{1, 2, 3, \cdots, K\})$个子信道，由于任务的异构性，每个移动用户所需的带宽不同，分配给某任务带宽决策变量表示为 $\eta=\{\eta_1, \eta_2, \cdots, \eta_n\}$。根据香农公式，移动终端将该任务传输至 MEC 服务器的传输速率为多少？移动终端通过信道传输至 MEC 服务器的时延为多少？
2. 被动缓存与主动缓存有什么区别？
3. 缓存时延、内容流行度、用户放弃概率三者有什么关系？
4. 前缀缓存部分和分割后的相同小片段形成视频文件 j，并且它们的秩由 $k(1\leqslant k)$表示。文件 j 的每个片段具有相同的流行度分布。假设蜂窝用户从大小为 M 的库中请求视频文件 j，第一个块是前缀缓存部分，其缓存概率 $P_{j1}=1$，其余段的缓存概率依次降低，由 P_{j2}，P_{j3}，…，P_{jk} 表示，则请求文件的流行度 P_j 等于多少？
5. 当请求端和发送端之间的距离满足最大通信半径时，从距离最小的其 UE 备发送文件。半径 R_{D2D} 内的 t 个设备缓存所需文件的概率为多少？
6. 自缓存命中概率 $P_{\text{self-hit}}$、D2D 缓存命中概率 $P_{\text{d2d-hit}}$、系统缓存概率 P_{hit} 三者之间满足什么样的关系？
7. 简述帧间编码与帧内编码的关系。
8. 提高缓存系统吞吐量有哪些方法？请至少列出三种措施，并简要说明。
9. 多接入边缘缓存可充分利用接入网边缘丰富的存储资源为边缘计算提供高效数据存储，边缘缓存的高效数据存储主要表现在哪些方面？

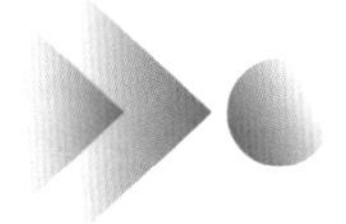

本章参考文献

[1] JI M, CAIRE G, MOLISCH A F. Wireless Device-to-Device Caching Networks: Basic Principles and System Performance [J]. IEEE Journal on Selected Areas in Communications, 2013, 34(1): 176 - 189.

[2] LI W, WU H, ZHU H. Wireless Distributed Storage in Socially Enabled D2D Communications [J]. IEEE Access, 2017, 4: 1971 - 1984.

[3] ZHOU H, WANG H, LI X, et al. A Survey on Mobile Data Offloading Technologies [J]. IEEE Access, 2018, 6: 5101 - 5111.

[4] KLAINA H, VAZQUEZ ALEJOS A, AGHZOUT O, et al. Narrowband Characterization of Near-Ground Radio Channel for Wireless Sensors Networks at 5G-IoT Bands [J]. Sensors, 2018, 18(8): 2428.

[5] CAI J, WU X, LIU Y, et al. Network Coding-Based Socially-Aware Caching Strategy in D2D [J]. IEEE Access, 2020, 8: 12784 - 12795.

[6] CHEN B, YANG C. Caching Policy for Cache-Enabled D2D Communications by

Learning User Preference [J]. IEEE Transactions on Communications, 2018, 66 (12): 6586 - 6601.

[7] HANNA O A, NAFIE M, EL-KEYI A. Cache-Aware Source Coding [J]. Ieee Communications Letters, 2018, 22(6): 1144 - 1147.

[8] WU H H, FAN Y Z, WANG Y D, et al. A Comprehensive Review on Edge Caching from the Perspective of Total Process: Placement, Policy and Delivery [J]. Sensors, 2021, 21(15): 5033. doi: 103390/S21155033.

[9] YANG L, CHEN Y, LI L, et al. Cooperative caching and delivery algorithm based on content access patterns at network edge [J]. Wireless Networks, 2019, 26(3): 1587 - 1600.

[10] FU Q, YANG L, YU B, et al. Extensive Cooperative Content Caching and Delivery Scheme Based on Multicast for D2D-Enabled HetNets [J]. IEEE Access, 2021, 9: 40884 - 40902.

[11] HOU H, TAO M. Prefix Caching for Video Streaming in Wireless D2D Networks [C]// 2018 10th International Conference on Wireless Communications and Signal Processing (WCSP), 18 - 20 October 2018, Hangzhou China, IEEE, 2018.

[12] FAN Y, YANG B, HU D, et al. Social- and Content-Aware Prediction for Video Content Delivery [J]. IEEE Access, 2020, 8: 29219 - 29227.

[13] RIM M, KANG C G. Content Prefetching of Mobile Caching Devices in Cooperative D2D Communication Systems [J]. IEEE Access, 2020, 8: 141331 - 141341.

[14] MWINYI I H, NARMAN H S, FANG K C, et al. Predictive self-learning content recommendation system for multimedia contents [C]. 2018 Wireless Telecommunications Symposium, 17 - 20 April 2018, Phoenix, AZ, USA, IEEE, 2018.

[15] SERMPEZIS P, SPYROPOULOS T, VIGNERI L, et al. Femto-Caching with Soft Cache Hits: Improving Performance through Recommendation and Delivery of Related Content [J]. IEEE Journal on Selected Areas in Communications, 2018, 36 (6): 1300 - 1313.

[16] ZHAO Z, GUARDALBEN L, KARIMZADEH M, et al. Mobility Prediction-Assisted Over-the-Top Edge Prefetching for Hierarchical VANETs [J]. IEEE Journal on Selected Areas in Communications, 2018, 36(8): 1786 - 1801.

[17] WEN H, YICHAO J, YONGGANG W, et al. Toward Wi-Fi AP-Assisted Content Prefetching for an On-Demand TV Series: A Learning-Based Approach [J]. IEEE Transactions on Circuits and Systems for Video Technology, 2017, 28(7): 1665 - 1676.

[18] 王练，王萌，任治豪，等. D2D网络中基于立即可解网络编码的时延最小化重传方案[J]. 电子与信息学报，2018，40(7)：1691 - 1698.

[19] ZHOU H, WU T, ZHANG H, et al. Incentive-Driven Deep Reinforcement Learning for Content Caching and D2D Offloading [J]. Ieee Journal on Selected Areas in Communications, 2021, 39(8): 2445 - 2460.

[20] WU J, ZHANG J, XIAO Y, et al. Cooperative Offloading in D2D-Enabled Three-Tier MEC Networks for IoT [J]. Wireless Communications and Mobile Computing, 2021, 5: 1 - 13.

[21] CHENG R-S, HUANG C-M, PAN S-Y. WiFi offloading using the device-to-device (D2D) communication paradigm based on the Software Defined Network (SDN) architecture [J]. Journal of Network and Computer Applications, 2018, 112: 18 - 28.

[22] KHAN M A. A survey of computation offloading strategies for performance improvement of applications running on mobile devices [J]. Journal of Network and Computer Applications, 2015, 56: 28 - 40.

[23] QU Y, DONG C, DAI H, et al. Maximizing D2D-Based Offloading Efficiency With Throughput Guarantee and Buffer Constraint [J]. IEEE Transactions on Vehicular Technology, 2019, 68(1): 832 - 842.

[24] QIAO G, LENG S, ZHANG Y. Online Learning and Optimization for Computation Offloading in D2D Edge Computing and Networks [J]. Mobile Networks & Applications, 2022, 27(3): 1111 - 1122.

[25] SHUAI Y, XIN W, LANGAR R. Computation Offloading for Mobile Edge Computing: A Deep Learning Approach[C]. 2017 IEEE 28th Annual International Symposium on Personal, Indoor, and Mobile Radio Communications (PIMRC), 08 - 13 October 2017, Montreal, QC, Canada, IEEE, 2017.

[26] 杨静，李金科. 带有特征感知的D2D内容缓存策略 [J]. 电子与信息学报，2020，42(9)：2201 - 2207.

[27] REN J, TIAN H, LIN Y, et al. Incentivized Social-Aware Proactive Device Caching with User Preference Prediction [J]. IEEE Access, 2019, 7(99): 136148 - 136160.

第7章　D2D安全传输技术

D2D通信作为5G及未来6G的关键技术，在改善移动通信网络性能及提升用户体验方面优势显著。然而，与传统的蜂窝通信相比，D2D通信不再需要通过基站完成信令转发，且受限于移动终端的计算能力，其安全性能下降较为明显，因此导致D2D通信链路更容易遭受安全威胁。本章将详细介绍D2D安全传输技术，主要通过D2D通信的安全性，D2D安全传输方法和与之相关的移动云计算来对这一技术进行阐述。

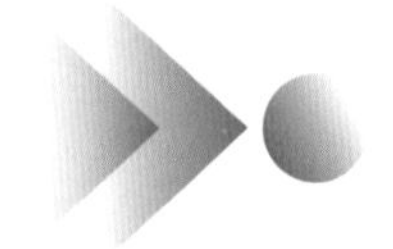

7.1　概述

信息安全在通信中是至关重要的。随着移动通信技术的不断发展，通信安全的地位也在逐步上升，越来越多的企业与个人开始关注与自身相关的信息是否安全，正常的通信活动是否能做到商务资料与个人隐私的“法不传六耳”，避免被“有心人”所利用。日常的通信活动能否保证相关信息可以及时传输到对应信息接收方，避免出现信息丢失的情况至关重要。因此，通信安全成为整个通信服务中不可忽视的一环。

对于LTE系统，定义了五个安全级别，如图7-1所示。3GPP将这些级别概况为如下内容：

(1) 网络访问安全。

(2) 网络域安全。

(3) 用户域安全。

(4) 应用程序域安全。

(5) 安全性的可视性和可配置性。

网络访问安全，通过移动终端到无线接入网络和核心网之间的空中接口来确保移动通信的安全可靠。安全连接需要身份验证、机密性、加密以及完整性保护。网络域安全旨在提供网络元素之间的安全数据和控制信号交换。核心网的安全和无线接入网络的安全实现了网络域安全。用户域安全旨在为移动设备提供安全访问。应用程序级安全性为用户和服务器提供应用程序之间的端到端安全访问。安全性的可视性和可配置性是5G安全协议的一组功能和机制，用户可通过此方式获知安全功能是否正常运行。这些安全级别保护网络和用户免受各种漏洞或攻击。

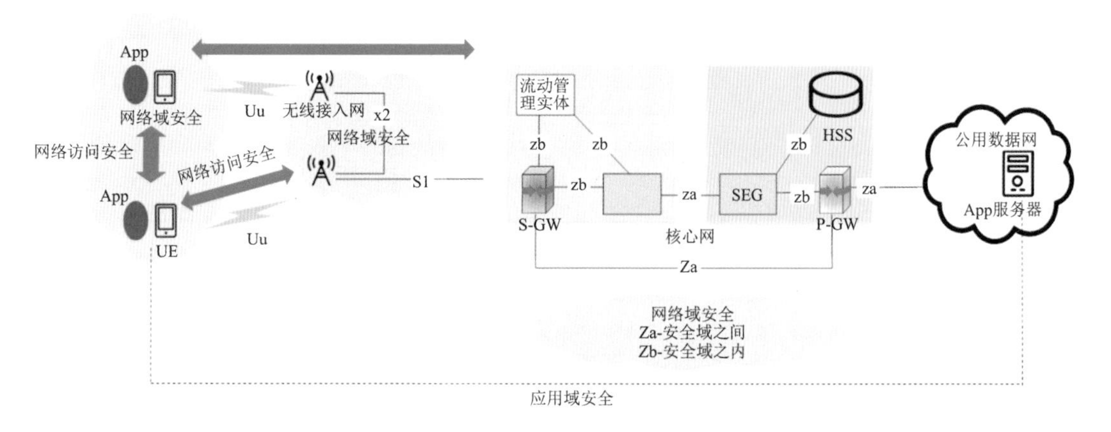

图 7-1 LTE 系统的安全级别

文献[1]提出了具有三个维度的安全模型：① 内部或外部攻击；② 主动或被动攻击；③ 局部或扩展攻击。

内部攻击者被定义为网络内经过认证的入侵者，而外部攻击者则是未经授权的入侵者。局部攻击者是可以在有限范围内影响设备的入侵者，而扩展攻击者则是破坏整个网络中的实体。被动攻击不会破坏网络，因此很难检测，因为网络功能不受影响。针对 LTE 系统的主动攻击会破坏或改变网络中交换的数据，从而中断通信。

如今，在 D2D 通信中，基站仅作为控制中心，而由于无线信道的开放性，D2D 通信很容易受到窃听攻击，安全问题更具挑战性，终端设备需要在点对点模式下交换数据。基于通信的无线特性，D2D 设备需要处理可疑的威胁，如图 7-2 所示。因为 D2D 用户发射的信号会在一定范围内无线广播，如果窃听者或入侵者出现在该范围内，则窃听者将有可能接收到重要信息而导致信息泄漏。其次，D2D 设备旨在从基站卸载数据，从而降低成本开销，但这样会使设备无法对连接的设备进行身份验证。最后，由于 D2D 通信在 Underlay 模式下具有更高的频谱效率，因此尽管 D2D 用户对蜂窝用户构成安全威胁，但 D2D 用户仍可与蜂窝用户共享信道资源。

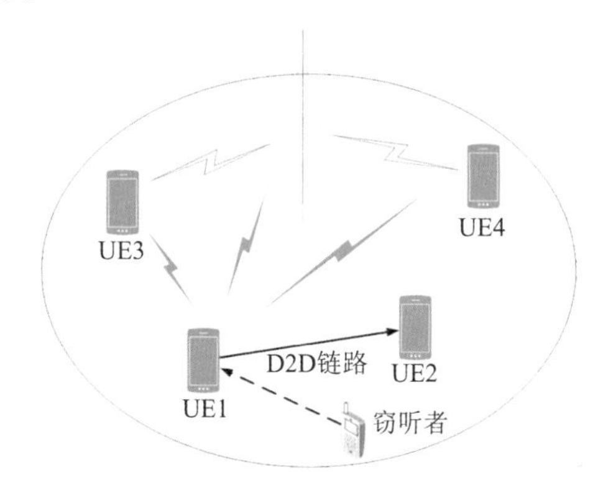

图 7-2 D2D 通信系统安全模型

所有类型的通信都必须考虑安全问题，尤其是涉及控制关键基础设施和处理个人数据的设备之间的无线通信，D2D 通信中的安全问题显得尤为重要。

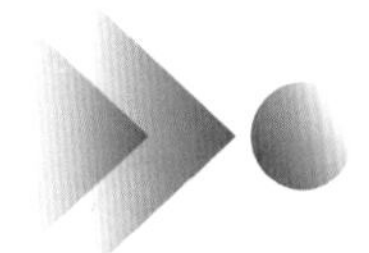

7.2 D2D 通信的安全性

D2D 通信的安全性主要包括安全威胁和安全要求，本节主要从这两个方面进行说明。

7.2.1 安全威胁

D2D 通信的无线电特性给信息传递带来了各种安全威胁，主要表现如下：

(1) 窃听攻击。窃听攻击者通过被动监听用户设备之间的无线信道获取敏感数据。利用加密技术可以避免这种威胁。

(2) 冒充攻击。攻击者可以假冒成合法的用户设备或基站来访问流量数据。使用身份验证可以抵御这种威胁。

(3) 伪造攻击。攻击者伪造特定内容向用户发送虚假数据，达到对系统造成危害的目的。使用 hash 函数和数字签名可以进行完整性控制来抵御此类攻击。

(4) 搭便车攻击。为了降低 D2D 通信中的系统可用性，攻击者可能会鼓励某些用户设备的自私行为，以节省能量消耗，因此用户可能在从同伴那里接收到他们想要的数据时不愿意发送同伴想要的内容，这种漏洞会影响用户体验质量，从而会激怒用户，阻碍 D2D 通信的采用。为了防御这种攻击，有必要开发合作性鼓励机制。

(5) 主动攻击控制数据。攻击者试图更改控制数据。使用密码学方法的身份验证、机密性和完整性可以避开这种威胁。

(6) 侵犯隐私。一些隐私敏感数据(如身份、位置等)与 D2D 服务更加相关，这些个人信息必须对非授权方保密。

(7) 拒绝服务(Denial of Service，DoS)攻击。恶意设备可以暗中破坏甚至完全阻断底层网络中合法设备的连接，故可在 D2D 通信中使某些服务不可用。

7.2.2 安全要求

由于上述威胁，无论这些安全要求是辅助的、控制的还是自主的，一个安全的 D2D 通信系统应满足以下安全要求[2, 3]，如图 7-3 所示。

(1) 保密性。D2D 用户的数据和控制信号仅需在授权用户之间传输。中继模式或群组通信中的数据和控制信号受到保护而避免入侵，使其保密性增强。

(2) 可用性。对于 D2D 通信，即使在存在拒绝服务攻击或干扰的情况下，设备也必须通信。否则，D2D 通信卸载流量的唯一目的将无法解决。

(3) 授权。一旦确定了真实用户的身份，D2D 设备需要向用户提供全部、部分或有限的访问权限。为了保护 D2D 通信免受冒充攻击，必须进行授权。

(4) 数据完整性。应验证授权设备传输的数据未被更改。

(5) 数据机密性。设备之间传输的数据必须使用加密机制进行加密。

(6) 身份验证。必须检查通信方的标识以进行身份验证。

(7) 可撤销性。如果检测到 D2D 服务是恶意的，则可以撤销该服务的用户权限。

(8) 可追溯性。有必要跟踪安全违规企图的来源，但是必须考虑隐私和可跟踪性之间的一些冲突情况。

(9) 细粒度访问控制。在用户设备访问其服务时，针对指定的访问规则进行细粒度的控制。该方案被视为克服隐私和数据传输安全问题的有效解决方案。

(10) 不可否认性。要防止用户设备拒绝发送或接收消息及否认发送或接收信息。在密码学中，数字签名是防止传输不可抵赖性的有效工具，同时需要附加的机制来确保接收信息后的不可抵赖性。

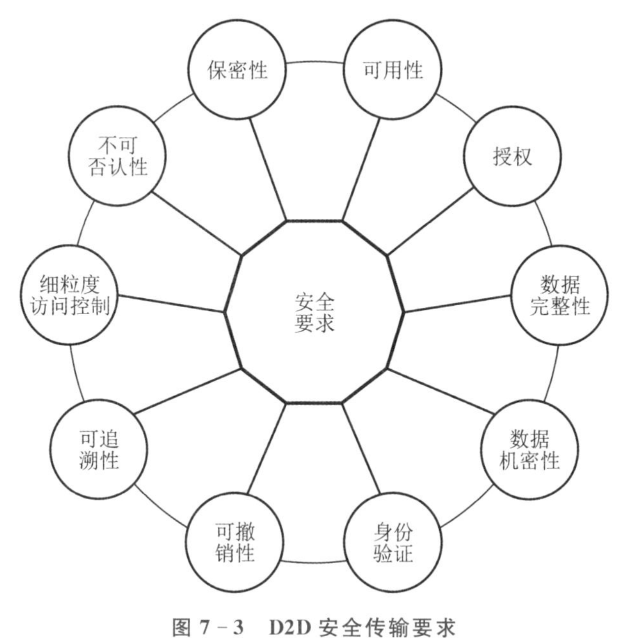

图 7-3　D2D 安全传输要求

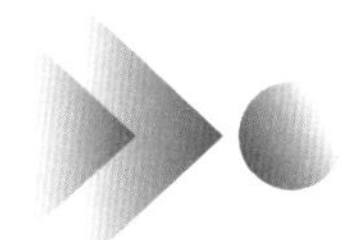

7.3　D2D 安全传输方法

在 D2D 通信中，研究人员主要关注终端设备(用户)的安全性。D2D 通信对可以分发与识别用户和其他个人详细资料相关的敏感信息和数据[4]。这些信息应该是安全的，但 D2D 通信一直面临着不同的安全威胁，如除 7.2.1 节提到的主要威胁攻击外还有中继攻击、位置欺骗、IP 和带宽窥探、恶意软件攻击[5]。为了克服这些威胁，D2D 安全传输需要考虑 7.2.1 节提到的安全要求。因此设计安全传输方法使用户能够避免信息泄露至关重要。

7.3.1 物理层及其他层安全传输

通信中的安全问题主要集中于图7-4所示的应用层、网络层、MAC层和物理层。所有层必须协同工作来为D2D通信中涉及的用户设备提供所需保护。D2D安全传输的研究主要集中在物理层，因为利用无线信道特性的物理层安全传输技术在提高D2D通信的安全性方面具有巨大潜力[6]。物理层安全传输的基本思想是在物理层利用无线信道的属性来保证合法用户的安全可靠通信。物理层安全技术从香农信息论的角度出发，借助物理层安全编码，依靠传输信道的动态物理特性，通过终端的天线配置、节点的不同布设、中继的协作处理等先进的信号处理技术，改善合法用户的信道质量，恶化窃听者的信道质量，从而使得合法用户可安全通信而窃听用户无法窃听保密信息，实现信号的安全传输[7]。

图7-4 网络安全分层

当多个用户使用相同的频谱资源时会造成干扰，从而降低信干噪比(SINR)，这种信道特性在Underlay模式下对D2D通信有弊有利。许多研究致力于降低D2D用户对蜂窝用户的干扰，还有一些研究却认为这种信道中的干扰是有利的。为了防止D2D用户对蜂窝用户造成较大的干扰，D2D用户的传输功率往往保持在较低水平，但是由于资源块的复用，干扰信号对窃听者起到了有利的干扰作用。这是一种用来阻止窃听设备窃听的新技术，即一种利用干扰信号作为安全障碍的安全技术[8]，并且已有大量研究应用了这一技术。假设蜂窝用户C使用第i个资源块，到基站的发送功率为p_i^C，信道增益为g_i^C，并且信道增益为$g_i^{C,e}$的窃听者e试图拦截蜂窝用户C。则资源块上只有蜂窝用户C占用的保密容量为

$$C_i^C = \mathrm{BW}\left[\mathrm{lb}\left(1+\frac{p_i^C g_i^C}{N_0}\right)-\mathrm{lb}\left(1+\frac{p_i^C g_i^{C,e}}{N_0}\right)\right] \tag{7-1}$$

如果同一个资源块被多个D2D用户复用，则保密容量会提高。这里考虑N个D2D用户复用蜂窝用户资源块，设第n个D2D用户的传输功率、D2D发射端到接收端的信道增益、从蜂窝用户C到第n个D2D接收机的干扰链路上的信道增益、从第n个D2D发射端到蜂窝用户C的干扰链路上的信道增益和从窃听者e到蜂窝用户C的信道增益分别为

$p_i^{D_n}$、$g_i^{D_t,r}$、g_i^{C,D_r}、$g_i^{D_t,C}$ 和 $g_i^{C,e}$。在存在窃听者和多个D2D通信对复用资源块的情况下，蜂窝用户保密速率可表示为

$$C_i^{c,d}=\mathrm{BW}\left[\mathrm{lb}\left(1+\frac{p_i^C g_i^{D_t,r}}{N_0+\sum_{n\in N}p_i^{D_n}g_i^{D_t,C}}\right)-\mathrm{lb}\left(1+\frac{p_i^C g_i^{C,e}}{N_0+\sum_{n\in N}p_i^{D_n}g_i^{C,D_r}}\right)\right] \tag{7-2}$$

由式(7-2)可知，相同的资源块被D2D通信对复用，窃听者将面临更大的干扰并降低自身的SINR。这一信道特性用于提高蜂窝用户的保密速率。与此同时，D2D用户致力于提高其数据速率。由于D2D用户的干扰，蜂窝用户的保密容量增加直到D2D Underlay模式复用资源块使窃听者的信道质量达到最差。

为了给D2D通信分配适当的功率和资源块，以提高蜂窝用户的安全性，文献[9]提出了蜂窝用户使用防护区的方案，只有在防护区内没有窃听者时，才允许D2D对通信，并对无线网络中如下两种流行的保密增强技术进行了性能比较：

(1) 通过在附近检测到任何窃听者时限制合法发射机的传输来创建防护区。

(2) 在保密消息中添加人工噪声，使窃听者难以解码。

针对噪声受限的情况，使用随机几何工具推导了这两种技术在窃听者处的安全通信概率 P_{sec} 以及在合法用户处的覆盖概率 P_{cov}，可以表述如下：

$$P_{\mathrm{sec}}=(\mathrm{SNR_S}\leqslant\beta_e\,|\,\delta_a=1) \tag{7-3}$$

$$P_{\mathrm{cov}}=(\mathrm{SNR_P}\geqslant\beta_t,\ \delta_a=1) \tag{7-4}$$

其中，$\mathrm{SNR_S}$ 是窃听者处的信噪比；$\mathrm{SNR_P}$ 是在主接收机处获得的信噪比。如果主发射机正在传输信息，则 $\delta_a=1$；否则，$\delta_a=0$。为D2D用户提出了基于阈值的访问控制方案，β 表示阈值，当D2D通信对发射机与其合法接收机之间的距离高于某个阈值时，保护区技术是更好的选择。

文献[10]证明D2D Underlay模式通信提高了系统保密容量，旨在通过优化蜂窝用户和D2D链路的资源共享，达到为蜂窝用户提供安全保障和提高D2D链路频谱效率的双重目标。结果证明，随着D2D用户数量的增加，保密容量也随之提高。

文献[11]研究了在蜂窝网络的D2D通信中采用物理层安全传输概念时，通过频谱共享的协作解决安全问题。考虑了图7-5所示的基于蜂窝网络的D2D通信中的上行链路传输场景，提出了一种基于保密的最佳D2D通信对选择机制的访问控制方案。同时，将蜂窝通信链路和D2D对之间提供的合作机制描述为一项联合博弈。然后，基于构建博弈中新定义的最大联盟顺序进一步提出了一种基于合并和分裂的蜂窝通信链路和D2D通信对联盟形成算法，以提高蜂窝用户的保密容量和D2D用户的数据速率。

文献[12]在考虑上行链路传输场景下，提出了一种基于保密的联合功率与访问控制方案，其中，将可以提高蜂窝用户保密速率的最优D2D通信对优先进行通信。为了描述网络节点的空间分布并研究整个网络的均衡行为，随机几何理论成为解决该问题的有效工具，其中泊松点过程(Poisson Point Process)被广泛用于建模网络节点的位置[13]。

文献[14]在这样的随机几何框架下，利用人工噪声辅助物理层安全传输方案对网络进行了全面的连通和保密性能分析。文中通过式(7-5)的安全中断概率(Secrecy Outage

Probability，SOP)和式(7－6)的连通中断概率(Coverage Outage Probability，COP)的精确表达式，得出了网络保密吞吐量(Secrecy Throughput，ST)的精确表达式。ST 被用作评估网络安全传输效率的指标。如果链路既没有连通中断，也没有保密中断，则该链路称为保密链路。对于链路密度为 λ 的网络，ST 可用式(7－7)来表示。

$$p^{\mathrm{SOP}}=P\{\mathrm{SINR}_e \geqslant \alpha\} \tag{7-5}$$

$$p^{\mathrm{COP}}=P\{\mathrm{SINR} \leqslant \beta\} \tag{7-6}$$

$$\mathrm{ST}=\lambda R_s(1-p^{\mathrm{COP}})(1-p^{\mathrm{SOP}}) \tag{7-7}$$

其中，p^{SOP} 和 p^{COP} 分别表示合法用户的 SOP 和 COP；SINR_e 和 SINR 分别表示窃听者和合法接收端接收的 SINR；α 和 β 表示相应的预设门限值；R_s 表示用户的保密速率。

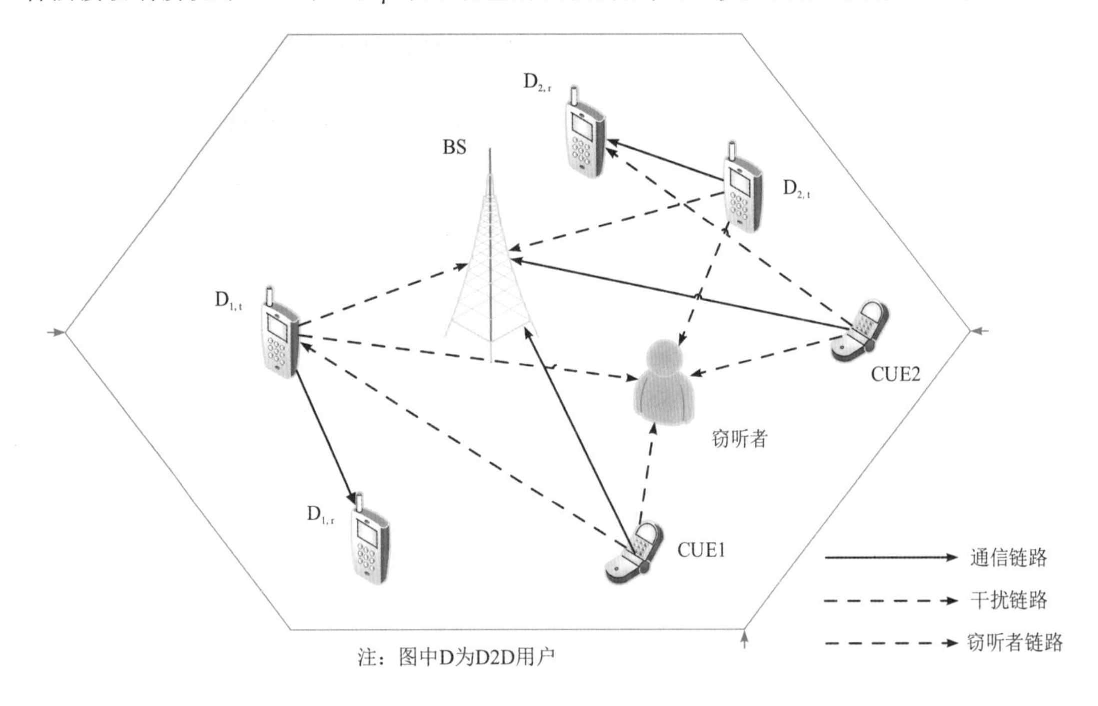

图 7－5 窃听者存在下的上行蜂窝网络 *D2D* 通信系统模型

文献[15]提出了一种机会 D2D 接入的安全传输方案，其通信流程主要包括 3 个步骤，如图 7－6 所示。该方案分别利用无线信道的方向性和增益刻画复用资源的 D2D 用户对蜂窝用户和其他 D2D 用户的干扰大小。为保证两者通信的可靠性，首先，选择满足干扰受限条件的 D2D 用户接入网络进行通信，而接入网络的 D2D 用户可看作蜂窝用户的友好干扰者为其带来安全增益；然后，采用泊松点过程对系统中的各节点进行建模，分别利用安全中断概率和连通中断概率表征蜂窝用户通信的安全性和 D2D 用户通信的可靠性，同时分析了干扰门限对两者通信性能的影响；最后，在保证蜂窝用户安全中断概率性能需求的前提下，提出了一种在满足蜂窝用户安全性的条件下，最小化 D2D 用户连通中断概率的优化模型，并利用联合搜索方法得到最佳干扰门限值。

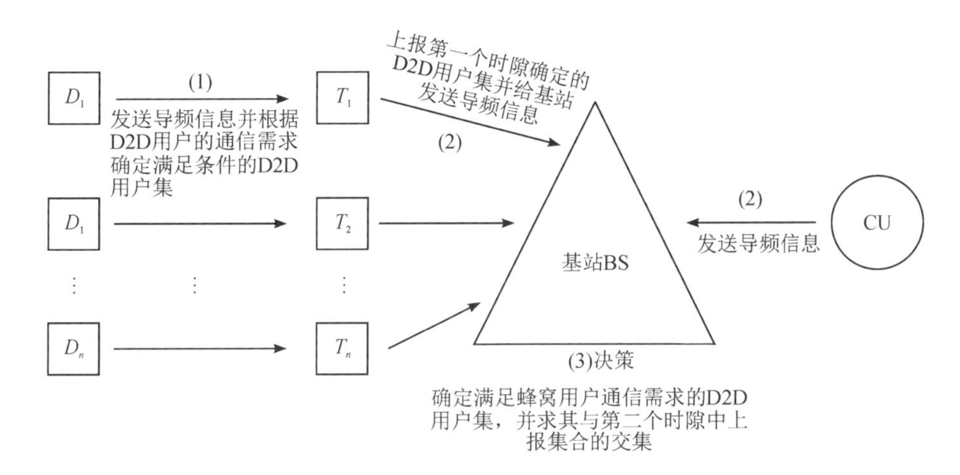

图 7-6　蜂窝系统中机会 D2D 接入的安全传输方案

文献[16]为满足智能信号处理和物理层安全需求，提出了一种智能超表面(Reconfigurable Intelligent Surface，RIS)辅助 D2D 通信的资源分配算法。考虑 D2D 传输速率、基站发射功率和 RIS 发射相移约束，文献[16]构建了用户保密速率最大化问题。针对图 7-7 所示的 RIS 辅助 D2D 保密通信系统，在小区内部署 RIS，控制器负责与基站进行信息交互，并智能控制发射元素的相移，设计了一种基于卷积神经网络的资源分配方案，对基站波束成形向量和 RIS 相移进行优化，在保证 D2D 用户正常通信的条件下，最大化蜂窝用户保密传输速率。

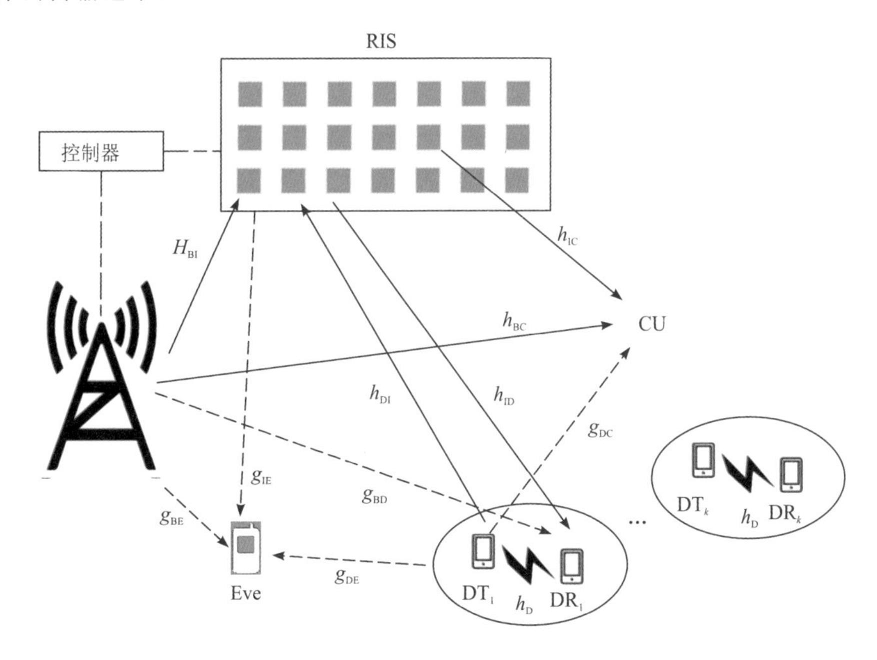

图 7-7　RIS 辅助 D2D 通信系统

考虑到信道状态信息过时的情况，文献[17]研究了带内底层中继辅助 D2D 通信的蜂窝网络的物理层安全性。中继节点采用全双工模式，可以作为友好干扰器，增强蜂窝网络的保密性能，同时增加D2D通信数据传输效率。

在考虑蜂窝用户安全通信的同时，D2D用户的安全通信也应该得到重视。为了解决蜂窝用户的干扰水平与保密容量之间的权衡问题，文献[18]讨论了D2D用户的功率分配问题，主要考虑的是蜂窝用户可能会打开信道窃听被访问的D2D用户并非法获取一些重要信息。在这样的情况下，以D2D用户较高的保密速率作为主要目标，为D2D用户实现更高的保密速率设计了一种基于拉格朗日乘子法的功率分配算法。同时，还考虑到蜂窝用户数据速率的损失，这样就必须解决一个组合优化问题。由于不同信道对不同蜂窝用户的可达数据速率和D2D用户的能实现的保密速率的影响不同，文中考虑了QA和QB两个问题。对于蜂窝用户 i，应考虑干扰容忍 Q_i；对于D2D用户，必须考虑总功率的限制。综上所述，这两个问题可以表述为

$$\text{(QA)} \quad \max \quad \sum_{i=1}^{N} \text{lb}\left[1+\frac{p_{\text{C}}^{i}\left|h_{\text{CB}}^{i}\right|^{2}}{\sigma^{2}+p_{\text{D}}^{i}\left|h_{\text{DC}}^{i}\right|^{2}}\right] \tag{7-8}$$

$$\text{s.t.} \quad p_{\text{D}}^{i}\left|h_{\text{DC}}^{i}\right|^{2} \leqslant Q_{i}$$

$$\text{(QB)} \quad \max \quad \sum_{i=1}^{N}\left[\text{lb}\left(1+\frac{p_{\text{D}}^{i}\left|h_{\text{D}}^{i}\right|^{2}}{p_{\text{C}}^{i}\left|h_{\text{DC}}^{i}\right|^{2}+\sigma^{2}}\right)-\text{lb}\left(1+\frac{p_{\text{D}}^{i}\left|h_{\text{DC}}^{i}\right|^{2}}{\sigma^{2}}\right)\right]^{+} \tag{7-9}$$

$$\text{s.t.} \quad \sum_{i=1}^{N} p_{\text{D}}^{i} \leqslant p_{\text{total}}$$

其中，h_{CB}^{i}、h_{DC}^{i}、h_{D}^{i} 分别表示蜂窝用户 i 到基站、蜂窝用户 i 到D2D用户、第 i 对D2D用户发射端到接收端的信道增益；P_{total} 是D2D用户的总功率限制。

D2D用户可以通过使用人工噪声来提高保密容量。来自D2D节点的总发射功率的一小部分被分配用于辐射人工噪声以恶化相对于窃听者的信道环境，导致窃听者的窃听能力降低[19]。

文献[20]考虑了D2D用户和蜂窝用户的保密容量改进，研究结果表明了传输功率、QoS和保密容量之间的关系，干扰限制了保密容量的提高，间接限制了发射功率。

文献[21]提出了一种低复杂度自适应D2D安全传输方案，该方案采用切换全双工/半双工模式干扰接收机，对抗具有随机分布特性的窃听者，在保密中断概率约束下最大化整体保密吞吐量。此外，蜂窝用户也可能是潜在的窃听者，因此需要同时控制蜂窝用户和D2D用户的功率。随着研究的深入，应该考虑更智能的窃听者，这类窃听者可以有概率地窃听合法用户，或者有选择地窃听蜂窝用户或D2D用户，通过增加攻击的不确定性来增强破坏性。此外，窃听者还可能具有改变攻击模式的能力，即以半双工方式在被动窃听和主动干扰之间切换攻击模式，或以全双工方式同时发起两种攻击模式。这种灵活的攻击方式给无线网络带来了更大的破坏。

文献[22]为了提高D2D底层蜂窝网络的抗窃听和抗干扰性能，集中于增加D2D通信的物理层安全性和蜂窝用户的传输容量。考虑更智能的窃听设备——全双工有源窃听器(Full-duplex Active Eavesdropper，FAE)，如图7-8所示，它可以被动窃听D2D通信中的机密消息，并主动干扰所有合法链路。本文分析了存在FAE的D2D通信的抗窃听和抗干扰性能以及蜂窝用户和D2D用户的联合和协作功率控制问题，提出一种多D2D用户设备

和单蜂窝用户设备的分层异构功率控制机制。

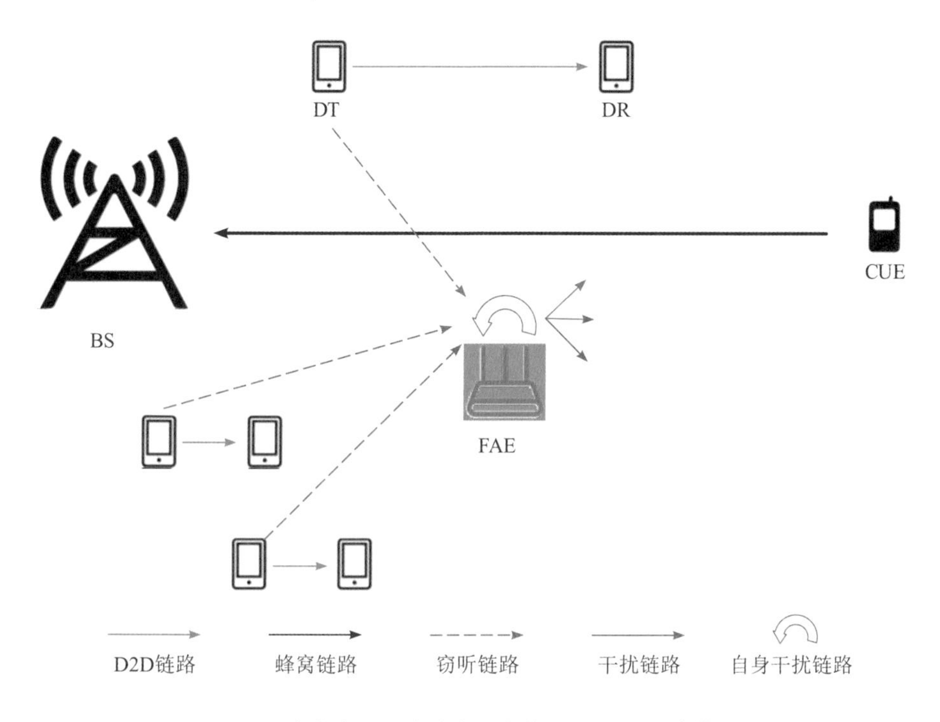

图7-8　存在全双工主动窃听器的D2D通信系统模型

从应用场景看，D2D通信安全传输针对不同场景要求也有所不同，具体可分为如下类别。

1）基于绿色通信的D2D安全传输

为了实现绿色通信，需要为蜂窝用户和D2D用户提供安全性时考虑功耗。文献[23]通过合理地分配干扰功率来提高蜂窝网络中D2D通信的物理层安全性，同时考虑了蜂窝用户和D2D对的安全问题。首先，引入两级序列斯塔克尔伯格博弈(Stackelberg Game)，通过功率分配来解决上述问题。该博弈能更好地描述蜂窝用户与D2D对之间的不对称竞争。从节能的角度出发，将保密能量效率定义为效用函数，对D2D用户和蜂窝用户进行功率分配。在理论分析的基础上，设计了一种迭代功率分配算法。文献[24]研究了基于不完全信道的OFDMA网络中安全绿色D2D通信。本文设计了一个D2D通信场景下的安全通信资源分配方案，该方案以子载波分配、传输功率分配、衰落空间边界和信道分配信息边界的确定为优化问题，并采用粒子群改进方法，得到较好效果。

2）基于移动性的D2D安全传输

由于移动性而对D2D用户进行动态调整是建立D2D通信安全传输的又一个重要问题。对于D2D用户通信不断的加入和离开，需要有一个D2D通信安全传输的自适应机制[25]。很多研究设计了不同的安全模型和算法来衡量异构移动设备上的安全工作量[26, 27]。文献[28]将D2D设备的移动特性作为随机源来设计物理层密钥，建立蜂窝网络中的均匀散射环境模型来分析D2D设备的速度对无线信道参数的影响，如图7-9所示。在该模型中，散射体密集分布在 Bob 周围，以确保入射功率来自各个方向，并且该模型假设通过每个散射体到达终端的电磁波振幅相同。如果终端 Bob 周围有 N 个散射体，则散射体到达终端的第 N ($n<N$)个角为 $n\Delta\theta(\theta=2\pi/N)$。Alice 和 Bob 之间的无线信道为

$$h(t)=\sum_{n=1}^{N(t)}\alpha_n(t)\mathrm{e}^{-\mathrm{j}\theta_n(t)}=h_{\mathrm{I}}(t)+\mathrm{j}h_{\mathrm{Q}}(t) \tag{7-10}$$

式中，$h_{\mathrm{I}}(t)$和 $h_{\mathrm{Q}}(t)$表示信道参数的同相/正交(In phase/Quadrature)分量；$N(t)$表示在 t 时刻，散射体的数量；$\alpha_n(t)$为信道衰减；$\theta_n(t)$是相移。

在此基础上，该模型提出了一种基于移动性的物理层密钥生成方案，并利用高斯随机向量进行密钥提取和分析。

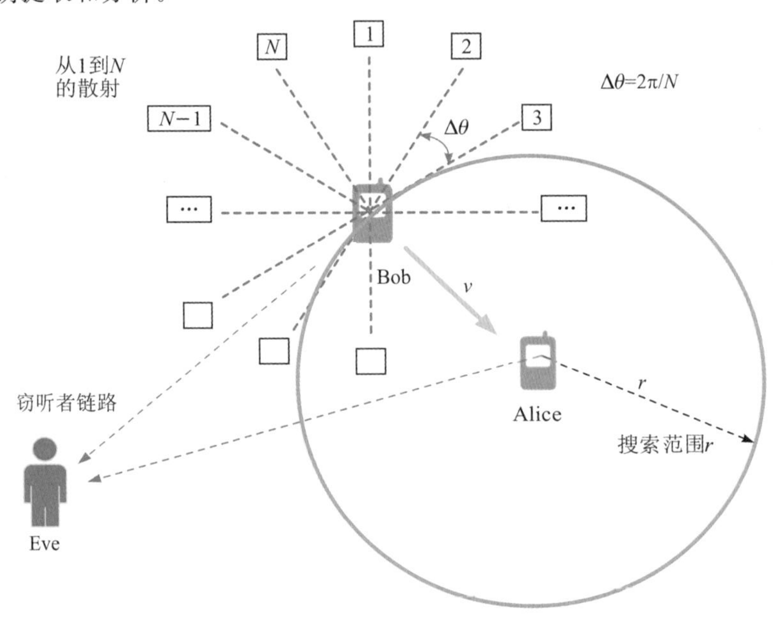

图 7-9 均匀散射环境模型

3) 基于社交应用的安全传输

在不同的物联网应用中，其实任何用户都是占用相同频谱的其他用户传输的信息的潜在窃听者，信任管理对数据的保护就显得至关重要[29]。D2D 设备通常是由用户携带和控制的，因此设备还应具有物理域属性之外的社交域属性。通过将社交领域特性集成到传输方案设计中，可以提高网络性能，同时可以利用它们的社交信任机制来减少潜在窃听者的数量。

文献[30]提出了一种基于社交信任的 D2D 通信体系结构，利用社交域信任来确保物理域通信的安全。为了了解社交信任对传输安全性的影响，通过随机几何方法分析了社交信任辅助通信的系统遍历率。本文所提出的社交信任辅助 D2D 通信方案使系统保密速率提高了约 63%。其中，对于社交信任辅助 D2D 通信是将社交信任与安全通信相结合，提出了一种新的体系结构，解决了在保证传输速率的前提下的通信安全问题。具体而言，该方案利用社交域的社交信任实现移动用户间的高效频谱共享，从而实现物理域的安全通信。图 7-10 展示了基于物理域和社交域的蜂窝网络的社交信任辅助 D2D 通信。社交域表示移动用户之间的社交信任关系，而无线链路由蜂窝用户和物理域中 D2D 用户对之间的频谱共享

关系确定。

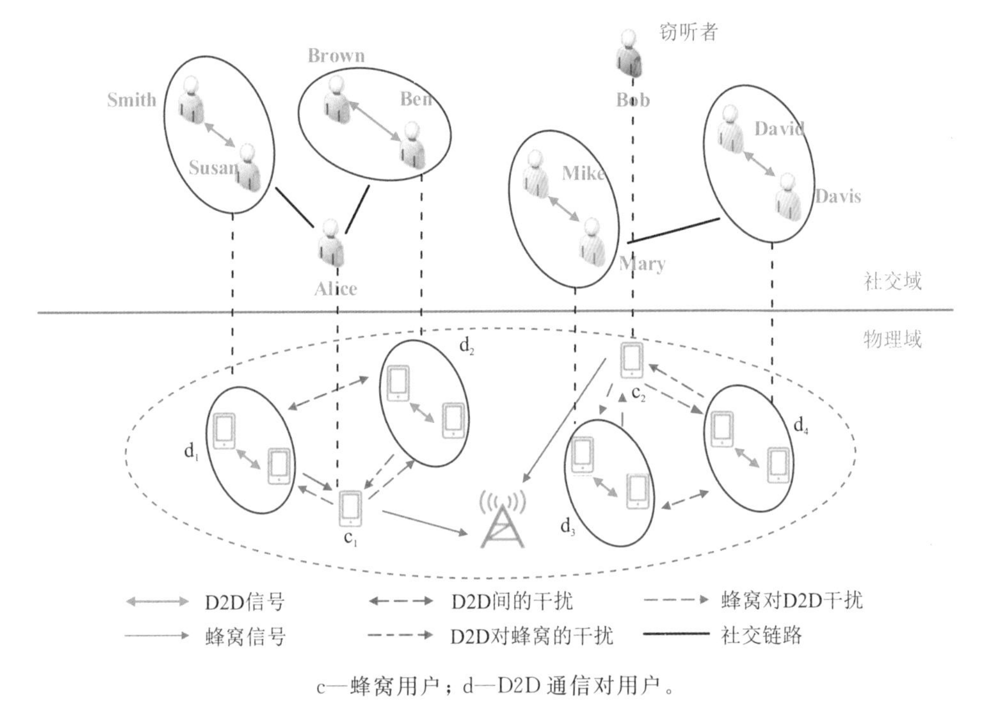

c—蜂窝用户；d—D2D通信对用户。

图7-10 一种基于蜂窝网络的社交信任辅助D2D通信

同样，文献[31]也提出了一种将设备的社会属性与物理属性相结合的协同安全传输策略，以提高网络的保密性能。通过为每个D2D链路定义信任值，可以很好地描述设备之间的社会关系和网络的互动性。通过构建主动D2D链路以及当前没有数据传输的非活动设备的社会感知效用函数，以充当友好的干扰器。将原问题转化为一对一的匹配博弈，并开发了社会关系加权匹配算法，从而得到稳定的合作安全传输策略。文献[32]研究了大规模能量收集认知蜂窝网络中的安全D2D通信。能量受限的D2D发射机从配备多天线的功率信标中获取能量，并使用主基站的频谱与相应的接收机通信。为了实现无线能量采集和信息安全传输，还引入了能量传输模型和信息信号模型，提供了更好的保密性和更低的复杂度。

4）基于无人机的D2D安全传输

无人机通信已广泛应用于无线网络中，以方便灵活的优势受到学术界和工业界的广泛关注。虽然无人机在无线网络中的使用可以带来更低的延迟和更高的速率等诸多好处，但无人机辅助通信也面临着比传统通信系统更严重的安全问题，由于视距连接，传输的数据更容易被恶意窃听者窃听[33]。该问题在无人机D2D通信的中继网络中可以得到有效解决，无人机的高机动性可以通过飞行靠近合法用户或远离窃听者，与用户建立更好的信道链路，降低窃听链路的信道增益。此外，由于视距信道增益仅取决于链路距离，因此无人机可以在所有窃听者位置已知的情况下，准确获取所有窃听者的信道增益，从而解决了传统方法中窃听者的信道状态信息问题。

文献[34]研究了在存在窃听者的情况下，具有D2D通信的高速缓存无人机中继网络中的安全传输问题。如图 7 - 11 所示，无人机和 D2D 用户都配备了缓存存储器，可以预先存储一些热门内容，协同服务于用户。在考虑用户间公平性的前提下，将原问题划分为三个子问题，即用户关联和无人机调度优化、传输功率优化和轨迹优化、最大化用户之间的最小保密速率，提出了一种基于分块交替和逐次凸逼近的迭代算法。该设计方案具有如下两个优点：

(1) 通过轨迹设计，无人机可以靠近每个合法用户飞行，以改善信道质量；同时远离窃听者，以减少信息泄漏，从而提高保密速率。

(2) 对于多个无人机必须彼此非常靠近才能为附近用户服务的偶然情况，可以适当调整其传输功率以减少同信道干扰。

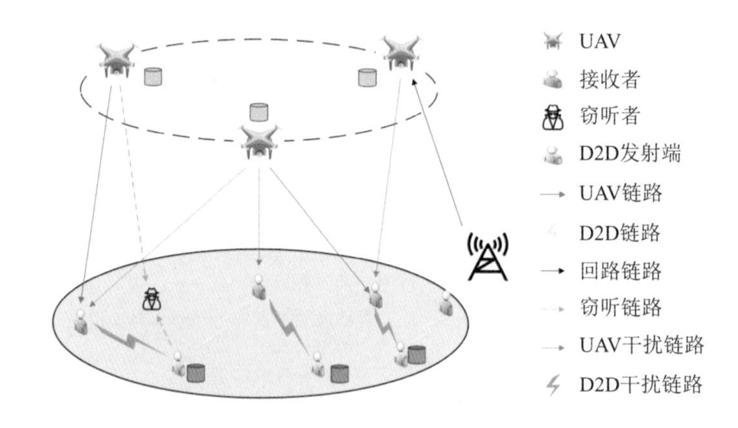

图 7 - 11 具有 D2D 通信的高速缓存 UAV 中继网络中的安全传输示例

除无人机 D2D 物理层安全传输外，对安全设计目标的深入研究还包括安全路由和协议控制、密钥管理、访问控制和其他安全问题[25, 35]。密钥管理在安全的 D2D 通信中起着至关重要的作用。然而，D2D 通信中的加密密钥管理和分配要复杂得多，在 D2D 通信中执行身份验证和数据保密等功能不像普通用户那样方便。同时由于 D2D 通信基础设施的缺乏以及无线设备的存储和计算能力有限，许多基于传统密码学的密钥分发方法无法直接应用于 D2D 通信场景。

文献[36]提出了使用轻量级密钥分配和轻量级索引匹配算法来保护 D2D 通信的安全性。此外，用 Java 在安卓系统上开发了该方案的应用程序，并且该方案计算资源和能耗较低。

文献[37]提出了一种安全的数据共享协议，该协议融合了公钥加密和对称加密的优点，以实现 D2D 通信中的数据安全。具体而言，基于公钥的数字签名与蜂窝网络的相互认证机制相结合，保证了实体认证、传输不可否认性、可追溯性、数据权威性以及完整性。同时，采用对称加密来保证数据的机密性。该协议的一个显著特点是通过记录用户设备的当前状态来检测搭便车攻击，并通过用户设备和演进基站之间的密钥提示传输来实现接收的不可否认性，从而提高系统可用性。

文献[38]考虑到无线设备由电池供电，利用移动设备上的多个传感器设计了一种轻量级的安全 D2D 系统。通过利用两个无线设备中配备的加速度传感器，提出了一种用于安全 D2D 通信的轻量级高效密钥分配方案。基于分布式安全密钥，利用扬声器和麦克风进行有效的近场认证，以确定这两个设备是否在物理上接近。此外，本文还提出了一种在音频通道和射频通道上进行信息加密/解密和信息认证的高效信息安全传输方案，如图7-12所示。本文所设计的系统能够以较低的能耗和计算资源在两个无线设备之间实现安全的信息交换。图7-13显示了设计的系统架构，假设有两台设备DevA和DevB配备了声学硬件扬声器/麦克风以及加速度传感器，它们试图在窃听者在场的情况下相互交换一些私人信息(不借助网络基础设施)。信息传输之前，DevA和DevB之间生成和交换密钥。同时为了节省能源消耗，DevA和DevB在安全传输之前要确保双方在物理上接近，以避免不必要的信息交互。然后，当DevA或DevB启动会话请求时，对其进行近场身份验证，最终达到信息安全传输的目的。其中，密钥生成和分配包括四个步骤：随机源生成、测量预处理、位量化、信息协调和隐私放大。

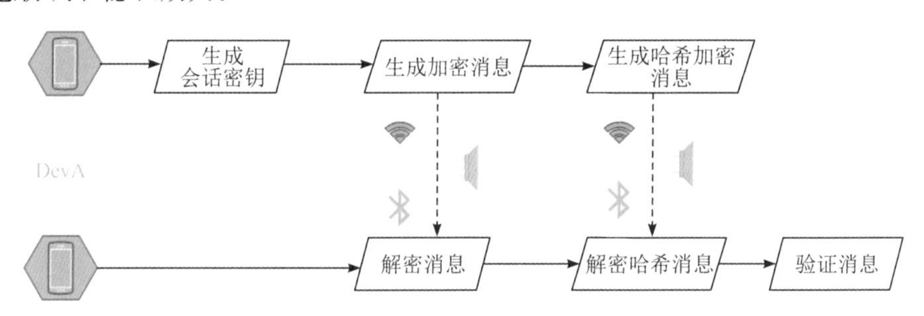

图7-12　传输方案

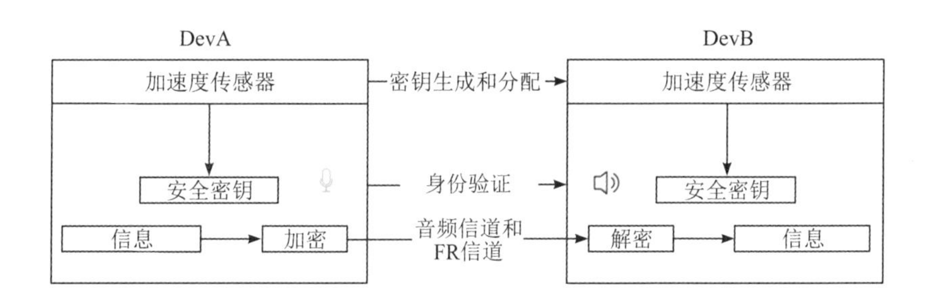

图7-13　D2D安全通信系统的架构

为了加强D2D数据隐私的保护，文献[39]结合中心节点选择机制和同态加密算法，提出了一种基于可靠性和同态加密的D2D数据隐私保护机制。在基于可靠性的中心节点选择机制中，对移动设备节点信息进行收集、归一化、权重求和来获得每个移动设备的可靠性，从而通过对所有移动设备的可靠性进行排序来选择中心节点。此选择机制的实现过程如图7-14所示，详细说明如下：

(1) 以量化形式收集D2D网络中每个移动设备节点的信息，包括服务时间、计算性能、服务成功率、设备节点密度和传输性能。通过这些量化数据来获得每个移动设备节点的可靠性。

(2) 根据D2D网络环境，通过反复实验得到各选择因子的权重，并对每个因子进行加权运算，得到各移动设备的可靠性。

(3) 对D2D网络中所有设备的可靠性进行排序，选择最可信的移动设备节点来执行数据安全聚合的中心节点。

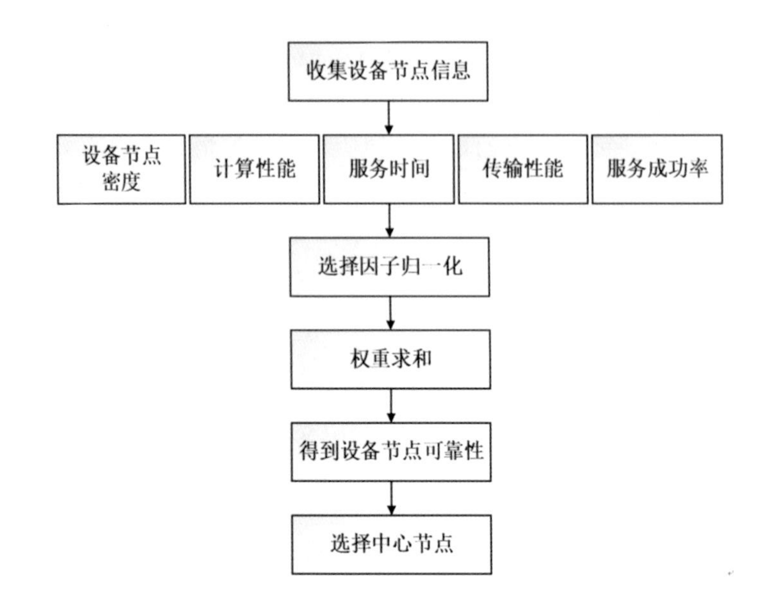

图 7-14　选择机制的实现过程

在基于同态加密的隐私数据安全保护机制中采用同态加密，在不用解密的情况下，在选定的中心节点上实现密文的数据安全聚合。这一方案中选择机制和同态加密保护机制是相辅相成的，因为在基于同态加密的数据安全保护机制中，需要一个中心节点收集各移动设备的加密密文，执行数据安全聚合操作，并将其发送到 D2D 网络中请求数据的设备。同时，网络还需要中心节点来管理整个网络的资源。在传统的通信网络中，这个核心设备通常是基站。然而，在 D2D 网络中，通常没有基站作为核心设备。因此，有必要选择一台设备作为 D2D 网络中的中心节点。文献[40]提出了一种用于密钥管理和数据加密的 D2D 通信安全机制，包括基于物理不可克隆函数(physically unclonable functions)的唯一密钥生成，用于密钥管理的椭圆曲线加密(elliptic-curve cryptography)和 Diffie-Hellman 密钥交换(Diffie-Hellman key exchange)，以及 Salsa20-20 作为流加密的加密方法，该方法适用于无线传输的保密。

5）基于医疗的安全传输

随着科技的快速发展，医疗保健系统(亦称移动医疗系统)在我们周围的环境中已广泛存在。挑战和机遇并存。一方面，智能手机的普及以及医疗传感器和设备的进步推动了用于远程患者监测的无线体域网(Wireless Body Area Networks，WBAN)的出现，也被称为移动健康网络(Mobile-Health)，从而为提高医疗效率和质量提供了可靠且具有成本效益的方法。另一方面，移动医疗系统的进步也产生了广泛的医疗数据，这可能会占用目前蜂窝网络的相关资源。D2D 通信虽然已被提出用于解决这一挑战，但不可否认的是，由于医疗传感器之间 D2D 通信的开放性和医疗数据的高度隐私敏感性，安全威胁也随之出现。更为棘手的是，与其他应用程序相比，医疗保健系统的许多特点使其更容易受到隐私攻击。文献[41]利用无证书广义签名加密技术，提出了一种适用于移动医疗系统的轻量级、鲁棒的安全感知(Light-weight and Robust Security-Aware)D2D辅助数据传输协议。具体地说，首先提出了一种新的高效的无证书广义签名加密(Certificate Less Generalized Sign Cryption，CLGSC)方案，该方案在一个算法内可以自适应地作为签名加密、签名或加密三种密码原语中的一种工作。该方案被证明是安全的，同时实现了机密性和不可伪造性。文中考虑了一个由三个实体组成的移动医疗系统：网络管理器、WBAN客户端和医疗服务提供商，如图7-15所示。基于CLGSC算法，进一步设计了一种适用于移动医疗系统的D2D辅助数据传输协议。该协议具有数据机密性和完整性、相互认证、上下文隐私性、匿名性、不可链接性和转发安全性等安全特性，且达到了设计目标。

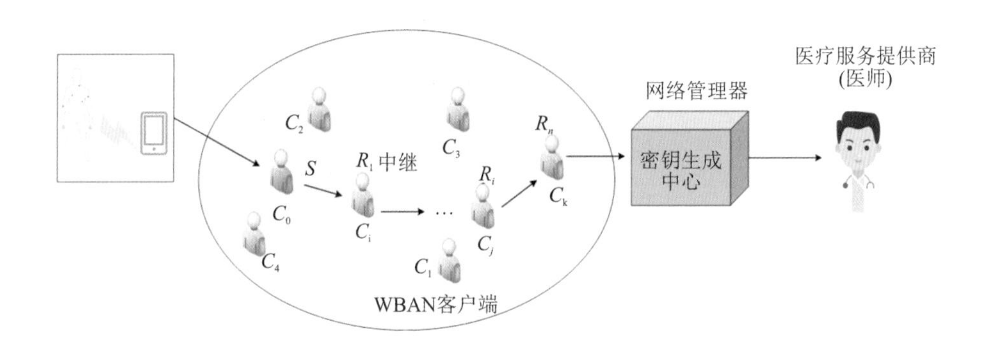

图7-15　移动医疗系统的系统模型

7.3.2　用于D2D安全传输的波束成形

波束成形是一种由天线阵列组成的多天线技术。通过改变天线发射信号的振幅和相位形成指向特定接收机方向的波束，从而增强发射信号的能量，以提供信号的高增益和安全性。

在许多概念中，D2D设备充当协作发射机在链路中转发蜂窝用户的信号，在使用波束成形将D2D发射机的信号传输到D2D接收机的同时，还会中继蜂窝信号。波束成形可以消除对合法用户的不好影响[42-44]。在D2D安全传输案例中，使用多天线传输的发射波束成形技术，将发射信号集中在合法用户的方向上，同时减少信号泄漏给窃听者的风险。部分案例是将同步无线信息和功率传输(Simultaneous Wireless Information and Power Transfer，SWIPT)与波束成形相结合，以提供绿色通信，即将能量收集与波束成形相结合，为空闲的D2D用户提供能量。这些案例都有效地解决了蜂窝用户和D2D用户的安全通信。此外，在波束成形中，必须了解信道状态信息，但窃听者的信道状态信息无法完全确定。因此，利用各种不确定性模型(如高斯马尔科夫不确定性模型)对其进行建模，以解决这些不确定性问题。

文献[45]提出了一种安全波束成形设计，以防止窃听多输入多输出(Multiple-Input Multiple-Output，MIMO)D2D通信。D2D用户通过执行物理层网络编码(Physical Layer Network Coding，PNC)的可信中继进行通信，多个窃听者试图拦截用户设备的信息。波束成形设计基于最小化D2D通信的均方误差，同时采用SINR阈值约束来防止可能的窃听。

文献[46]研究了具有多个D2D通信的MISO保密信道的两个保密率优化问题。对于该保密网络，本文的方法解决了在基于概率的保密速率和 D2D 传输速率约束下的鲁棒功率最小化问题；结合两种统计信道不确定性模型，给出了传输功率、基于概率的保密速率和 D2D 传输速率约束下的鲁棒保密速率最大化问题解决方案。由于基于两种统计信道不确定性模型的鲁棒波束成形设计得非凸性，文中提出了两种基于“Bernstein-type”不等式和“S-Procedure”的保守近似方法，将基于概率的约束转化为确定性约束。

文献[47]为了防止信息泄露，提出了一种多天线全双工 D2D 接收机波束成形设计，分别向合法用户和窃听者方向抑制和注入人工噪声信号。安全波束成形的效率取决于发射机对窃听者 CSI(Channel Status Information)的了解程度。

针对发射机无法获得窃听信道完整 CSI 的情况，文献[48]设计了安全的波束形成方案，以最大限度地提高 D2D 用户的数据速率，同时保证了蜂窝用户的保密速率要求以及传输给空闲 D2D 用户所需的最小功率。如图 7-16 所示，单蜂窝网络模型包括一个 BS，一组 K 个蜂窝用户，信息传输通过频谱资源块(Resource Block，RB)将内容发送给 BS。这些 RB 是正交的，K 个 RB 分别与一对车辆共享，即 Alice 和 Bob，其中 Alice 使用这些 RB 将机密信息传输给 Bob。同时，网络中还有一个窃听者(Eve)隐藏在蜂窝网络中，拦截并窃听从 Alice 到 Bob 的通信内容。由此可见，安全威胁是 V2V 通信中的主要问题。

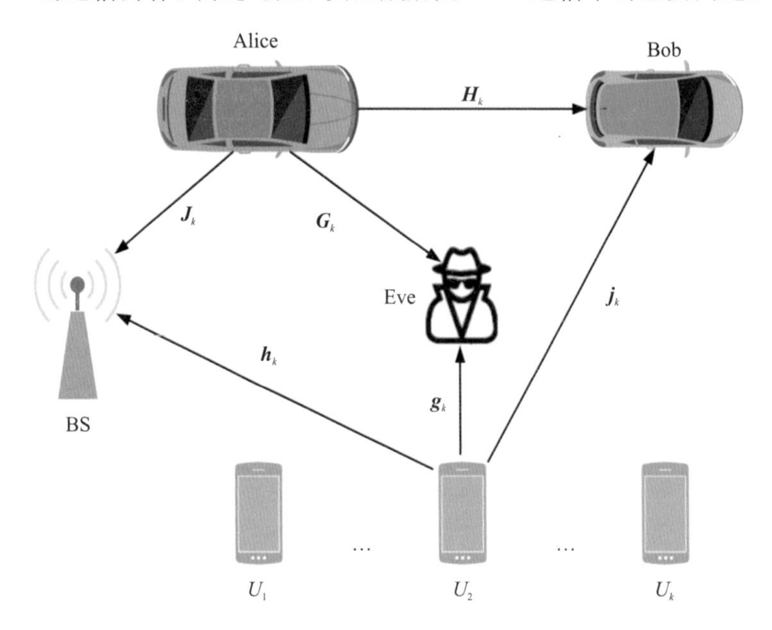

U_1～U_k—k 个蜂窝用户；$\boldsymbol{J}_k$—从 Alice 到 BS 的干扰信道矩阵模型；$\boldsymbol{h}_k$—U_k 和 BS 之间的上行信道向量模型；$\boldsymbol{j}_k$—从 U_k 到 Bob 的干扰信道向量模型；$\boldsymbol{H}_k$—从 Alice 到 Bob 的信道矩阵模型；$\boldsymbol{g}_k$—窃听者 Eve 创建的从 U_k 到 Eve 的干扰信道向量模型；$\boldsymbol{G}_k$—窃听者 Eve 创建的从 Alice 到 Eve 的窃听信道矩阵模型。

图 7-16　基于 D2D 的 V2V 通信中的窃听信道模型

文献[49]设计了一种人工噪声辅助波束成形方案来保护不需要窃听者瞬时 CSI 的 V2V 通信，特别是通过检测方法可以消除频谱资源复用带来的干扰。

文献[50]提出了在未授权的底层D2D网络中使用波束成形的干扰利用方法，其中全双工蜂窝用户应保证合法传输信息，同时实现对可疑D2D用户的无线监控。

7.3.3　用于D2D安全传输的入侵检测系统

随着通信技术的进步，出现了大量恶意应用程序。这些应用程序可以破解设备中存储的身份验证密钥、信用卡信息等敏感信息。面对这种程序对数据的攻击，虽然存在物理层安全，但应用层攻击无法通过物理层安全来阻止。因此，还需要设计相应的检测系统来检测恶意攻击，而入侵检测系统(Intrusion Detection System，IDS)是现有的检测此类入侵的系统之一，如图7-17所示。

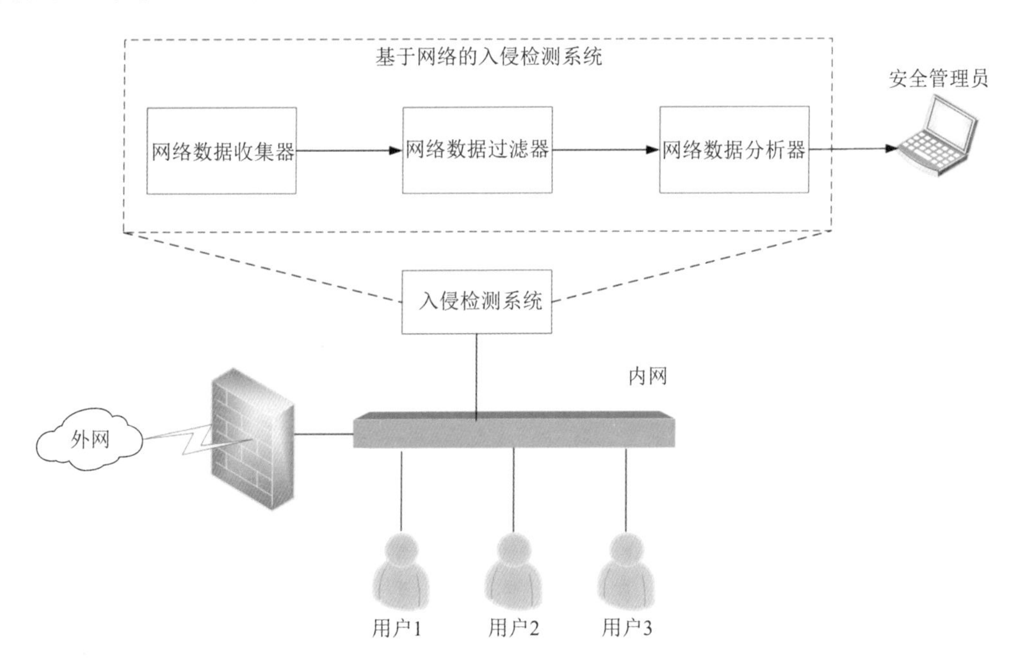

图7-17　基于网络的入侵检测系统

IDS能够监控网络流量、系统日志、运行进程、应用程序和系统配置更改、文件的访问和修改等。IDS会将正常的活动模式与可疑活动进行比较，一旦检测到恶意活动，它会将信息发送给服务器和系统管理员进行处理[51]，不过这种系统在计算上会消耗大量的能量。

文献[52]针对云计算环境提出了基于签名的IDS，检测到CPU上的计算过载增加了20%～25%。在文献[53]中，开发了一种低复杂度的基于模糊插值的数据驱动网络入侵检测系统。该系统配备了稀疏规则库，不仅保证了入侵检测的在线性能，而且可以从现有知识库没有直接覆盖的情况下生成安全警报。该系统不仅能够成功地生成已知攻击类型的安全警报，而且由于其具有良好的泛化能力，能够很好地检测未知类型的攻击。5G网络中，无线通信系统的中继、基站和小蜂窝接入点都面临着拒绝服务攻击。对于这些部分，文献[51]建议使用数据收集、关联机制和机器学习算法来改进IDS系统。同时，文献[51]还建议将记录的数据转发给指挥控制中心，以便检测恶意软件。此外，支持向量机、集成分类器和C-均值聚类机器学习技术均可以用来设计入侵检测系统。文献[54]提出了一种采用集成分类器设计的 IDS，以提供入侵警报。

7.3.4 保密指标

保密指标是衡量 D2D 安全传输技术的关键。为了抵御上述潜在威胁，本小节总结了 D2D 通信系统应该满足的安全性指标。保密指标主要包括保密容量、保密速率、保密吞吐量、保密中断概率、保密能量效率等内容。其中，保密容量、保密速率、保密吞吐量、保密中断概率主要用来衡量 D2D 安全传输中用户的通信质量，然而随着通信的发展，绿色通信逐渐被重视起来，能量效率成为研究的热点，因此保密能量效率也成为 D2D 安全传输技术中的重要指标。为了测量蜂窝和 D2D 通信的安全性，各种保密度量定义如下。

(1) 保密容量：存在窃听者威胁的情况下，从发送端向接收端发送机密信息的最大速率。

(2) 保密速率：主通信信道的速率与窃听者的最大速率之差。

(3) 保密吞吐量：D2D 接收机单位时间内接收到的保密信息的平均信息量。

(4) 保密中断概率：瞬时容量大于冗余率的概率。冗余率是传输速率和保密速率的差值。

(5) 保密能量效率：保密容量或保密速率与总能耗的比值。

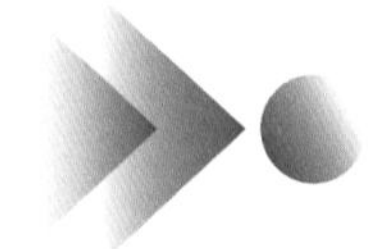

7.4 移动云计算与 D2D 安全传输

移动云计算有可能是解决 D2D 安全传输问题的关键组成。图 7-18 所示为异构 CRAN (Cloud RAN)部署下的 LMC(Local Mobile Cloud，本地云)辅助 D2D 通信框架。在此框架中，资源贫乏的设备可以利用其他用户的空闲计算资源。其中，图 7-18(a)所示为 LMC 在一个小区内；图 7-18(b)所示为 LMC 以用户为中心，由不同微基站的移动设备组成。

在此框架下，为了满足 5G 移动网络中对数据速率不断增长的需求，需要部署超密集网络，并通过使小蜂窝基站更接近移动终端的方式来提供巨大的容量增益和更好的用户体验。然而，小区密集化带来了更严重的小区间干扰和安全问题，这意味着可能会发生性能下降和信息泄露。

云计算是一种基于互联网的计算。在这种计算中，大量分散的服务器联网，实现了虚拟化和动态管理计算资源的共享，以便通过互联网和其他可用网络向客户提供安全服务。而移动云计算被认为是 5G 中解决安全问题很有前景的网络技术之一。随着移动流量的激增，移动云计算已经渗透到无线通信领域。该技术具有集中控制能力，能够得到全网络的通信情况，支持联合资源分配和移动性管理，可以更好地统筹监视网络中用户的安全问题。此外，移动云计算可以使节点之间的协作更加方便和灵活，这将提高系统安全性能。移动端在移动过程中会消耗很大的电池电量，复杂的应用程序可以卸载到云服务器上，以减少移动设备的处理和能源负担。

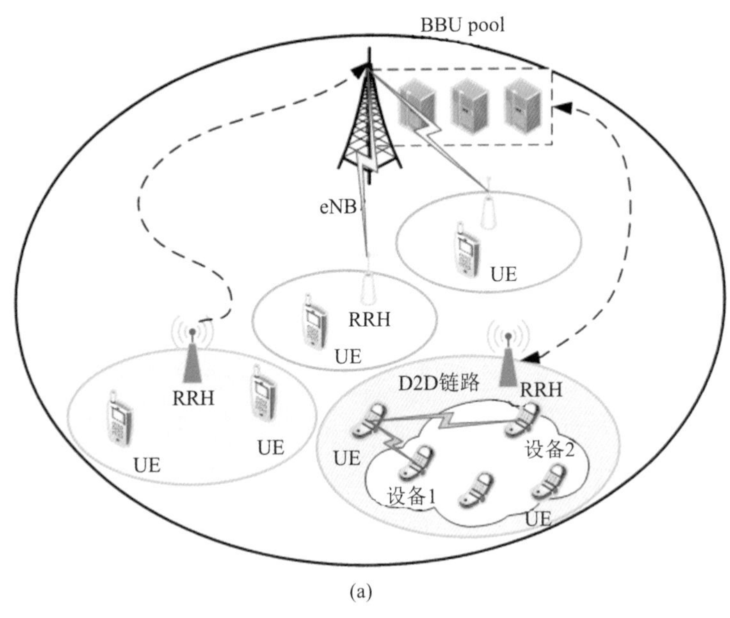

(a)

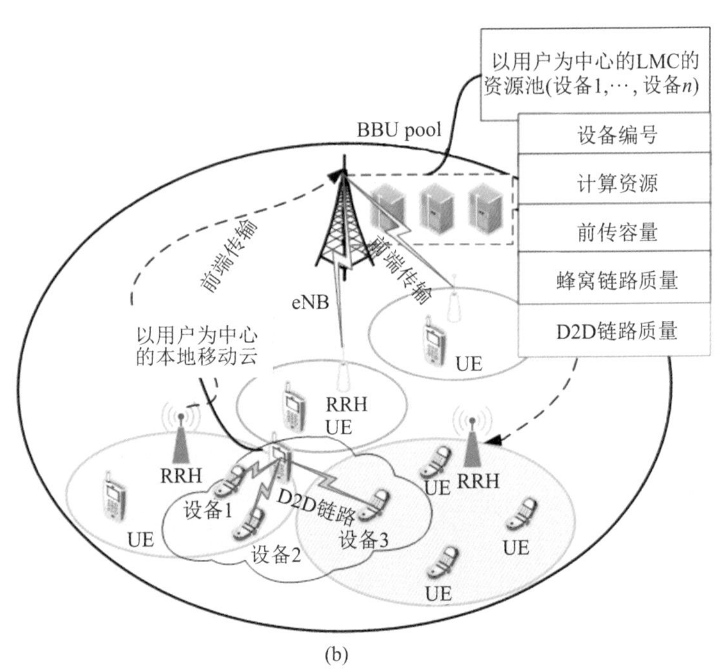

(b)

图7-18 辅助D2D通信框架

文献[55]将移动计算、移动互联网和云计算确定为移动云计算的三个板块，而移动互联网首选蜂窝网络。对于云计算，引入动态Cloudlet作为云服务器和移动设备之间的中介，维持连接或切换连接的动态决策是在动态Cloudlet级别以及一些基本应用程序上完成的。在XML(可扩展标记语言)的帮助下，提供了动态网络服务。同时也证明了这种方式能够降低能耗。

为了提高车辆通信的安全性，文献[56]提出了与云计算一起进行数据加密的方法，采用动态资源分配的三层模型。

对于数据加密，文献[57]提出了一种新的基于张量的全同态加密方法。该方法被称为混合运算的全同态加密模型，该模型使用张量定律对实数进行混合算术运算，可有效解决数据通信中的对抗行为。

文献[58]提出了将数据分类为面向内容的数据对和非面向内容的数据对，根据类别动态确定加密方案。在边缘计算中，移动设备或边缘设备、云服务器和雾服务器之间存在三层通信。

文献[59]在所有三个层中提出了边缘计算隐私保护。在大数据中，隐私保护和时间约束之间存在权衡，建议使用不同的安全协议将数据分发到多信道通信中。

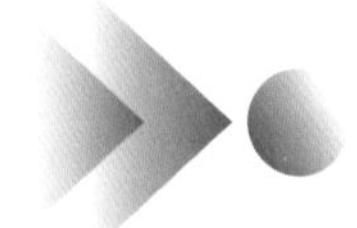

本章小结

本章从 D2D 通信的安全性和 D2D 安全传输方法两个方面对 D2D 安全传输技术进行了阐述，描述了 D2D 安全传输对于 D2D 通信的重要意义。本章回顾了最先进的解决方案，以应对 D2D 通信中的安全和隐私挑战。现有的大多数安全解决方案均需要在特定的网络架构上工作，少数考虑到跨层安全方面的解决方案可作为安全协议单独执行。因此开发满足所有安全要求、面对所有安全威胁并支持所有 D2D 通信场景的安全解决方案是非常有必要的。将 D2D 通信纳入 5G 异构网络及其他网络仍处于起步阶段，面临着多重安全威胁。由于通信场景和架构的不同，3GPP 标准化的 AKA 协议不适用于 D2D。到目前为止，只研究了聚合签名和加密技术，这意味着为了增强安全性和最大限度地减少资源消耗，应解决许多有待解决的安全问题。未来，除了建立新的安全模型来促进 5GB/6G 异构网络中设备之间的通信外，研究人员应该考虑为 D2D 通信开发新的 AKA 协议来确保蜂窝用户和 D2D 用户的安全传输。

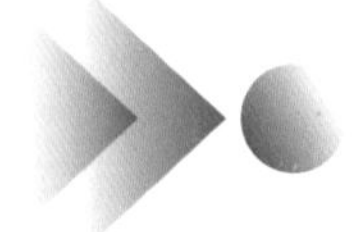

思考拓展

1. D2D 通信所面临的主要安全威胁有哪些？请至少列出 3 种。
2. 对于 LTE 系统，根据 3GPP 定义了哪五个安全级别？请分别说明它们的含义。
3. 通信中的安全问题主要集中在哪几层？
4. 请分别写出安全中断概率，连通中断概率和网络保密吞吐量表达式。
5. 请说明波束成形的含义以及它在 D2D 中的作用。
6. 查找相关资料，描述一下 SWIPT 定义。
7. 请简述入侵检测系统的作用。
8. 什么是保密容量和保密能量效率？
9. 简述安全传输技术对于 D2D 通信的意义。

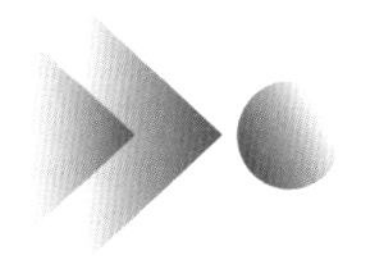

本章参考文献

[1] PEDHADIYA M K, JHA R K, BHATT H G. Device to device communication: A survey[J]. Journal of Network and Computer Applications, 2019, 129: 71-89.

[2] CHU Z, NGUYEN H X, LE T A, et al. Game theory based secure wireless powered D2D communications with cooperative jamming[C]. 2017 Wireless Days. IEEE, 2017: 95-98.

[3] HAUS M, WAQAS M, DING A Y, et al. Security and privacy in device-to-device (D2D) communication: A review[J]. IEEE Communications Surveys & Tutorials, 2017, 19(2): 1054-1079.

[4] ANSARI R I, CHRYSOSTOMOU C, HASSAN S A, et al. 5G D2D networks: Techniques, challenges, and future prospects[J]. IEEE Systems Journal, 2017, 12(4): 3970-3984.

[5] KAR U N, SANYAL D K. An overview of device-to-device communication in cellular networks[J]. ICT express, 2018, 4(4): 203-208.

[6] NAIT HAMOUD O, KENAZA T, CHALLAL Y. Security in device-to-device communications: a survey[J]. IET Networks, 2018, 7(1): 14-22.

[7] AN S X, ZHENG H Y. Secure Transmission Technology of Physical Layer in D2D Cellular Networks, in Communications Technology, 2020, 53(7): 1581-1585.

[8] ALEMAISHAT S, SARAEREH O A, KHAN I, et al. An efficient resource allocation algorithm for D2D communications based on NOMA[J]. IEEE Access, 2019, 7: 120238-120247.

[9] KISHK M A, DHILLON H S. Stochastic geometry-based comparison of secrecy enhancement techniques in D2D networks[J]. IEEE Wireless Communications Letters, 2017, 6(3): 394-397.

[10] WANG J, TANG Q, YANG C, et al. Security enhancement via device-to-device communication in cellular networks[J]. IEEE Signal Processing Letters, 2016, 23(11): 1622-1626.

[11] ZHANG R, CHENG X, YANG L. Cooperation via spectrum sharing for physical layer security in device-to-device communications underlaying cellular networks[J]. IEEE Transactions on Wireless Communications, 2016, 15(8): 5651-5663.

[12] ZHANG R, CHENG X, YANG L. Joint power and access control for physical layer security in D2D communications underlaying cellular networks[C]. 2016 IEEE International Conference on Communications (ICC). IEEE, 2016: 1-6.

[13] WANG W, TEH K C, LUO S, et al. Physical layer security in heterogeneous

networks with pilot attack: A stochastic geometry approach[J]. IEEE Transactions on Communications, 2018, 66(12): 6437-6449.

[14] LYU J, WANG H M, HUANG K W. Physical layer security in D2D underlay cellular networks with poisson cluster process [J]. IEEE Transactions on Communications, 2020, 68(11): 7123-7139.

[15] 陈亚军，季新生，黄开枝，等. 蜂窝系统中机会D2D接入的安全传输方案[J]. 通信学报，2018，39(1)：126-136.

[16] 朱政宇，侯庚旺，黄崇文，等. 基于并行CNN的RIS辅助D2D保密通信系统资源分配算法[J]. 通信学报，2022，43(3)：172-179.

[17] KHOSHAFA M H, NGATCHED T M N, AHMED M H, et al. Secure transmission in wiretap channels using full-duplex relay-aided D2D communications with outdated CSI[J]. IEEE Wireless Communications Letters, 2020, 9(8): 1216-1220.

[18] QU J, CAI Y, XU S. Power allocation in a secure-aware device-to-device communication underlaying cellular network[C]. 2016 8th International Conference on Wireless Communications & Signal Processing (WCSP). IEEE, 2016: 1-5.

[19] TOLOSSA Y J, VUPPALA S, KADDOUM G, et al. On the uplink secrecy capacity analysis in D2D-enabled cellular network[J]. IEEE Systems Journal, 2017, 12(3): 2297-2307.

[20] ZHANG J, DENG L, LI X, et al. Novel device-to-device discovery scheme based on random backoff in LTE-advanced networks[J]. IEEE Transactions on Vehicular Technology, 2017, 66(12): 11404-11408.

[21] WANG H M, ZHAO B Q, ZHENG T X. Adaptive full-duplex jamming receiver for secure D2D links in random networks [J]. IEEE Transactions on Communications, 2018, 67(2): 1254-1267.

[22] LUO Y, FENG Z, JIANG H, et al. Game-theoretic learning approaches for secure D2D communications against full-duplex active eavesdropper[J]. IEEE Access, 2019, 7: 41324-41335.

[23] ZHANG W, HE W, CHEN X, et al. Power allocation for improving physical layer security in D2D communication via stackelberg game[C]. 2016 8th International Conference on Wireless Communications & Signal Processing (WCSP). IEEE, 2016: 1-5.

[24] ARIAN F, JAVAN M R, YAMCHI N M. Secure green D2D communication in OFDMA based networks with imperfect channel knowledge [J]. Wireless Networks, 2021, 27(5): 3147-3164.

[25] WANG M, YAN Z. A survey on security in D2D communications[J]. Mobile Networks and Applications, 2017, 22(2): 195-208.

[26] LI Z, HU H, HU H, et al. Security and energy-aware collaborative task offloading in D2D communication[J]. Future Generation Computer Systems, 2021, 118: 358-373.

[27] MEHRABI M, SHEN S, HAI Y, et al. Mobility-and energy-aware cooperative edge offloading for dependent computation tasks[J]. Network, 2021, 1(2): 191-214.

[28] DU Y, LIU J, CHEN M, et al. Mobility-based Physical-layer Key Generation Scheme for D2D Communications Underlaying Cellular Network[C]. 2018 10th International Conference on Wireless Communications and Signal Processing (WCSP). IEEE, 2018: 1-5.

[29] CHAKRABORTY C, RODRIGUES J J C P. A comprehensive review on device-to-device communication paradigm: trends, challenges and applications[J]. Wireless Personal Communications, 2020, 114(1): 185-207.

[30] CHEN X, ZHAO Y, LI Y, et al. Social trust aided D2D communications: Performance bound and implementation mechanism[J]. IEEE Journal on Selected Areas in Communications, 2018, 36(7): 1593-1608.

[31] WANG Y, WANG L. Matching theory-based cooperative secure transmission strategy for social-aware D2D communications[J]. IEEE Transactions on Vehicular Technology, 2019, 68(10): 10289-10294.

[32] LIU Y, WANG L, ZAIDI S A R, et al. Secure D2D communication in large-scale cognitive cellular networks: A wireless power transfer model [J]. IEEE Transactions on Communications, 2015, 64(1): 329-342.

[33] ZHONG C, YAO J, XU J. Secure UAV communication with cooperative jamming and trajectory control[J]. IEEE Communications Letters, 2018, 23(2): 286-289.

[34] JI J, ZHU K, NIYATO D, et al. Joint trajectory design and resource allocation for secure transmission in cache-enabled UAV-relaying networks with D2D communications[J]. IEEE Internet of Things Journal, 2020, 8(3): 1557-1571.

[35] SUOMALAINEN J, JULKU J, VEHKAPERÄ M, et al. Securing public safety communications on commercial and tactical 5G networks: A survey and future research directions[J]. IEEE Open Journal of the Communications Society, 2021, 2: 1590-1615.

[36] CAO M, CHEN D, YUAN Z, et al. A lightweight key distribution scheme for secure D2D communication[C]. 2018 International Conference on Selected Topics in Mobile and Wireless Networking (MoWNeT). IEEE, 2018: 1-8.

[37] ZHANG A, CHEN J, HU R Q, et al. SeDS: Secure data sharing strategy for D2D communication in LTE-Advanced networks[J]. IEEE Transactions on Vehicular Technology, 2015, 65(4): 2659-2672.

[38] CAO M, WANG L, XU H, et al. Sec-D2D: A secure and lightweight D2D communication system with multiple sensors[J]. IEEE Access, 2019, 7: 33759-33770.

[39] JIN B, JIANG D, XIONG J, et al. D2D data privacy protection mechanism based on reliability and homomorphic encryption[J]. IEEE Access, 2018, 6: 51140 - 51150.

[40] BALAN T, BALAN A, SANDU F. SDR implementation of a D2D security cryptographic mechanism[J]. IEEE Access, 2019, 7: 38847 - 38855.

[41] ZHANG A, WANG L, YE X, et al. Light-weight and robust security-aware D2D-assist data transmission protocol for mobile-health systems[J]. IEEE Transactions on Information Forensics and Security, 2016, 12(3): 662 - 675.

[42] JAVAN M R, MOKARI N. Resource Allocation in Secure Full-Duplex D2D Communications Using Zero Forcing Beamforming[C]. Electrical Engineering (ICEE), Iranian Conference on. IEEE, 2018: 586 - 591.

[43] LI Q, REN P, DU Q, et al. Safeguarding NOMA enhanced cooperative D2D communications via friendly jamming[C]. 2019 IEEE 90th Vehicular Technology Conference (VTC2019-Fall). IEEE, 2019: 1 - 5.

[44] LI Q, REN P, XU D. Security enhancement and QoS provisioning for NOMA-based cooperative D2D networks[J]. IEEE Access, 2019, 7: 129387 - 129401.

[45] JAYASINGHE K, JAYASINGHE P, RAJATHEVA N, et al. Physical layer security for relay assisted MIMO D2D communication[C]. 2015 IEEE International Conference on Communication Workshop (ICCW). IEEE, 2015: 651 - 656.

[46] CHU Z, CUMANAN K, XU M, et al. Robust secrecy rate optimisations for multiuser multiple-input-single-output channel with device-to-device communications[J]. IET Communications, 2015, 9(3): 396 - 403.

[47] KHALID W, YU H, DO D T, et al. RIS-aided physical layer security with full-duplex jamming in underlay D2D networks[J]. IEEE Access, 2021, 9: 99667 - 99679.

[48] JIANG L, QIN C, ZHANG X, et al. Secure beamforming design for SWIPT in cooperative D2D communications[J]. China Communications, 2017, 14(1): 20 - 33.

[49] LIU Y, SU Z, WANG Y. Artificial Noise-Assisted Beamforming and Power Allocation for Secure D2D-Enabled V2V Communications[C]. 2021 IEEE 94th Vehicular Technology Conference (VTC2021-Fall). IEEE, 2021: 01 - 05.

[50] HU Y, ZHANG S, WANG J, et al. Wireless surveillance with interference exploitation in unauthorized underlaid D2D networks[J]. IEEE Access, 2020, 8: 123151 - 123164.

[51] BORGES P, SOUSA B, FERREIRA L, et al. Towards a hybrid intrusion detection system for android-based PPDR terminals[C]. 2017 IFIP/IEEE Symposium on Integrated Network and Service Management (IM). IEEE, 2017: 1034 - 1039.

[52] MAHAJAN V, PEDDOJU S K. Deployment of intrusion detection system in cloud: a performance-based study[C]. 2017 IEEE Trustcom/BigDataSE/ICESS. IEEE, 2017: 1103 - 1108.

[53] YANG L, LI J, FEHRINGER G, et al. Intrusion detection system by fuzzy interpolation[C]. 2017 IEEE international conference on fuzzy systems (FUZZ-IEEE). IEEE, 2017: 1-6.

[54] RAJASEKARAN M, AYYASAMY A. A novel ensemble approach for effective intrusion detection system[C]. 2017 Second International Conference on Recent Trends and Challenges in Computational Models (ICRTCCM). IEEE, 2017: 244-250.

[55] GAI K, QIU M, ZHAO H, et al. Dynamic energy-aware cloudlet-based mobile cloud computing model for green computing[J]. Journal of network and computer applications, 2016, 59: 46-54.

[56] GAI K, QIU L, CHEN M, et al. SA-EAST: security-aware efficient data transmission for ITS in mobile heterogeneous cloud computing[J]. ACM Transactions on Embedded Computing Systems (TECS), 2017, 16(2): 1-22.

[57] GAI K, QIU M. Blend arithmetic operations on tensor-based fully homomorphic encryption over real numbers[J]. IEEE Transactions on Industrial Informatics, 2017, 14(8): 3590-3598.

[58] GAI K, CHOO K K R, QIU M, et al. Privacy-preserving content-oriented wireless communication in internet-of-things[J]. IEEE Internet of Things Journal, 2018, 5(4): 3059-3067.

[59] GAI K, QIU M, XIONG Z, et al. Privacy-preserving multi-channel communication in edge-of-things[J]. Future Generation Computer Systems, 2018, 85: 190-200.

第 8 章　D2D 技术展望

D2D 通信的技术特点对未来 6G 移动通信网络会起到更为关键的作用。同时，其对于大规模、超密集异构网络的性能提升也具有重要意义。本章主要从 D2D 与 6G、D2D 与认知物联网、D2D 与智慧交通三个方面开展论述，并对相关内容作出技术展望。

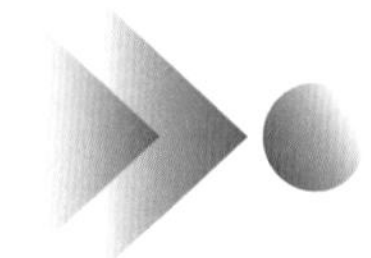

8.1　D2D 与 6G

文献[1]指出，在未来第六代移动通信系统(the sixth generation mobile communication system，6G)中，网络与用户将被看作一个统一整体。用户的智能需求将被进一步挖掘和实现，并以此为基准进行技术规划与演进布局。5G 的目标是满足大连接、高带宽和低时延场景下的通信需求。在 5G 演进后期，陆地、海洋和天空中存在巨大数量的互联自动化设备，数以亿计的传感器将遍布自然环境和生物体内。基于人工智能的各类系统部署于云平台、雾平台等边缘设备，并创造出数量庞大的新应用。6G 的早期阶段将是 5G 进行扩展和深入，以 AI、边缘计算和物联网为基础，实现智能应用与网络的深度融合，实现虚拟现实、虚拟用户、智能网络等功能。

在新技术的推动下，D2D 通信将成为 6G 关键技术的重要组成部分。为了在未来的 6G 中构建智能 D2D 高效应用场景，本节归纳了移动边缘计算、网络切片与 6G 相关的 D2D 解决方案。

1. 基于 D2D 增强的移动边缘计算

不断增长的数据流量和计算需求给云和 MEC(Multi-access Edge Computing)服务器带来了巨大的工作量，仅依靠联合云和 MEC 范式无法满足 UE 的 QoE(Quality of Experience)要求。同时，UE 的计算和存储资源远远不能满足用户的要求。此外，由于 6G 中极高的数据速率，端到端传输时间将大大缩短，从而导致大量空闲 UE 的存在。

充分利用空闲资源是增强网络边缘计算的有效途径。6G 所能体现的 D2D 增强型移动边缘计算架构如图 8-1 所示。该架构中的每个 UE 都具有一定规模的计算和通信能力，并且可以在空闲时继续执行任务。由于单个 UE 的能力相对较弱，计算密集型任务时不可避免地被分配给多个UE。值得注意的是，THz频带D2D通信的使用将使两个接近的UE之间的计算下载和上传接近实时。因此，未来的6G可使用D2D集群的容量进行通信过程的边缘计算[2]。

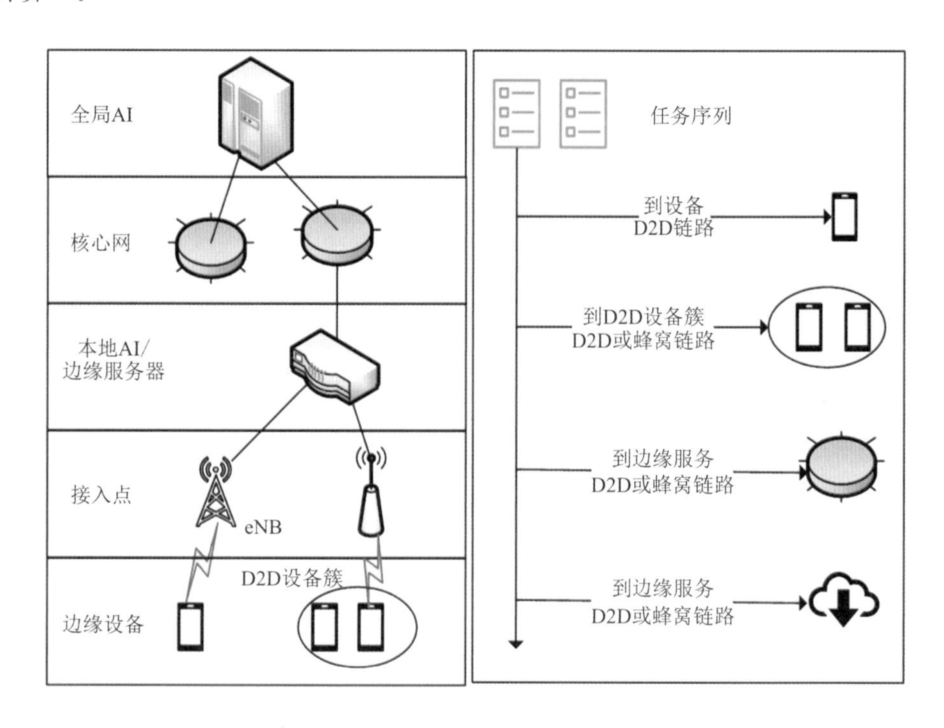

图8-1 D2D增强型移动边缘计算架构

采用D2D增强型MEC的要点和难点在于网络通信和计算资源的优化管理和分配。人工智能技术(Artificial Intelligence，AI)在此过程中扮演着重要角色。在图8-1中，每个边缘服务器将本地AI和MEC服务器组合在一起，以智能方式向本地边缘UE提供服务。本地AI可以用于协调UE或D2D集群的本地资源中央服务器。通过合并UE设备上传的训练数据，本地AI可以智能地管理网络资源，包括感知和预测可用的动态D2D集群资源，优化和平衡整个MEC系统的可用资源，并对任务分配作出决策。例如，如果单个UE的能力不能支持计算密集型任务，则本地AI将通过D2D或蜂窝链路将该任务分配给本地D2D集群；如果UE和D2D集群都无法支持分配任务，那么这些任务将被分配给具有更强大计算能力的边缘或云服务器。

2. 基于D2D使能的网络切片

在5G中，网络切片(Network Slice，NS)是由移动网络运营商或基础设施提供商提供的公共陆地移动网络(Public Land Mobile Network，PLMN)基础设施。运营商基础设施之外的私人第三方参与者拥有的网络资源也可以用于网络切片。大量动态D2D集群可以提供物理或虚拟基础设施资源，如计算、网络、内存和存储，这可能导致网络边缘的资源激增。

在图8-2中，文献[2]指出支持D2D的智能网络切片方法将帮助网络运营商有效地联合和集成网络资源，包括PLMN、专用第三方和网络边缘的D2D集群。与PLMN和第三方不同的是，D2D集群的形成具有高度的动态性和机会性，使得网络切片成为一项极具挑战性的任务。因此，包括全局AI、本地AI和设备AI在内的多级AI将用于发现和管理大量D2D集群，从而进行实时动态网络切片。

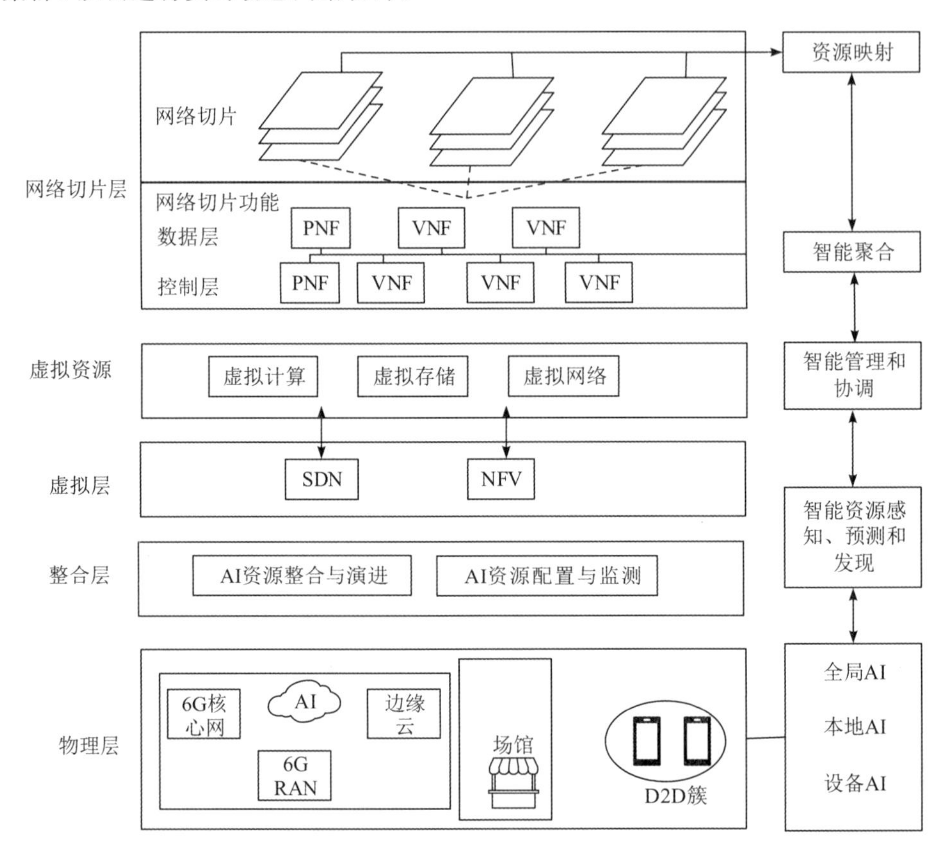

图 8-2　支持 D2D 的智能网络切片结构

如图8-2所示，支持D2D的智能网络切片结构设计一个集成层，其中多级AI将被用于实时资源感知和预测，以发现作为待集成候选的动态资源。通过合并来自UE设备上AI模型的更新并交换学习参数，本地AI可以预测并提供动态资源信息的实时视图，包括可用基础设施资源和可用D2D集群的本地化。由于基础设施资源可能来自不同的提供商或跨越更大的地理区域，AI也被用于智能资源聚合和评估，以及配置和监控，从而为运营商建立动态物理资源的逻辑互连。然后，虚拟化层根据虚拟网络功能（Virtualised Network Function，VNF）对物理资源进行抽象和解耦。借助多级人工智能，可以通过监控和评估底层资源和网络切片的状态，并通过基于智能服务的资源映射预测即将到来的服务需求，进而实现虚拟资源的智能管理和协调。通过智能拼接物理网络功能和VNF，可以有效创建和动态调整联合网络切片实例，以满足不同的服务需求，而不会对其他切片实例产生负面影响。

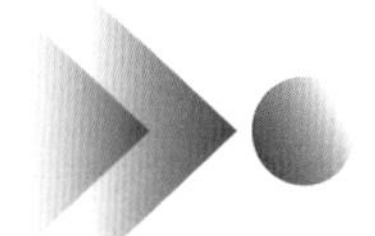

8.2　D2D与认知物联网

超密集终端设备的连接是6G移动网络的关键技术应用之一。物联网（Internet of

Things, IoT)的快速发展和其相关的各种新兴应用(如智能家居、智能交通系统、工业4.0等)可有效提升网络连接效率。

与此同时，无论其分配的带宽如何，物联网连接的爆炸式增长必然会给6G频谱分配带来压力。因此，改善频谱利用率是6G网络面临的一个基本挑战。就此而言，认知无线电(Cognitive Radio, CR)被认为是一种非常有潜力的解决方案。CR可以为IoT设备和网络之间的连接引入机会通信，通过无线电设备物理感测无线信道的频谱，可找到临时可用或空闲信道。图8-3给出了基于认知无线电的物联网设备D2D通信应用场景，其中密集的IoT设备与基站可以彼此关联。在这种环境下，可以利用CR技术在物联网设备之间建立基于D2D的无基础设施连接[3]。

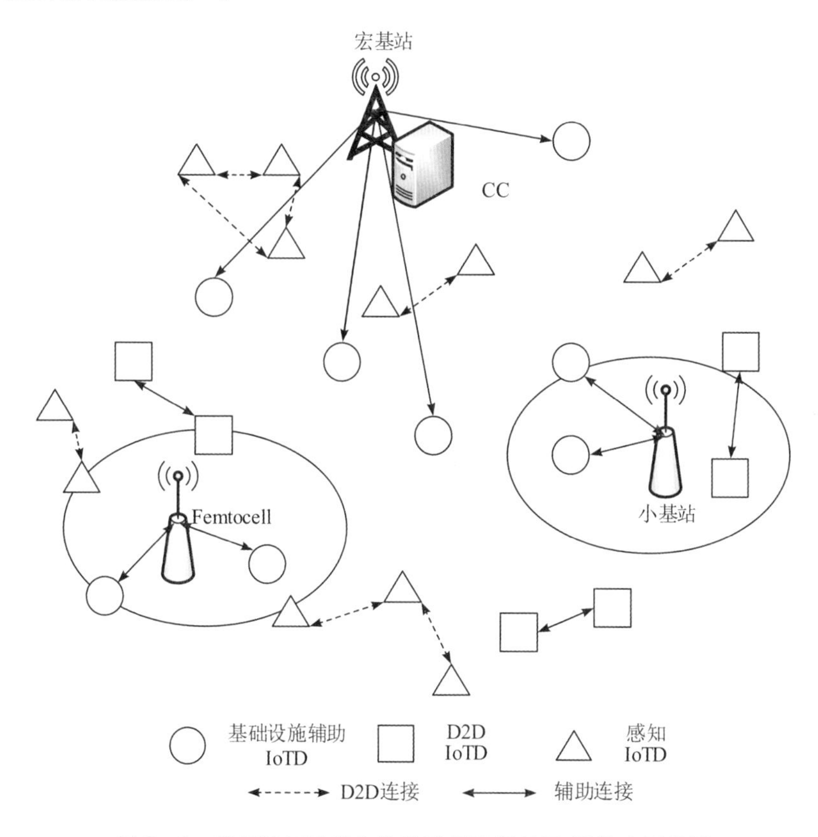

图8-3 基于认知无线电的物联网设备D2D通信应用场景

在6G及以上网络中，新型频谱传感技术存在两个主要挑战，即大量许可/未许可无线信道，电池受限的物联网设备之间的D2D通信需求。前者要求物联网需要消耗大量的时间和能量来感知整个频谱，而后者则面临物联网的能量限制问题。

此外，由于物联网设备(Internet-of-Things devices, IoTD)通常被称为轻流量服务(如机器类通信)[4-7]，它需要更少的传输资源，因此感知整个或大部分5G频谱是不必要且无效的。特别的是，这将导致在能耗(Energy Consumption, EC)和正感测(Positive Sensing, PS)比率方面的感测效率(Sensing Efficiency, SE)较差。PS比率定义为空闲的感测信道数占感测信道总数的百分比，即0≤PS≤1。较高的PS意味着必须感测的信道较少，即SE较高。大多数关于5G中频谱感知的现有工作(如文献[8]和文献[9])，忽略了潜在信道集(用于感知)的不确定性及其对 SE 的影响。

为了应对无线环境的不确定性，文献[3]提出了一种新的认知频谱感知算法。该算法利用一种轻量级但有效的自适应媒体学习方法，形成了概率衰减特征感知(Probabilistic Decay Featured Sensing，PDFS)算法。PDFS 采用集中式模型，中央协调器(CC)管理和控制 IoTD 中的感知操作。IoTD 以相应的概率感知其附近的每个无线信道，即在每个 IoTD 处，PDFS 动态地感知具有高可用概率 PS 的无线信道的离散集合，大概率导致负面结果的无线信道通常可以被忽略。PS 比例式为

$$\mathrm{PS}=\frac{\|N\|}{\|S\|} \tag{8-1}$$

式中，$\|N\|$ 是 N 的大小；S 和 N 分别表示 IoTD 每个位置的总感测信道和空闲感测信道的集合($N\in S$)。

式(8-1)是通过联合考虑 IoTD 的位置和与时间相关的衰减影响先前感知结果来确定的。对正(即信道空闲)或负(即信道忙且不可用于二次使用)传感报告的新观察将触发相应的概率更新。基于此，PDFS 优先感知高概率无线信道，因此显著提高了 PS 比率。

与此同时，未来的人工智能有望获得对无线蜂窝网络的认知。由于对高数据速率和连接设备数量的不断需求，频谱接入、容量增强和能量优化是实现 5G 以外网络的最重要因素。认知网络(Cognitive Network，CN)技术是一种自适应的网络资源管理方法，以一种高效的自动化方式应用可用资源。CN 具有分析和监视网络当前状态以及提高带宽的能力，有潜力提供健壮的自组织通信系统。大多数研究着眼于在干扰最小的蜂窝网络中使用 D2D，而将 D2D 和 CN 结合在一起以优化频谱利用率和能量效率的研究工作却很少。此外，底层蜂窝网络实现了 D2D 与 CN 的集成，以提高频谱效率和 QoS。还有一些研究已经提出了若干种认知 D2D 通信模型来增强能量收集。D2D 与 CN 在 6G 生态系统中的结合有望提供更好的 D2D 性能，同时支持各种各样的服务和应用。

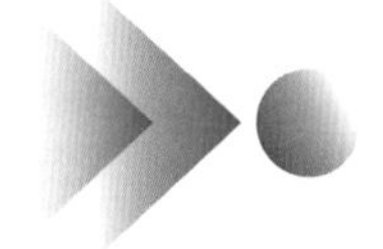

8.3 D2D 与智慧交通

8.3.1 现状分析

随着智能网联车辆的大规模普及，面向车联网的通信网络发展呈现出超密集、快移动、速决策的发展趋势，下一代通信网络需要解决 1000 亿数量级别甚至更多的密集网联设施入网及交通预判问题，因此密集智能网联设施通信与决策系统将成为研究热点。

通信技术持续更迭革新，不断催生出新的突破，相应的挑战也随之而来。由于网联设施通信协议纷杂多样，接入评价指标单一，缺乏整体性多技术参数间的协同考量，不同通信范围的通信技术间缺乏融合。5G/6G 通信系统在实现增强型带宽业务的同时，因技术协议壁垒的限制，难以保证低时延高可靠性通信(Ultra-Reliable and Low-Latency Communications，URLLC)从控制到数据层面的性能实现。例如，GPU 制造商 NVIDA 声称，特斯拉最新的 Autopilot 系统是相当于 150 台苹果笔记本的 GPU 计算平台，而要满足

未来智能网联交通系统的计算需求，核心芯片的计算能力要远远高于这个估计值。由此可见，在密集快速移动情形下，激增的计算量与苛刻的时延需求更进一步增加了密集接入有效通信的难度。

无论是实现以智能网联交通系统为代表的自动精准通信与决策技术，还是满足未来泛在的快速移动网络的密集通信需求，都是要以有效的高质量通信技术覆盖与实时的通信体验为支撑。因此，从智能网联设施基于D2D的V2X通信单元设计、密集智能网联设施接入选择、智能网联移动边缘缓存优化和智能网联云端高效数据挖掘四个方面出发，设计基于"D2D+V2X"的密集智能网联设施通信与决策系统是未来发展的重要方向。

目前，国内外部分汽车厂商、互联网公司以及科研院所对智能网联交通系统的研发和产业化的投入逐年增加，先后推出一些面向未来的智能网联汽车样机或实验装置。例如，特斯拉公司对未来交通环境下的全自动驾驶系统的研发相对比较早，开发了自动辅助驾驶系统Autopilot，通过车身配备的8个摄像头，实现对车身周围250 m范围内环境的监测。作为整套视觉系统的补充，在车身四周还部署了12个新版的超声波传感器，实现了对行车路径上障碍物的探测，可以为视觉系统提供更加丰富的数据来源。福特公司近年来也一直致力于智能网联交通系统方向的探索，通过在三维制图、雷达技术以及视觉传感器等方面的研究，相继在加利福尼亚州、亚利桑那州以及密歇根州等地进行了广泛的开发和测试工作，完成了在雨、雪以及完全黑暗等危险条件下自动驾驶能力的测试。谷歌公司于2016年成立了商业实体Waymo，该实体主要由3部分组成：感知、计算以及嵌入式控制。通过部署在自动驾驶车辆周围的传感器设备，Waymo会对道路概况、路边和人行横道、车道标记、红绿灯等道路特征信息进行突出显示，构建出了一幅详细的三维地图，随后这些信息会被发送到由高性能计算机组成的计算单元，通过机器学习等算法处理后，生成所需要遵循的行车轨迹、行驶速度以及转向机动等信息，最后由嵌入式控制系统根据上述信息控制自动驾驶车辆的行驶过程。由密歇根大学主导的"安全试点部署项目"测试了V2V(Vehicle to Vehicle)以及V2I(Vehicle to Infrastructure)通信技术在智能网联交通系统中的应用，此项目主要利用收集到的测试数据来评估V2V和V2I通信的稳定性。此项目是迄今为止世界上最大的V2V和V2I测试项目，包含有73千米的测试路段、29个路边单元以及2800台各种类型的测试车辆。测试结果表明：V2V通信技术可以减少约80%的非酒精性事故，明显提升了智能网联交通系统的稳定性。华为公司与西班牙电信公司合作，完成了在车辆排队应用条件下5G-V2X (Vehicle to Everything)通信能力的测试，满足了URLLC场景的通信需求，将为未来智能网联交通系统的发展提供技术支持。目前，智能网联交通相关研究还处在摸索阶段，开发基于"D2D+V2X"的密集智能网联设施通信与决策系统势在必行。

智能网联交通系统需要依靠通信和网络技术，充分利用现代和未来通信网络的功能、速度、容量和移动性等资源或特性，运用推广的5G通信技术或已开始研发的6G通信技术，构建整体最优、整体高速度的智能网联交通系统。其中，密集智能网联设施通信与决策系统既可以保证区间控制，又可以实现线路规划；既能实现高精度定位，又能勾画动态的车辆分布"图"。在信号较弱的隧道、室内等场合，智能网联能保证信号不间断，同时不受可视范围的限制，甚至能识别路面上没有信号源或没有移动终端的物体。这将成为未来智能网联交通系统的发展趋势。

8.3.2 预期架构

基于“D2D+V2X”的密集智能网联设施通信与决策系统总体架构如图 8-4 所示。智能网联设施完成信息采集后，通过高效接入选择，实现车辆通信范围内的车辆-车辆，车辆-路侧单元信息交互；在路侧单元端优化移动边缘计算，实现数据的缓存优化，降低网联车辆通信时延；在云端运用基于 AI 的数据决策方案，实现路口应用决策(如自主导航)、地图应用决策(如路径规划)、媒体应用决策(如语音播报)、驾驶应用决策(如智能避障)等功能。车载智能网联设施的接口包括 PC5 和 Uu。依托该总体架构，可研究相关关键技术。

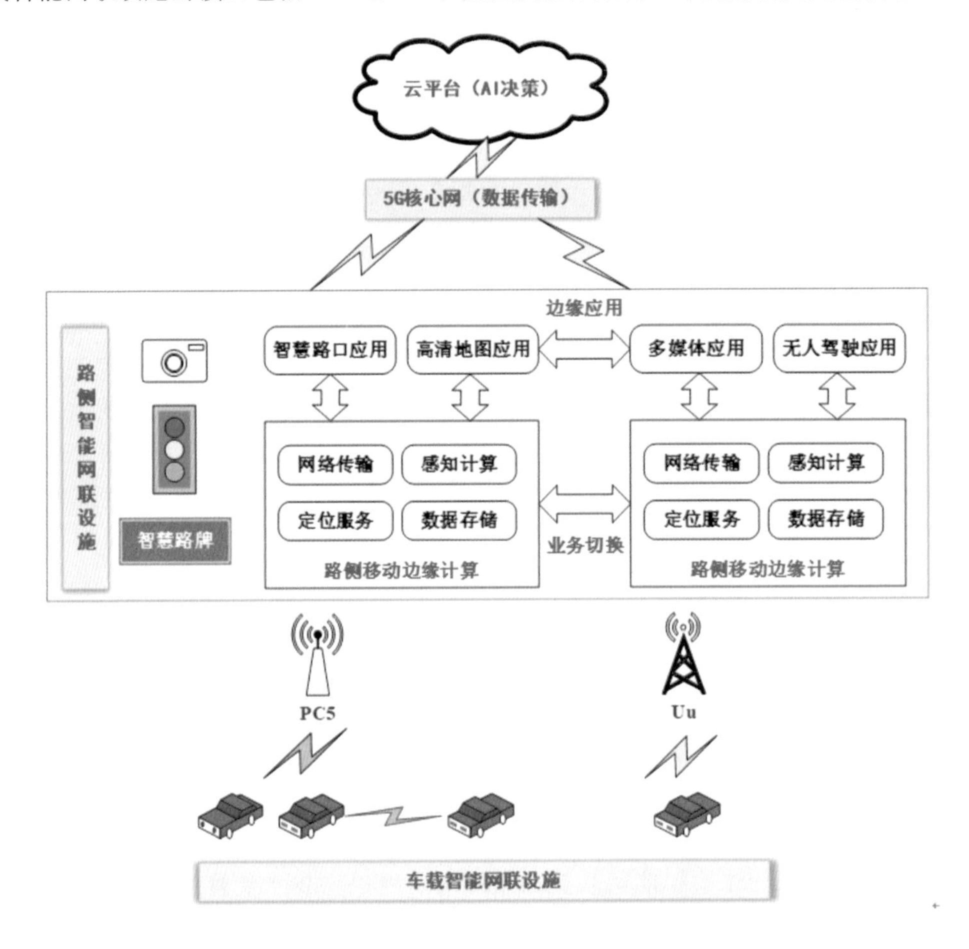

图 8-4 基于“D2D+V2X”的密集智能网联设施通信与决策系统总体架构

智能网联设施通信单元结构如图 8-5 所示。该结构核心芯片采用海思科技的系列产品，一方面，实现智能网联设施同步支持 SA(Standalone)和 NSA(Non Standalone)组网；另一方面，支持 3GPP R14 V2X，可实现基带信号和射频信号的接收、处理及发送。在此基础上，完成通信单元的电路制定、模块选取和系统调试。

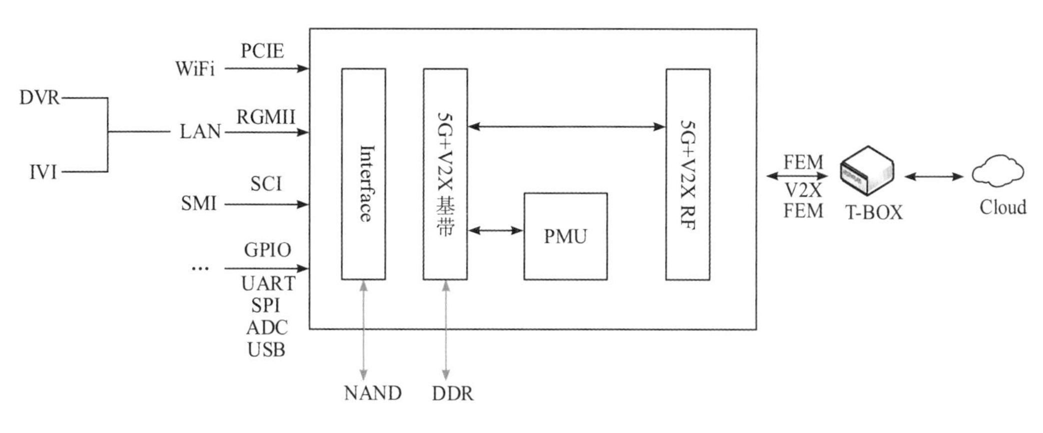

图 8－5　智能网联设施通信单元结构

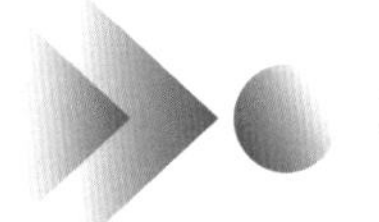

本章小结

随着带宽或资源的限制，数据流量、连接设备的数量以及对高容量的需求逐日增加。因此，需要对 D2D 通信进行更多的研究，以满足未来 6G 网络、认知物联网和智慧交通的要求。6G 场景下，D2D 通信技术的应用可有效提升网络性能，D2D 通信与 CR 的结合可很大程度上提高频谱效率，基于 D2D 通信的智慧交通场景为该技术的进一步应用提供了便利。未来，研究 D2D 通信对于多种泛在环境下的技术突破均具有显著优势，能够将 D2D 通信技术更广泛地应用于未来移动通信网络的多种应用场景具有重要意义。

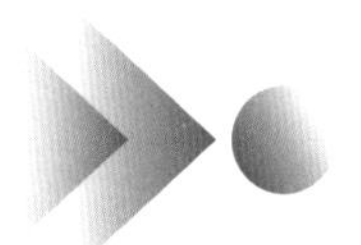

思考拓展

1. D2D 如何在 6G 中发挥更大作用，哪些技术结合可以促进 6G 进一步发展？
2. CR 有何特点？何为认知物联网？D2D、CR 与物联网的结合具有哪些技术优势？
3. D2D 技术为什么适用于智慧交通领域？
4. 智能网联设施通信与决策系统需要何种架构？

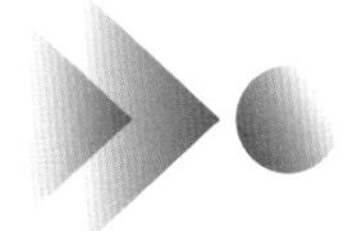

本章参考文献

[1] 张平，牛凯，田辉，等. 6G 移动通信技术展望[J]. 通信学报，2019，40(1)：141－148.
[2] ZHANG S H，LIU J J，GUO Z H，et al. Envisioning Device-to-Device Communications in 6G[J]. IEEE Network，2020，34(3)：86－91.
[3] DAO N N，NA W，TRAN A T，et al. Energy-Efficient Spectrum Sensing for IoT Devices[J]. IEEE Systems Journal，2021，15(1)：1077－1085.

[4] FARRIS I, ORSINO A, MILITANO L, et al. Federated IoT services leveraging 5G technologies at the edge[J]. Ad Hoc Networks, 2018, 68: 58-69.

[5] DAWY Z, SAAD W, GHOSH A, et al. Toward Massive Machine Type Cellular Communications[J]. IEEE Wireless Communications, 2017, 24(1): 120-128.

[6] DAO N N, PARK M, KIM J, et al. Resource-aware relay selection for inter-cell interference avoidance in 5G heterogeneous network for Internet of Things systems [J]. Future Generation Computer Systems, 2018, 93: 877-887.

[7] DAO N N, VU D N, MASOOD A, et al. Reliable broadcasting for safety services in dense infrastructureless peer-aware communications[J]. Reliability Engineering & System Safety, 2020, 193: 106655.1-106655.11.

[8] ZHANG L, XIAO M, WU G, et al. A Survey of Advanced Techniques for Spectrum Sharing in 5G Networks[J]. IEEE Wireless Communications, 2017, 24 (5): 44-51.

[9] HU F, CHEN B, ZHU K. Full Spectrum Sharing in Cognitive Radio Networks toward 5G: A Survey[J]. IEEE Access, 2018, 6: 15754-15776.

附录　缩略语

第1章

D2D(Device-to-Device) 终端直连，端到端

UDN(Ultra-Dense Networks) 超密集网络

6G(6th Generation Mobile Communication Technology) 第六代移动通信技术

5G(5th Generation Mobile Communication Technology) 第五代移动通信技术

4G(4th Generation Mobile Communication Technology) 第四代移动通信技术

D2D-L(D2D-Licensed band) 许可频段 D2D 通信

D2D-U(D2D-Unlicensed band) 非许可频段 D2D 通信

CU(Cellular User) 蜂窝用户

QoS(Quality of Service) 服务质量

ISM(Industrial Scientific Medical) 工业、科学、医学频段

gNB(generation NodeB) 节点

ProSe(Proximity Service) 近距离服务协议

UE(User Equipment) 用户设备

PLMN(Public Land Mobile Network) 公共陆地移动网

STCH(SL Traffic Channel) SL 流量信道

SBCCH(SL Broadcast Control Channel) SL 广播控制信道

SL-SCH(SL Shared Channel) SL 共享信道

PSSCH(Physical SL Shared Channel) 物理 SL 共享信道

SL-BCH(SL Broadcast Channel) SL 广播信道

PSCCH(Physical SL Control Channel) 物理 SL 控制信道

SCI(Sidelink Control Information) 侧链路控制信息

RP(Resource Pools) 资源池

PRB(Physical Resource Block) 物理资源块

PDU(Protocol Data Unit) 协议数据单元

BS(Base Station) 基站

第2章

RT(Ray Tracing) 射线追踪

3GPP(3rd Generation Partnership Project) 第三代合作伙伴计划

LoS(Line of sight) 视距

CIR(Channel Impulse Response) 信道脉冲响应

SCM(Software Configuration Management) 软件配置管理

SI(Self-Interference) 自干扰

HI(Hardware Impairments) 硬件损伤

M2M(Mobile to Mobile) 移动对移动

F2M(Fixed to Mobile) 固定对移动

CF2M(Conventional Fixed to Mobile) 传统固定对移动

ODA(Omni Directional Array) 全向阵列天线

NLoS(Non Line of Sight) 非视距

AoA(Angle of Arrival) 到达角

AoD(Angle of Departure) 离开角

第3章

DUE(D2D User Equipment) D2D用户设备

CUE(Cellular User Equipment) 蜂窝用户设备

CSI(Channel Status Information) 信道状态信息

LTE(Long Term Evolution) 长期演进

IEEE(Institute of Electrical and Electronics Engineering) 美国电气与电子工程协会

CSMA/CD(Carrier Sense Multiple Access/Collision Detect) 载波侦听多址接入/冲突检测

CSMA/CA(Carrier Sense Multiple Access/Collision Avoid) 载波侦听多址接入/避免冲突

SINR(Signal to Interference plus Noise Ratio) 信干噪比

DT(D2D Transmitter) D2D发射端

DR(D2D Receiver) D2D接收端

UL(Uplink) 上行链路

DL(Downlink) 下行链路

NOMA(Non-Orthogonal Multiple Access) 非正交多路访问

SIC(Successive Interference Cancellation) 连续干扰消除

IC(Interference Cancellation) 干扰消除

CH(Call Handler) 呼叫处理器

OFDM(Orthogonal Frequency Division Multiplexing) 正交频分多路复用

RGCPA(Revised Graph Coloring-based Pilot Allocation) 基于图着色的导频分配

MDP(Markov Decision Process) 马尔可夫决策过程

DDM(Decoupled Direct Method) 解耦直接法

DE(Differential Evolution) 差分进化算法

V2I(Vehicle to Infrastructure) 车辆到基础设施

V2X(Vehicle to Everything) 车对外界信息

V2V(Vehicle to Vehicle) 车辆对车辆

V2P(Vehicle to People) 车辆对人
KM(Kuhn Munkres) 库恩-曼克尔斯
PSC(Public Safety Communication) 公共安全通信
CR(Cognitive Radio) 认知无线电
LBT(Listen Before Talk) 先听后说
MINLP(Mixed-Integer Nonlinear Programming) 混合整数非线性规划
MA(Memetic Algorithm) 文化基因算法
GA(Genetic Algorithm) 经典遗传算法
PSO(Particle Swarm Optimization) 粒子群算法

第4章

AF(Amplifying and Forwarding) 放大转发
DF(Decoding and Forwarding) 译码转发
CC(Code Cooperation) 编码协作
MAC(Media Access Control) 媒体接入控制
RLC(Radio Link Control) 无线链路控制
SDU(Service Data Unit) 业务数据单元
PDU(Protocol Data Unit) 协议数据单元
ARQ(Automatic Repeatre Quest) 自动重发请求
RRC(Radio Resource Control) 无线资源控制
RTS(Request To Send) 请求发送
CTS(Clear To Send) 反馈清除发送
RL(Reinforcement Learning) 强化学习
DL(Deep Learning) 深度学习
DQN(Deep Q-network) 深度Q网络
DNN (Deep Neural Network) 深度神经网络
CUE(Cellular User Equipment) 蜂窝用户设备
SUE(Source User Equipment) 源用户设备
DUE(Destination User Equipment) 目的用户设备
RE(Relay Equipment) 中继设备
JID(Joint Interest Degree) 联合兴趣度
FHR(Forward Historical Ratio) 转发历史比率
RPS(Relay Physical State) 中继物理状态
PRI(Priority Level) 优先级
INT(Intermediate Level) 中间级
GEN(General Level) 一般级
CSI(Channel State Information) 信道状态信息

第5章

CH(Cluster Head) 簇头
AP(Access Point) 接入点
GPS(Global Positioning System) 全球定位系统

INC(Integrated Network Controller) 基站覆盖
PNC(Partial Network Cluster) 异构网络
ONC(Open Network Computing) 分布式网络
PHY(Physical) 端口物理层
PSS(Primary Synchronization Signal) 主同步信号
SSS(Secondary Synchronization Signal) 辅同步信号
PBCH(Physical Broadcast Channel) 物理广播信道
SC-FDMA(Single-carrier Frequency-Division Multiple Access) 单载波频分多址
CP(Cyclic Prefix) 循环前缀
PD2DSCH(Physical D2D Synchronization Channel) 物理 D2D 同步信道
ID(Identity Document) 身份标识
S-RSRP(Side link Reference Signal Receiving Power) 侧链参考信号接收功率
DMRS(Demodulation Reference Signal) 解调参考信号
RAN(Regional Area Network) 区域网
D2DSS(Device-to-Device Synchronization Signal) 设备到设备同步信号
CFO(Carrier Frequency Offset) 载波频率偏移
STO(Symbol Timing Offset) 符号定时偏移
PSSID(Physical Side link Synchronization Identifier) 物理层侧链同步标识
PSBCH(Physical Side Broadcast Channel) 物理层侧链广播信道
FDD(Frequency Division Duplex/Duplexing) 频分双工
TDD(Time Division Duplex/Duplexing) 时分双工
DwPTS(Downlink Pilot Time Slot) 下行导频时隙
GP(Guard Period) 保护间隔
UpPTS(Uplink Pilot Time Slot) 上行导频时隙
CA(Cell Assisted) 蜂窝辅助分布
SA(Stand Alone) 独立分布
RBS(Reference Broadcast Synchronization) 参考广播同步
eNB(Evolved NodeB) 演进型 NodeB
GSS(Global Synchronization Signal) 全局同步信号
DBCH(Downlink Broadcast Channel) 下行广播通道
PRACH(Physical Random Access Channel) 物理随机接入通道
RA(Random Access) 随机访问
TA(Timing Advance) 时间偏移
DL-SCH(Downlink Shared Channel) 下行共享通道
UL-SCH(Uplink Shared Channel) 上行共享通道
Tx(Transport) 发送数据
Rx(Receive) 接收数据
SL(Synchronization Lock) 同步锁

第 6 章

VR(Virtual Reality) 虚拟现实

UGC(User Generated Content) 用户生成内容

M2M(Machine to Machine) 机器对机器

MBS(Macro Base Station) 宏基站

SBS(Small Base Station) 微基站

MEC(Mobile Edge Computing) 移动边缘计算

MUS(Monetary Unit Sampling) 货币单位抽样

BSS(Basic Service Set) 基本服务集

TB(Tera Byte) 太字节

IoT (Internet of Things) 物联网

BTS(Base Transceiver Station) 基站收发器站

BSC(Base Station Controller) 基站控制器

MSC(Mobile Switching Center) 移动交换中心

NFV(Network Function Virtualization) 网络功能虚拟化

PG(Policy Gradients) 策略梯度算法

SARSA(State-Action-Reward-State-Action) 一种强化学习算法

WDC(Wireless Distributed Computing) 无线分布式计算

SAHCO(Social Perceived Hybrid Computing Offload) 社会感知混合计算卸载

第 7 章

DoS(Denial of Service) 拒绝服务

IP (Internet Protocol) 网际互联协议

SOP(Secrecy Outage Probability) 安全中断概率

COP(Coverage Outage Probability) 连通中断概率

ST(Secrecy Throughput) 网络保密吞吐量

RIS(Reconfigurable Intelligent Surface) 智能超表面

FAE(Full-duplex Active Eavesdropper) 全双工有源窃听器

OFDMA(Orthogonal Frequency Division Multiple Access) 正交分频多址

WBAN(Wireless Body Area Networks) 无线体域网

CLGSC(Certificateless Generalized Sign Cryption) 无证书广义签名加密

SWIPT(Simultaneous Wireless Information and Power Transfer) 同步无线信息和功率传输

MIMO(Multiple-Input Multiple-Output) 多输入多输出

MISO(Master in Slave Out) 主从输入输出

IDS(Intrusion Detection System) 入侵检测系统

CPU(Central Processing Unit) 中央处理器

XML(Extensible Markup Language) 可扩展标记语言

AKA(Authentication and Key Agreement) 认证与密钥协商协议

PNC(Physical Layer Network Coding) 物理层网络编码

RB(Resource Block) 资源块

第 8 章

QoE(Quality of Experience) 体验质量

AI(Artificial Intelligence) 人工智能技术

NS(Network Slice) 网络切片

PLMN(Public Land Mobile Network) 公共陆地移动网络

VNF(Virtualized Network Function) 虚拟网络功能

IoTD(Internet-of-Things Device) 物联网设备

EC(Energy Consumption) 能耗

PS(Positive Sensing) 正感测

PDFS(Probabilistic Decay Featured Sensing) 概率衰减特征感知

CC(Central Coordinator) 中央协调器

CN(Cognitive Network) 认知网络

URLLC(Ultra-Reliable and Low-Latency Communication) 低时延高可靠性通信

SA(Standalone) 独立组网

NSA(Non Standalone) 非独立组网